ROUZHIPIN JIAGONG
YUANLI YU JISHU

肉制品加工
原理与技术

姬森林／编著

中国纺织出版社有限公司

图书在版编目（CIP）数据

肉制品加工原理与技术 / 姬森林编著 . -- 北京：中国纺织出版社有限公司，2025.3. -- ISBN 978-7-5229-2388-8

Ⅰ . TS251.5

中国国家版本馆 CIP 数据核字第 2025YN1821 号

责任编辑：闫　婷　　责任校对：王蕙莹　　责任印制：王艳丽

中国纺织出版社有限公司出版发行

地址：北京市朝阳区百子湾东里 A407 号楼　邮政编码：100124

销售电话：010—67004422　　传真：010—87155801

http://www.c-textilep.com

中国纺织出版社天猫旗舰店

官方微博 http://weibo.com/2119887771

三河市宏盛印务有限公司印刷　各地新华书店经销

2025 年 3 月第 1 版第 1 次印刷

开本：710×1000　1/16　印张：17.25

字数：288 千字　定价：88.00 元

序　言

　　这本书的书名，并不是那么的吸睛，作者没有用华丽辞藻来吸引眼球。但翻开读时，会在短短的几分钟之内被书中的内容吸引，不自觉想要了解其中的内容。

　　作者从原料、辅料入手，抽丝剥茧，层层深入，让读者在潜移默化中掌握肉及肉制品的理论知识和加工生产技术，为从事肉制品方面的生产实践和科学研究奠定基础。"吾生也有涯，而知也无涯"，回到当下，食品从业人员每天面对的是生产流水线及配套设备，面对的是企业管理基础层面的具体业务。大多数人都有高等院校的专业学习经历，也有或多或少的生产实践摸爬滚打。那么，对于肉及肉制品相关系统、流程和原理，我们是否能知其然并知其所以然？是否能"板凳宁坐三年冷"来探究事物内在规律？是否有庖丁一样的"超过对于宰牛技术的追求"的匠心执念？不尽然。恰恰是因为一知半解、浅尝辄止，对专业知识掌握不充分，对系统原理研究不够，没有叫得响的"一招先"和拿手绝活，在处理应急事件和棘手问题时就会表现得束手无策。

　　这是一本实用性的书籍，对于初入肉制品加工行业的人来说犹如良师益友，它能让你少走很多弯路。这也是一本交流性的书籍，对于在肉制品加工行业摸爬滚打多年的人来说，它传递的理论技术和实践方法，也能与自己的工作实践交流、碰撞，从而有不一样的收获。

　　这本书中，不仅有严谨的科研态度，也有系统的理论知识，更为难得的是，书中的许多内容都是肉制品行业龙头企业、上下游产业数十年的经验累积，法规标准、产品研发及生产实践的精髓呈现。书中浅显易懂的内容、活跃跳动的思路，在一字一句中不经意地拓展着我们的思维，激发着我们的创造力。理论与实践的火花在脑中碰撞，心灵的启迪和升华让读者感悟频生。

　　不积跬步，无以至千里；不积小流，无以成江海。每个成功的背后都离不开坚持，每个行业的发展也同样离不开一群人、一批企业的奉献，有默默无闻的学者，有不断自我革新的企业。

　　本书可以作为食品加工者的指导用书，也可以作为肉制品企业员工的培训教材，更是一本适合肉制品研发人员的资料大全。

（金征宇，中国工程院院士，江南大学食品学院教授、博士生导师，食品科学与技术国家重点实验室主任，教育部食品科学与工程类专业教学指导委员会主任委员，中国食品科学技术学会副理事长）

前　言

肉制品涵盖门类较广，涉及法规标准和规范较多，理论和实践需要高度结合，才可以有效指导精益生产和新品研发。肉制品的加工原理和技术虽然大部分得以传承，但近年来也在飞速的创新和演变，于是，作为曾经的学院理论派和如今的企业实践派，我萌生了编写一本涵盖肉制品理论和技术实践相结合的书籍的想法。

笔者在特大型肉类企业从事肉制品研发和管理近 20 年，从研发员做起，从事过多个开发与管理结合的岗位，包括工厂技术部长、区域研究所所长、集团低温中心主任、事业部研产总经理等，开发了较多万吨级上量产品，掌握了系统的理论和实际操作经验，希望对从事肉制品研发的朋友提供帮助，也希望有机会与同行大咖共同切磋、交流。

首先感谢双汇华南研发团队成员，感谢雨润集团技术研发中心的同事，感谢盐津铺子肉肠鱼肠事业部研发团队；其次感谢中国纺织出版社有限公司，为本书的出版提供了多方面的帮助和指导；最后，感谢家人在背后默默的支持和付出，他们永远是我前进的动力。

姬森林

2025 年 2 月

目　录

第1章　原料肉

广义上讲,凡是人类可食用的动物组织均可称为"肉";狭义上讲,肉是动物的肌肉组织和脂肪组织以及附着于其中的结缔组织、神经和血管。现代人们消费的肉以及可用于肉制品加工的肉主要来自家畜、家禽和水产动物,如猪、牛、羊、鸡、鸭、鹅和鱼虾等。

1.1　原料肉知识介绍

1.1.1　肉的形态

肉由肌肉组织、结缔组织、脂肪组织、骨骼组织组成。在食品加工中将动物身体可利用部位做以下分类:

肌肉组织:平滑肌、横纹肌(骨骼肌)、心肌。

结缔组织:皮、腱等。

脂肪组织:皮下脂肪、腹腔脂肪等。

骨骼组织:硬骨、软骨。

1.1.2　肉的物理化学性质

(1)物理性质:肉的物理性质主要包括体积质量、比热容、热导率、颜色、气味、冰点等。

①体积质量:肉的体积质量是指每立方米肉的质量(kg/m^3)。体积质量的大小与动物种类、育肥程度有关,脂肪含量多则体积质量小。如去掉脂肪的猪肉体积质量为 $940 \sim 960 \ kg/m^3$,牛肉的体积质量为 $970 \sim 990 \ kg/m^3$,猪脂肪的体积质量为 $850 \ kg/m^3$。

②比热容:肉的比热容是指 1 kg 肉升高 1℃所需的热量。它受肉的含水量和脂肪含量影响,含水量多则比热容大,其冻结或溶化潜热增高,肉中脂肪含量多则正好相反。

③热导率:肉的热导率是指肉在一定温度下,每小时每米传导的热量,以 kJ 计。热导率受肉的组织结构、部位及冻结状态等因素影响,很难准确地测定。肉的热导率大小决定肉冷却、冻结及解冻时温度变化的快慢。肉的热导率随温度下降而增大。因为冰的热导率比水大 4 倍,因此,冻肉比鲜肉更易导热。

④肉的冰点:肉的冰点是指肉中水分开始结冰的温度,也叫冻结点。它取决于肉中盐类的浓度,浓度越高,冰点越低。纯水的冰点为 0℃,肉中含水分 60%~70%,并且有各种盐类,因此冰点低于水。一般猪肉、牛肉的冻结点为 -1.2~-0.6℃。

(2)化学性质:肉的化学组成主要包括糖类、脂肪、蛋白质、浸出物、矿物质、维生素和水分,其化学性质受化学组成影响(表 1-1)。

表 1-1　常用畜禽肉的标准成分(100 g 可食部位)

类别	名称	水分/g	蛋白质/g	脂肪/g	碳水化合物/g	灰分/g
猪肉	肩肉	71.6	19.3	7.8	0.3	1.0
	通脊	65.4	19.7	13.2	0.6	1.1
	腹肉	53.1	15.0	30.8	0.3	0.8
	腿肉	73.3	21.5	3.5	0.5	1.2
	猪皮	46.3	26.4	22.7	4.0	0.6
牛肉	肩肉	66.8	19.3	12.5	0.3	1.1
	通脊	58.3	17.9	22.6	0.3	0.9
	腹肉	63.7	18.8	16.3	0.3	0.9
	腿肉	71	22.3	4.9	0.7	1.1
鸡肉	胸肉	66.0	20.6	12.3	0.2	0.9
	腿肉	67.1	17.3	14.6	0.1	0.9

①糖类:糖类在动物组织中含量较少,以游离或结合的形式存在于动物组织或组织液中。糖原是动物体内糖的主要贮存形式,也称动物淀粉,主要贮存在肌肉以及肝脏中;肝脏中糖原含量在 2%~8% 之间。

②脂类:一般活体家畜脂肪含量为其活体重的 10%~20%。动物脂肪富含硬脂酸、软脂酸和油酸,如猪脂中含有较多的软脂酸,马脂中含有较多的亚麻酸等高度不饱和的脂肪酸,牛脂、羊脂中硬脂酸含量较多(表 1-2)。

表 1-2　常见动物脂肪主要脂肪酸构成比例

项目	熔点/℃	豆蔻酸 C14/%	软脂酸 C16/%	硬脂酸 C18/%	油酸 C18：1/%	亚油酸 C18：2/%
猪脂	33~36	1.3	28.3	11.9	40.9	7.1
牛脂	50~55	2~8	24~33	14~29	39~50	0~5
羊脂	44~55	4.6	24.6	30.5	36	4.3
鸡脂	22~24	0.3~0.5	25.3~28.3	4.9~4.6	41.8~44	7~20.6

脂肪中还有磷脂。磷脂暴露在空气中极易氧化变色,且产生异味,加热会促进其变化。

③蛋白质:肌肉中的蛋白质因其生物化学性质或在肌肉组织中的存在部位不同,可区分为肌浆蛋白质、肌原纤维蛋白质和间质蛋白质。

A. 肌浆蛋白质:肌浆是指肌细胞中环绕并渗透肌原纤维的液体和悬浮于其中的各种有机物、无机物以及亚细胞的细胞器。肌浆蛋白质约占肉蛋白质的20%,其中包括肌溶蛋白、肌红蛋白、肌球蛋白 X 以及肌粒中的蛋白质。这些蛋白质易溶于水或低离子强度的中性盐溶液中,是肉中最易提取的蛋白质。

肌肉红色来源于肌浆蛋白质中的肌红蛋白。肌红蛋白有多种衍生物,如鲜红色的氧合肌红蛋白、褐色的高铁肌红蛋白、鲜亮红色的一氧化氮肌红蛋白等。

B. 肌原纤维蛋白质:肌原纤维是骨骼肌的收缩单位,由细丝状的蛋白质凝胶组成,常被称为肌肉的结构蛋白质或肌肉的不溶性蛋白质,占肌肉蛋白质总量的50%左右。

肌原纤维蛋白质主要包括肌球蛋白、肌动蛋白、肌动球蛋白,此外还有原肌球蛋白和2~3种调节性结构蛋白质。

a. 肌球蛋白:等电点(pI)是 pH 5.4,在离子强度 0.2 以上的盐溶液中溶解,在离子强度 0.2 以下呈不稳定的悬浮状态。肌球蛋白具有 ATP 的酶活性,Mg^{2+}对此酶起抑制作用,Ca^{2+}可以将其激活。

肌球蛋白是关系到肉加工过程中嫩度的变化和其他性质的重要成分。肌球蛋白对热很不稳定,受热易发生变性。变性的肌球蛋白失去了 ATP 酶的活性,溶解度降低。焦磷酸钠对此热变性有一定程度的抑制作用。

b. 肌动蛋白:球状的肌动蛋白(G-肌动蛋白)和纤维状的肌动蛋白(F-肌动蛋白),等电点比肌球蛋白低,为 pH 4.7。

c. 肌动球蛋白:是肌球蛋白与肌动蛋白结合构成的蛋白质,肌动球蛋白也具有 ATP 酶的活性,但 Mg^{2+}、Ca^{2+}均可使其活化。肌动球蛋白在离子强度为 0.4 以上的盐溶液中处于溶解状态,浓度高的肌动球蛋白溶液易发生凝胶。

C. 间质蛋白质:主要存在于结缔组织,以胶原蛋白和弹性蛋白为主。

a. 胶原蛋白:结缔组织中含量最丰富,是机体中最丰富的简单蛋白质,相当于机体总蛋白质的20%~25%。胶原蛋白中含有大量的甘氨酸,约占总氨基酸残基量的1/3。脯氨酸和羟脯氨酸含量也较多,一般蛋白质中不含这两种氨基酸或含极微量。胶原蛋白中色氨酸、酪氨酸及蛋氨酸等必需氨基酸含量甚少,所以它是不完全蛋白质。

胶原蛋白与水共热至62~63℃时,将发生不可逆收缩;于80℃水中长时间共热,则形成明胶,此明胶易消化。

b. 弹性蛋白:弹性蛋白与胶原蛋白共存,在韧带与血管中含量最多。弹性蛋白弹性较强,在化学上很稳定,不溶于水。

④ 浸出物:构成活体的物质中去除蛋白质、脂类、色素等,剩余的肽,游离氨基酸和其他低分子含氮化合物、糖、酸(高分子脂肪酸除外的脂肪酸)等为浸出物。

煮肉时溶出的成分可理解为广义上的浸出物,将其中的无机物、蛋白质、脂类、维生素除去即可理解为狭义上的浸出物。

浸出物中含有的主要有机物有核苷酸、嘌呤碱、胍化合物、氨基酸、多肽化合物、糖原、有机酸等。

⑤矿物质:肉类中矿物质含量一般在0.8%~1.2%,各类肉中矿物质含量无明显较大差异(表1-3)。

表1-3　肉中矿物质含量

名称	灰分含量/%	含量/(mg/100g)					
		Ca	P	Fe	Na	K	Mg
羊肉	1.2	10	147	1.2	75	295	15
猪肉	1.2	9	175	2.3	70	285	18
牛肉	0.8	11	171	2.8	65	355	18
鸡肉	1.1	11	190	1.5	42	340	24
鸭肉	1.1	11	145	4.1	45	325	18

除上表元素外,肉中含有微量的锰、铜、锌、镍等。

⑥维生素:肉是维生素B族的良好来源。猪肉中维生素B_1含量要比其他肉类高很多,牛肉中叶酸的含量比猪肉和羊肉高,动物肝脏中各类维生素含量都比较高(表1-4)。

表 1-4　100 g 鲜肉中维生素的含量

种类	维生素 A/IU	维生素 B₁/mg	维生素 B₂/mg	维生素 PP/mg	泛酸/mg	生物素/μg	叶酸/mg	维生素 B₆/mg	维生素 B₁₂/μg	维生素 D/IU
牛肉	微量	0.07	0.2	5	0.4	3	10	0.3	2	微量
猪肉	微量	1	0.2	5	0.6	4	4	0.6	2	微量
羊肉	微量	0.15	0.25	5	0.5	3	3	0.4	2	微量
鸡肉	微量	0.09	0.09	8	0.4	3	3	0.4	1.5	微量
鸭肉	微量	0.15	0.15	4.7	0.4	4	4	0.3	1.8	微量
肝(牛)	20000	0.3	0.3	13	8	100	100	0.7	50	45

1.2　肉制品常用原料肉

1.2.1　猪肉

1.2.1.1　市场现状

我国是养猪大国,同时也是猪肉消耗大国,我国 2015 年养猪数量占世界养猪总数的 41%,2017 年猪肉产量为 5451.8 万吨,2018 年下降至 5403.74 万吨。2019 年我国猪肉产量 4255 万吨,同比下降 21.3%;生猪存栏 31041 万头,同比下降 27.5%;全年生猪出栏 54419 万头,同比下降 21.6%。据统计局数据显示,我国居民猪肉消费约占肉类消费总量的 63.45%,牛肉约占 7.56%,羊肉约占 5.58%,禽肉约占消费总量的 23.41%;预计 2029 年猪肉产量将达 5972 万吨,人均消费量达到 42.3 kg。

世界范围内广泛养殖的肉猪有大白猪、杜洛克猪、长白猪、汉普夏猪、皮特兰猪,其中大白猪是集约化、工业化养殖的首选。

1.2.1.2　猪肉分类及肉制品用原料要求

根据储存方式不同,肉制品用的猪肉可以分为冷冻猪肉和冷鲜猪肉两种。常用的原料有腿肉、肩肉、腹肉、肥膘及分割过程中产生的各部碎肉和猪皮;心、肝、肚一般用得少。

作为肉制品加工主要原料,猪肉应该符合以下特征:肌肉淡红色、有光泽、纹理细腻、肉质柔软有弹性;脂肪呈乳白色或粉白色;外表及切面微湿润,不黏手;

具有猪肉特有的正常气味,无腐败气味及其他异味;无杂质污染,无病变组织、软骨、淤血块、淋巴结及浮毛等杂质。一般以猪龄 8~10 个月的阉猪为好;公猪臭,肉质粗硬、结缔组织多,不适宜加工。

1.2.1.3　猪肉各部位分割与生产加工用途(表1-5)

表1-5　猪肉各部位分割与生产加工用途

部位	分割加工制品	适合加工方法	产品举例
头部	耳朵、嘴、头皮、腮肉	腌腊、酱卤、灌肠、蒸煮、风干	层层脆、腊头皮、蝴蝶猪肉、香肠等
肩部	肉条、肉块、肉丁、肉糜	烧烤、酱卤、灌肠、腌腊、风干	肉串、腊肠、热狗肠、油煎肠、火腿肠、酱卤肉、腊肠、午餐肉、罐头等
颈背部	肉条、肉块、肉丁、肉糜	酱卤、炙烤、铁扒、油煎、炖、灌肠	酱卤肉、肉串、腊肠、热狗肠、油煎肠、火腿、铁扒颈肉、罐头等
腹部	五花肉、肉条、肉块、肉丁	酱卤、腌腊、煎、烧、焖、酱、风干、烟熏	酱卤肉、罐头、培根、早餐肠、热狗肠等
	排骨	酱卤、腌腊、蒸、烧、风干、烟熏	腊排骨、罐头、酱排骨、烧烤排骨等
腰背部	外脊肉(大排肉)	烧烤、酱卤、腌腊、风干	烤通脊、腊肉、叉烧、酱卤肉、罐头等
	里脊肉	烧烤、酱卤、油煎、铁扒	罐头、酱卤肉、烧烤猪柳等
	排骨	烧烤、酱卤、蒸煮、油炸、粉碎	烧烤排骨、酱排骨、骨泥等
	猪排	烧烤、蒸煮、油炸、铁扒	扒猪排、罐头等
后腿部	带骨后腿	腌制、发酵、风干	金华火腿、帕尔玛火腿等
	肉条、肉块、肉丁、肉糜	酱卤、腌制、风干、注射、滚揉、烧烤、蒸煮、烟熏	酱卤肉、烤肉、腊肉、各式香肠和火腿、罐头等
骨骼	头骨、椎骨、肋骨、尾骨、肩胛骨、筒骨、盆骨等	蒸煮、炖、粉碎	老汤、骨髓浸膏、肉骨泥、骨粉等
胴体	整只	烧烤、腌腊、风干	烤乳猪、腊乳猪等
	肉皮	酱卤、蒸煮、膨化	肉肴、水晶火腿、小吃等

1.2.1.4　猪肉分割技术(图1-1)

猪胴体的4个部位肉包括:带皮带脂(或去皮带脂)前腿肌肉、带皮带脂(或去皮带脂)后腿肌肉、带皮带脂(或去皮带脂)大排肌肉、带皮带脂(或去皮带脂)中方肉。

以上猪胴体的四个部位肉可根据断面脂肪最大厚度分为3个等级,评定等级见表1-6。

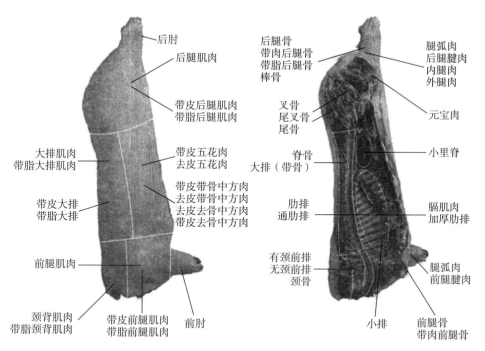

图 1-1　猪肉胴体分割（参考 NY/T 3380—2018）

表 1-6　分割猪肉分级要求

等级	断面脂肪最大厚度 H/cm
1 级	$H \leq 2.5$
2 级	$2.5 < H \leq 3.5$
3 级	$H > 3.5$

1.2.2　牛肉

1.2.2.1　市场现状

日本神户牛肉和澳洲顶级和牛肉是世界著名的两款牛肉。日本神户牛肉产自日本但马地区，只有血统纯正，经过脂肪混杂率、颜色、细腻程度等项目评定，且达到四五级以上才可称为"神户牛肉"。神户牛肉在 2009 年与鱼子酱、鹅肝、白松露等一起被美国媒体评选为"世界最高级 9 种食物"，神户牛肉排名第 6 位。澳洲顶级和牛肉的评定等级主要依据脂肪和肉的比例来划分，最高级牛肉（M12）肉与脂肪的比例可达 50%，只有约 5% 的澳洲和牛可达到此等级。

据统计局数据显示,我国 2019 年猪、牛、羊、禽肉产量为 7649 万吨,比上年下降 10.2%,其中牛肉产量 677 万吨,同比增长 3.6%。

1.2.2.2 肉制品原料要求

正常的牛肉呈红褐色,组织硬而有弹性。营养状况良好的牛肉组织间夹杂着白色的脂肪,呈所谓"大理石状",有特殊的风味。牛肉一般分为二分体、四分体。

作为肉制品加工的主要原料,牛肉应该符合:来自非疫区、健康无病的牛;肉质紧密,有坚实感,弹性良好,表面无脂肪;外表及切面微湿润,不黏手;具有牛肉的正常色泽,特有的正常气味,无腐败气味及其他异味;无杂质污染,无病变组织、软骨、淤血块、淋巴结及浮毛等杂质。

1.2.2.3 牛肉分割技术

在 GB/T 27643—2011 中对牛肉胴体和牛分割肉分割的技术要求做了详细说明,并对一些分割部位及部位名称进行了列举和图示,见表 1-7、图 1-2和图 1-3。

表 1-7 牛肉分割名称对照表(GB/T 27643—2011)

序号	商品名	别名	英文名
1	里脊	牛柳、菲力	tenderloin
2	外脊	西冷	striploin
3	眼肉	莎朗	ribeye
4	上脑	—	high rib
5	辣椒条	辣椒肉、嫩肩肉、小里脊	chuck tender
6	胸肉	胸口肉、前胸肉	brisket
7	臀肉	臀腰肉、尾扒、尾龙扒	rump
8	米龙	针扒	topside
9	牛霖	膝圆、霖肉、和尚头、牛林	knuckle
10	大黄瓜条	烩扒	outside flat
11	小黄瓜条	鲤鱼管、小条	eyeround
12	腹肉	肋腹肉、肋排、肋条肉	thin flank
13	腱子肉	牛展、金钱展、小腿肉	shin/shank

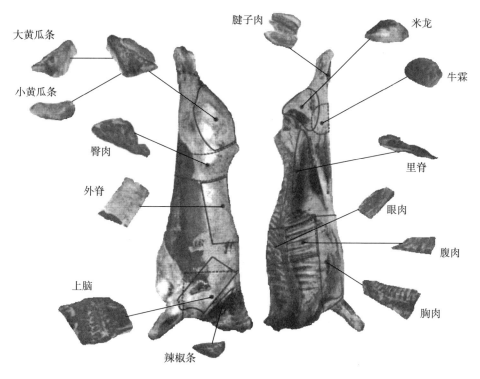

图 1-2　牛胴体分割图（GB/T 27643—2011）

1.脖肉 neck

2.颈部肉 fore ribs

3.上脑 high rib

4.带骨腹肉 spaneribs

5.肩肉 shoulder

6.前胸肉 roint end brisket

7.后胸肉 navel end brisket

8.腱子肉 shinleg

9.眼肉 ribeye

10.外脊 striploin

11.里脊 fillet

12.无骨腹肉 flanks

13.臀肉 rump

14.和尚头 thick flank

15.米龙 topside

16.黄瓜条 silverside

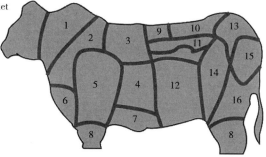

图 1-3　牛各部位肉名称

1.2.2.4　牛肉各部位肉质等级(表 1-8)

表 1-8　牛各部位肉质等级

特优级肉	里脊
高档肉	西冷、眼肉、上脑
优质肉	嫩肩肉、臀肉、小米龙、大米龙、膝圆、腰肉
一般肉	腱子肉、胸肉、腹肉

1.2.3　鸡肉

1.2.3.1　市场现状

鸡肉具有高蛋白、低脂肪、低胆固醇、低热量等特点。鸡肉蛋白质中富含人体所必需的多种氨基酸,是优质蛋白质来源,是肉类中的佼佼者。鸡肉味道鲜美,质地柔软,营养丰富,肌纤维间脂肪较多,易被人体消化吸收。肌肉组织含有大量氨基酸,故有浓郁的鲜香味。在肉制品加工过程中常用鸡胸肉、鸡腿肉、鸡皮等。鸡全身都可以用作加工酱卤肉制品原料。

据统计,2019 年,全球鸡肉产量达 9957 万吨,全球鸡肉消费量达 9751 万吨,我国以 1380 万吨位居产量第二,1400 万吨位居鸡肉消费量第二。

目前,我国肉鸡平均胴体重已由 20 世纪 90 年代的 1 kg/羽上升到 1.3676 kg/羽,全球肉鸡年均胴体重由 1.23 kg/羽上升到 1.64 kg/羽,目前与世界平均水平仍有较大差距。我国猪肉年产量>鸡肉年产量>牛肉年产量>羊肉年产量,其中鸡肉产量占比由 1978 年的 9.46% 上升到 2017 年的 16.79%(表 1-9)。

表 1-9　2017 年中国鸡肉产量比

鸡品种	年出栏量/亿只	占比/%	肉产量/万吨	占比/%
黄羽肉鸡	36.9	35	443	30
白羽肉鸡	42	39	781	53
817 肉杂鸡	15	14	106	7
淘汰蛋鸡	13.18	12	139	10

1.2.3.2　鸡肉品种

不同品种鸡的特点和商品肉鸡的营养参考标准见表 1-10、表 1-11。

表 1-10　不同品种鸡的特点

种鸡	特点	鸡品种	应用
白羽肉鸡	饲养时间短、生长速度快、屠宰率高	杂交品种鸡	油炸、熏烤及乳化型香肠
黄羽肉鸡	肉质鲜美、药用滋补、生长速度慢、繁殖能力差	地方品种鸡	酱卤制品
淘汰蛋鸡	水分偏低、肉质较老	产蛋专用鸡	酱卤制品
817 肉杂鸡	饲养周期长、肉质好、口感好	地方品种鸡	扒鸡、烧鸡、烤鸡

表 1-11　商品肉鸡营养参考标准

饲养阶段/d	粗蛋白质/%	粗脂肪/%	粗纤维/%	钙/%	可用磷/%
1～21	21～23	3.5～5	3～5	0.9～1	0.45～0.5
22～42	19～21	3.5～5	3～5	0.85～1	0.42～0.5
43～49	17.5～18.5	3～5	3～5	0.8～1	0.38～0.45

1.2.3.3　鸡肉分割、加工部位（表 1-12）

表 1-12　鸡胴体分割表（GB/T 24864—2010）

类别	名称	说明
副产品	心	去除心包膜、血管、脂肪和心肉血块
	肝	去除胆囊，修净结缔组织
	胃肌	去除肠胃、肠管、表面脂肪，在一侧切开，去除内容物并剥去角质膜
	骨架	去除腿、翅、胸肉和皮肤后的胸椎、肋骨部分
	鸡爪	沿跗关节切断，除去趾壳
	鸡头	在第一颈椎骨与囊椎骨交界处连皮切断
	鸡脖	去头后在齐肩胛骨处切断，去除食道和气管
	带头鸡脖	包括鸡头和鸡脖部分
	鸡睾丸	摘除公鸡双侧睾丸
腿类	全腿	沿腹股沟将皮划开，将大腿向背侧方掰开，切断髋关节和部分筋腱，在跗关节处减去鸡爪，使腿型完整，边缘整齐，腿皮覆盖良好
	大腿	将全腿沿膝关节切断，为髋关节和膝关节之间的部分
	小腿	将全腿沿膝关节切断，为膝关节和跗关节之间的部分
	去骨带皮鸡腿肉	沿颈骨到股骨内侧划开，切断膝关节，剔除股骨、颈骨和腓骨，修割多余的皮、软骨、肌腱
	去骨去皮鸡腿肉	将去骨带皮鸡腿的皮去掉

类别	名称	说明
胸类	带皮大胸肉	沿胸骨两侧划开,切断肩关节,将翅根连胸肉向尾部撕下,减去翅,修净多余脂肪、肌膜,使胸皮肉相称、无瘀血、无烫熟
	去皮大胸肉	将带皮大胸肉的皮除去
	小胸肉	在鸡锁骨和喙状骨之间取下胸里脊,要求条形完整、无破损、无污染
	带里脊大胸肉	包括去皮大胸肉和小胸肉
翅类	整翅	切开肱骨和喙状骨连接处,切断筋腱,不得划破关节面和伤残里脊
	翅根	沿肘关节切断,由肩关节至肘关节节段
	翅中	切断肘关节,由肘关节至腕关节节段
	翅尖	切断腕关节,由腕关节至翅尖段
	上半翅	由肩关节至腕关节,即第一节和第二节翅膀
	下半翅	由肘关节至翅尖段,即第二节和第三节翅膀
白条鸡	带头带爪白条鸡	屠体去除所有内脏,保留头、爪
	带头去爪白条鸡	屠体去除所有内脏,留头、去爪
	去头带爪白条鸡	屠体去除所有内脏、去头、留爪
	净膛鸡	屠体去除所有内脏、去头、去爪
	半净膛鸡	将符合卫生质量标准要求的心、肝、肌胃和颈装入净膛鸡腹腔内

1.2.4 鸭肉

1.2.4.1 产业现状

我国是肉鸭生产和消费大国,每年消费肉鸭 30 多亿只,占全球肉鸭销量 70%以上,年产值在 1000 亿元以上。2018 年我国肉鸭屠宰量已超过 30 亿只,占全国禽屠宰量的 25%,占世界鸭屠宰量的 80%,鸭肉产量 700 万吨,仅次于猪肉和鸡肉。

1.2.4.2 鸭肉品种

我国肉鸭品种主要是北京鸭、地方麻鸭、番鸭,其中北京鸭占 77.6%,麻鸭占 16.2%,番鸭占 6.2%。现在流行的樱桃谷鸭和枫叶鸭都是从北京鸭培育而来(表 1-13)。

表 1-13 中国常见鸭品种

鸭类型	品种	产地
肉用鸭	北京鸭	北京
	樱桃谷鸭	英国

鸭类型	品种	产地
肉用鸭	狄高鸭	澳洲
	番鸭(瘤头鸭)	南美
	天府肉鸭	四川
蛋用鸭	绍兴鸭(绍兴麻鸭)	浙江绍兴、萧山
	金定鸭	福建
	攸县麻鸭	湖南
	江南1号、2号	浙江
	咔叽—康贝尔鸭	英国
兼用型	高邮鸭	江苏北部
	建昌鸭(大肝鸭)	四川
	巢湖鸭	安徽
	大余鸭	江西南部
	桂西鸭	广西

鸭肉作为调理肉制品原料之一,全身都可作为酱卤等加工原料,常见的有烧鸭、烤鸭、板鸭、酱鸭、卤鸭等。

鸭肉不仅味道鲜美,而且营养也很丰富。在肉制品加工过程中常用的鸭胸肉、鸭皮等,应具有该产品特有的正常气味,无腐败气味或其他异味,无异物污染、无病变组织及浮毛等异物。

1.2.4.3 鸭肉分割技术(表1-14)

表1-14 鸭胴体分割表(参考 NY/T 1760—2009)

类别	名称	说明
副产品	鸭头	从第一颈椎处下刀,割下鸭头,除去气管
	鸭掌	从踝骨缝处下刀,将鸭掌割下,并对脚垫进行修剪
	鸭舌	紧靠鸭头的咽喉外开一小口,割断食管和气管,然后掰开鸭嘴,将鸭舌拔出,修剪掉气管头和舌皮
	鸭脖	在鸭脖与鸭壳连接处下刀,将鸭脖割去,除去脖皮和脖油
腿类	鸭腿	腰眼处下刀,向里圆滑切至髋关节,顺势用刀尖将关节韧带隔断,同时将腿向下撕至鸭尾部,切断与鸭尾相连的皮
胸类	带皮鸭胸肉	从翅根与大胸的连接处下刀,将大胸切下,并对大胸内血筋、多余脂肪、筋膜及外皮进行修剪,得到完整的带皮鸭胸肉
	鸭小胸	将小胸与锁骨分离,紧贴龙骨两侧下划至软骨处,使小胸与胸骨分离,撕下完整小胸

类别	名称	说明
翅类	鸭全翅	将大胸从翅胸上切下后,再将肩肉切下,可得鸭全翅
	鸭二节翅	沿翅根与翅中的关节处将鸭全翅切断后得到的翅尖和翅中部分
	鸭翅根	沿翅中与翅根的关节处将鸭全翅切断,除去二节翅后的剩余部分

1.2.5　鱼糜

鱼糜是一种新型水产加工原料,主要用来加工鱼糜制品、调理冷冻食品。我国既是鱼糜制品生产和消费大国,也是世界最大的淡水鱼养殖国家。2017 年我国淡水鱼产量 2702.55 万吨,占当年全球总量的 44.87%。

根据选择的添加剂,鱼糜可分为加盐鱼糜和无盐鱼糜。优质鱼糜选用凝胶能力强的原料。淡水鱼形成凝胶的能力一般比海水鱼弱;软骨鱼类比硬骨鱼类弱;红肉鱼比白肉鱼弱。各等级鱼糜指标要求见表 1-15。

我国常用的海水鱼有狭鳕、金线鱼、大眼鲷、白姑鱼以及其他小杂鱼等;淡水鱼有鲢鱼、草鱼、鲮鱼、鲤鱼等。

表 1-15　各等级鱼糜指标要求(GB/T 36187—2018)

项目	指标								
	TA 级	SSA 级	SA 级	FA 级	AAA 级	AA 级	A 级	AB 级	B 级
凝胶强度	≥900	≥700	≥600	≥500	≥400	≥300	≥200	≥100	<100
杂点/(点/5 g)	≤8	≤10	≤12				≤15		≤20
水分/%	≤75.0	≤76.0					≤78.0		≤80.0
pH	6.5~7.4								
中心温度/℃	≤-18.0								

1.2.6　羊肉

2019 年中国羊肉产量 488 万吨,同比增长 2.6%。羊肉特别是公羊肉腥味重,色深,硬度介于猪肉、牛肉之间,黏合力强,脂肪的熔化范围低且比牛脂肪还硬。澳大利亚研究出去除羊肉腥味的新方法,即在羊屠宰前 3 周,从放牧改为圈养,可改变羊肉脂肪细胞的生理沉积。15% 的羊肉脂肪含量往往被认为是免除腥味的最高含量,可用于火腿、香肠的加工。

1.2.7　火鸡肉

火鸡又称吐绶鸡、七面鸡，原产墨西哥，被人们称为"造肉机器"。火鸡肉含有丰富的蛋白质和较低脂肪，特别是不饱和脂肪酸含量丰富、胆固醇含量低，非常适合心血管疾病患者和老年人食用。

1.2.8　原料肉执行标准及理化指标(表 1-16、表 1-17)

表 1-16　不同原料执行标准

序号	原料名称	执行标准
1	畜禽产品	GB 2707—2016　鲜(冻)畜、禽产品
2	水产品	GB 2733—2015　鲜、冻动物性水产品
3	片猪肉	GB/T 9959.1—2019　鲜、冻猪肉及猪副产品(第1部分)
4	分割鲜、冻猪瘦肉	GB/T 9959.2—2008　分割鲜、冻猪瘦肉
5	分部位分割猪肉	GB/T 9959.3—2019　鲜、冻猪肉及猪副产品(第3部分)
6	猪副产品	GB/T 9959.4—2019　鲜、冻猪肉及猪副产品(第4部分)
7	四分体牛肉	GB/T 9960—2008　鲜冻四分体牛肉
8	分割牛肉	GB/T 17238—2008　鲜冻分割牛肉
9	宣威火腿	GB/T 18357—2008　地理标志产品　宣威火腿
10	金华火腿	GB/T 19088—2008 地理标志产品 金华火腿(含第1、2号修改单)
11	鱼糜	SC/T 3702—2014　冷冻鱼糜
12	分割牛肉	GB/T 27643—2011　牛胴体及鲜肉分割
13	猪肉	NY/T 632—2002　冷却猪肉
14	猪肉	NY/T 1759—2009　猪肉等级规格
15	猪肉	NY/T 3388—2018　猪肉及猪副产品流通分类与代码
16	鸡肉	NY/T 631—2002　鸡肉质量分级
17	畜禽肉	GB 18394—2020　畜禽肉水分限量
18	禽肉	NY/T 753—2021　绿色食品 禽肉
19	鸭肉	NY/T 1760—2009　鸭肉等级规格
20	鸡肉	GB/T 24864—2010　鸡胴体分割
21	牛肉	NY/T 676—2010　牛肉等级规格
22	猪肉	NY/T 3380—2018　猪肉分级
23	鱼糜	GB/T 36187—2018　冷冻鱼糜

表 1-17　不同原料参考理化指标

原料名称	水分/%	蛋白质/%	脂肪/%
猪分割肉	74	19	10
猪肥膘	18	2	80
猪脊背皮	52	28	19
去皮鸡胸肉	74	22	3
去皮鸡腿肉	74	18.5	11.5
鸡皮	45	7	48
去皮鸭胸肉	80	17	2
鸭皮	40	5	53
牛肉	73	20	7
鱼糜	78	15	—

1.3　肉的加工特性

1.3.1　肉的色泽

肉的色泽对肉的营养价值和风味并无较大影响,但在某种程度上会影响食欲和商品价值。色泽的重要意义在于它是肌肉生理学、生物化学和微生物学变化的外部表现,可以通过感官给消费者以好或坏的影响。

1.3.1.1　形成肉色的物质

肉的颜色本质上是由肌红蛋白(Mb)和血红蛋白(Hb)产生的。肌红蛋白为肉自身的色素蛋白,肉色的深浅与其含量多少有关。血红蛋白存在于血液中,对肉颜色的影响视放血充分程度而定。在肉中血液残留多则血红蛋白含量也多,肉色深;放血充分肉色正常;放血不充分或不放血(冷宰)的肉色深且暗。

肌红蛋白为复合蛋白质,本身为紫红色,与氧结合可生成氧合肌红蛋白(MbO_2),为鲜红色,是新鲜肉的象征。肌红蛋白和氧合肌红蛋白均可以被氧化生成高铁肌红蛋白(MMb),呈褐色,使肉色变暗。肌红蛋白与亚硝酸盐反应可生成亚硝基肌红蛋白,呈亮红色,是腌肉加热后的典型色泽。

1.3.1.2　影响肉色的因素

(1)环境中的氧含量:环境中氧的含量决定了肌红蛋白(Mb)是形成氧合肌红蛋白(MbO_2)还是高铁肌红蛋白(MMb),从而直接影响肉的颜色。

（2）湿度：环境中湿度大，则氧化慢，因为在肉的表面有水汽层，影响氧的扩散。如果湿度低且空气流动快，则加速高铁肌红蛋白（MMb）的形成，使肉色变褐加快。

（3）温度：环境温度高促进氧化，环境温度低则氧化发生慢。如牛肉在3~5℃时贮藏9 d变褐，0℃时贮藏18 d才变褐。

（4）微生物：肉贮藏时微生物污染会使肉表面颜色发生改变。细菌污染可分解蛋白质使肉色污浊；霉菌污染则在肉表面形成白色、红色、绿色、黑色等色斑或发出荧光。

（5）年龄、运动量：活体运动量、年龄大，肌肉中肌红蛋白含量高，肉的颜色也就比较深。

1.3.1.3　测定肉色方法

（1）目测：猪宰后2~3 h内取最后1个胸椎处最长背脊新鲜切面，在室内正常光度下目测评定，评定标准见表1-18。

表1-18　肉色评分标准

肉色	灰白	微红	鲜红	微暗红	暗红
评分	1	2	3	4	5
肉质	劣质肉	不正常肉	正常肉	正常肉	正常肉

（2）色差计检测：利用色差计检测样品的L（亮度值）、a^*（红度值）、b^*（黄度值），根据色度值并参考pH值判定肉的颜色。

1.3.2　肉的pH值

活体肌肉的酸碱度是中性以上，pH值约为7.2。猪屠宰后，储存的肌糖原是肌肉能量的唯一来源，屠宰后肌肉无氧气供给，肌糖原的新陈代谢变成无氧呼吸为主的糖酵解过程，而此过程将导致乳酸的不断积累。pH值在屠宰后的下降趋势直接取决于猪屠宰时肌肉中肌糖原的含量。屠宰时肌肉中的肌糖原含量直接决定肌肉的糖酵解潜力即生产乳酸的能力。因此，屠宰时肌肉中肌糖原含量越高将导致肌肉的最终pH值越低。屠宰后pH值的正常下降，将得到最佳的肉质。

生猪宰杀前，受应激因子刺激，宰后肌肉能量水平高，肌肉发生无氧酵解，乳酸和磷酸等酸性代谢物迅速在肌肉中累积，导致宰后肉pH值急剧下降至5.8以下，肌肉保持水分能力差，汁液外渗，肉色变淡而产生的肉，称为PSE（pale soft exduative）肉。外观苍白，质地松软没弹性，并且肌肉表面渗出肉汁，俗称"白肌肉"。如果宰前受到长时间刺激，肌肉能量水平低，肌肉组织缺乏糖原发生无氧酵解，酸性代谢物少，使宰后肌肉 pH 值高达 6.5 以上，24 h 后仍然保持在 6.2 以上，形成暗红色、质地坚硬、表面干燥的"干硬肉"，称为 DFD(dark firm and dry meat) 肉。PSE 与 DFD 肉的特性比较见表 1-19。

DCB(dark cutting beaf) 肉是指牛在宰杀前，受应激因子刺激，肌肉中的糖原消耗较多，导致没有足够的糖原进行糖酵解也就没有足够的乳酸使 pH 值下降，这样肌肉中的线粒体摄氧功能没有被抑制，大量的氧被线粒体摄取，能氧合肌红蛋白的氧就很少了，从而抑制了氧合肌红蛋白的形成，肌红蛋白均以紫色还原形式存在使肉色发黑。外部表现为颜色发黑，pH 值偏高，质地偏硬，系水力高，氧穿透能力差，易受微生物感染，俗称"黑切牛肉"。

表 1-19　PSE 与 DFD 肉的特性

特性	正常肉	PSE 肉	DFD 肉
pH 下降	缓慢	快	慢且少
pH	5.3~5.8	<5.8	>6.2
色泽	鲜红，有光泽	苍白，光亮	深色
坚硬度	适中，有弹性	软	坚硬
系水性	好	差	好
滴水量	适中	多	少
保存期	长	减少	减少
嫩度	好	差	较好

根据产品需要，可按比例将正常肉与 PSE 肉或 DFD 肉进行搭配使用，但要注意 DFD 肉、PSE 肉不能超过原料肉总量的 20%(表 1-20)。

表 1-20　PSE 肉、DFD 肉适合加工产品

种类	可加入	不可加入
PSE 肉(pH<5.8)	生香肠(与正常肉混合使用)、熟香肠(与正常肉混合使用)、涂抹香肠	罐装火腿、烟熏火腿、生香肠(全用 PSE 肉)、熟香肠(全用 PSE 肉)、肉排
DFD 肉(pH>6.2)	熟香肠、熟火腿、烤肉、烧烤肉	煮熟的腌肉、生火腿、生香肠、包装产品、带骨火腿

1.3.3　肉的风味

肉的风味又称味质，指生鲜肉的气味和加热后肉制品的香气和滋味。它是

肉中固有成分经过复杂的生物化学变化,产生各种有机化合物所致。其特点是成分复杂多样,含量甚微,用一般方法很难测定。除少数成分外,多数无营养价值,不稳定,加热易破坏和挥发。呈味性能与其分子结构有关,呈味物质均有各种发香基团,如羟基(—OH)、羧基(—COOH)、醛基(—CHO)、羰基(—CO)、巯基(—SH)、酯基(—COOR)、氨基(—NH$_2$)、酰氨基(—CONH)、亚硝基(—NO$_2$)、苯基(—C$_6$H$_5$)。这些肉的味质是通过人的高度灵敏的嗅觉和味觉器官反映出来的。

1.3.3.1 气味

气味是肉中具有挥发性的物质随气流进入鼻腔,刺激嗅觉细胞并通过神经传导到大脑嗅区而产生的一种刺激感。引起气味的物质成分十分复杂,有1000多种,主要有醇、醛、酮、酸、酯、醚、呋喃、吡咯、内酯、糖类及含氮化合物等。影响气味的因素有:

(1)动物种类、性别:羊肉有膻味,来源于脂肪中的挥发性低级脂肪酸,如4-甲基辛酸、壬酸、癸酸等。晚去势或未去势的公猪、公牛及母羊的肉有特殊的性气味。

(2)饲料:喂食含有硫丙烯、二硫丙烯、丙烯—丙基二硫化物的鱼粉、豆粕、蚕饼等饲料会影响肉的气味,这些化合物可转移到肉中,使肉发出特殊的气味。

(3)微生物:肉在冷藏时,由于微生物繁殖,在肉表面形成菌落成为黏液,而后产生明显的不良气味。长时间的冷藏,脂肪自动氧化,解冻肉汁流失,肉质变软,使肉的风味降低。

(4)储存环境:肉在不良环境贮藏和与带有挥发性物质如葱、鱼、药物等混合贮藏时,会吸收外来异味。

1.3.3.2 滋味

滋味是由溶于水的可溶性呈味物质,刺激人的味蕾,通过神经传导到大脑而产生的味感。舌面分布的味蕾,可感觉出不同的味道,而肉香味是靠舌的全面感觉。

肉的鲜味成分主要来源于核苷酸、氨基酸、酰胺、肽、有机酸、糖类、脂肪等前体物质。近年来关于肉前提物质的研究较多,如把牛肉中的前体物质用水提取后,剩下不溶于水的肌纤维部分几乎不存在香味物质;另外,在脂肪中人为地加入一些物质如葡萄糖、肌苷酸、含有无机盐的氨基酸(谷氨酸、甘氨酸、丙氨酸、丝氨酸、异亮氨酸),在水中加热后,会生成和肉一样的风味,从而证明这些物质为肉风味的前体物质(表1-21)。

表 1-21　肉的滋味物质

滋味	化合物
甜	葡萄糖、果糖、核糖、甘氨酸、丝氨酸、脯氨酸、羟脯氨酸
咸	无机盐、谷氨酸钠、天冬酰胺
酸	天冬酰胺、谷氨酸、组氨酸、天冬酰胺、琥珀酸、乳酸、磷酸
苦	组氨酸、精氨酸、蛋氨酸、缬氨酸、亮氨酸、异亮氨酸、苯丙氨酸、色氨酸、酪氨酸、肌酸、肌酐酸、次黄嘌呤、鹅肌肽、肌肽、其他肽类
鲜	谷氨酸钠、5′-肌苷酸钠、5′-鸟苷酸钠、其他肽类

1.3.3.3　肉风味的产生

肉风味形成主要来源于脂肪的氧化,因不同动物的脂肪酸成分不同造成了不同种肉的风味差异。生肉烹调后生成新风味,其原理及途径有以下几种:

(1)美拉德反应:在加热过中,羰基化合物(还原糖类)和氨基化合物(氨基酸、蛋白质)经过一系列化学反应,最终生成棕色或黑色的大分子物质类黑精或称拟黑素,这一过程叫美拉德反应。

(2)脂质氧化:常温状态下脂质氧化会产生酸败味,在加热、高温状态下产生风味物质。肉产生风味物质的脂质氧化原理与常温状态时的氧化原理基本相同,由于热能参与氧化反应,造成反应的终产物不同。

(3)硫铵素降解:在肉的烹调过程中,维生素 B_1(硫铵素)降解产生的 H_2S 对肉风味的形成有极其重要作用。H_2S 作为一种呈味物质可以与呋喃酮等杂环化合物反应生成含硫杂环化合物,其中 2-甲基-3-呋喃硫醇是公认肉中最重要的芳香物质之一。

(4)腌制:肉制品在腌制过程中添加的亚硝酸钠,可以抑制脂肪的氧化。所以在肉风味的产生过程中,腌制也起着一定程度的作用。

(5)酶促反应:在肉的成熟、腌制、发酵过程中,内源及外源蛋白酶和脂酶对肌肉蛋白质、脂类作用,产生小肽、游离氨基酸、游离脂肪酸等小分子化合物,这些物质影响着产品风味的形成。

1.3.4　肉的嫩度

肉的嫩度是消费者最重视的食用品质之一,它决定肉在食用时口感的老嫩,是反映肉质地的指标。

1.3.4.1　嫩度的概述

肉的嫩度实质上是对肌肉各种蛋白质结构特性的总体概括,它与肌肉蛋白质的结构及某些因素作用下蛋白质发生变性、凝集或分解有关。肉的嫩度总结起来包括以下四方面的含义：

（1）肉对舌或颊的柔软性：当舌头与颊接触肉时产生的触觉反应。肉的柔软性变动很大，从软乎乎的感觉到木质化的结实程度。

（2）肉对牙齿压力的抵抗性：牙齿插入肉中所需的力。有些肉硬得难以咬动，而有的肉柔软得几乎对牙齿无抵抗性。

（3）咬断肌纤维的难易程度：指牙齿切断肌纤维的能力。首先要咬破肌外膜和肌束，因此这与结缔组织的含量和性质密切相关。

（4）嚼碎难易程度：用咀嚼后肉渣剩余的多少以及咀嚼后到下咽时所需的时间来衡量。

1.3.4.2　影响肌肉嫩度的因素

影响肌肉嫩度的主要是结缔组织的含量与性质及肌原纤维蛋白的化学结构状态，它们受一系列的因素影响而变化，从而导致肉嫩度的变化。

（1）影响肌肉嫩度的宰前因素：主要有畜龄、肌肉的解剖学位置、营养状况。

①畜龄：一般来说，幼龄家畜的肉比老龄家畜的肉嫩，但前者的结缔组织含量反而高于后者。原因在于幼龄家畜肌肉中胶原蛋白的交联程度低，受加热作用易裂解；而成年动物的胶原蛋白的交联程度高，不易受热、酸和碱等影响。

②肌肉的解剖学位置：牛的腰大肌最嫩，胸头肌最老，腰大肌中羟脯氨酸含量比半腱肌少得多。经常使用的肌肉，如半膜肌和股二头肌，比不经常使用的肌肉（腰大肌）的弹性蛋白含量多。

③营养状况：营养良好的家畜，肌肉脂肪含量高，大理石纹丰富，肉的嫩度好。肌肉脂肪有冲淡结缔组织的作用，而消瘦动物的肌肉脂肪含量低，肉质老。

（2）影响肌肉嫩度的宰后因素：主要为Z线状态和热加工。

①Z线状态：Z线是指在光学显微镜下，肌原纤维蛋白纵切面比较明亮区域中间的一条暗线。肉有固有硬度和尸僵硬度两种，分别对应刚宰后和成熟时两种状态。肌肉收缩达到最大硬度时，可缩短40%，此时硬度最大，超过这一数值，Z线断裂，形成"超收缩"现象。肉解除僵直状态，Z线断裂，造成肉的硬度降低，嫩度提高。

②热加工：加热温度和时间的不同，会引起肌肉嫩度的双重效应。当温度在65~75℃时，会使肌肉纤维收缩20%~30%，从而降低肉的嫩度。另外，肉中的结缔组织在60~65℃时短缩，超过此温度时会转化成明胶，从而改善肉的嫩度。

1.3.4.3 肉的嫩化技术

（1）压力法：给肉施加高压可以破坏肌纤维中亚细胞结构，使大量 Ca^{2+} 被释放，同时也释放组织蛋白酶，使蛋白质水解活性增强，一些结构蛋白质被水解，从而导致肉的嫩化。

（2）醋渍法：将肉在酸性溶液中浸泡可以改善肉的嫩度。据试验，溶液 pH 值介于 4.1～4.6 时嫩化效果最佳，用酸性红酒或醋来浸泡肉较为常见，它不但可以改善肉的嫩度，还可以增加肉的风味。

（3）碱嫩化法：用肉质量的 0.4%～1.2% 的碳酸氢钠对牛肉进行注射或浸泡腌制处理，可以显著提高 pH 值和保水能力，使结缔组织的热变性提高，而使肌原纤维蛋白对热变性有较大的抗性，所以肉的嫩度提高。

（4）酶法：利用蛋白酶类可以嫩化肉，常用植物蛋白酶，主要有木瓜蛋白酶、菠萝蛋白酶和无花果蛋白酶。商业上使用的嫩肉粉多为木瓜蛋白酶。酶对肉的嫩化作用主要是对蛋白质的裂解所致，所以使用时应控制酶的浓度和作用时间，如酶解过度，则肉会失去应有的质地并产生不良的味道。

（5）电刺激：对于羊肉和牛肉，电刺激提高肉嫩度的机制主要是加速肌肉的代谢，从而缩短尸僵的持续期并降低尸僵的程度。此外，电刺激可以避免牛胴体产生冷收缩。

1.3.5 肉的保水性

1.3.5.1 定义

肉的保水性即持水性、系水性，指肉在加热、冷冻、解冻、腌制、切碎、搅拌等外界因素的作用下，保持原有水分和添加水分的能力。它对肉的品质有重大影响，是肉质评定时的重要指标之一。保水能力的高低直接影响到肉的色泽、风味、质地、嫩度、凝结性等。

1.3.5.2 保水理化基础

肌肉中的水是以结合水、不易流动水和自由水三种形式存在的。其中不易流动水主要存在于细胞内、肌原纤维及膜之间，这部分水是衡量肌肉保水性能的关键。当蛋白质处于膨胀状态时，网状空间大，保水性就高；反之处于紧缩状态时，网状空间小，保水性就低。

1.3.5.3 影响保水性的因素

（1）动物因素：畜禽种类、年龄、性别、肌肉部位及屠宰前后的处理等，对肉的保水性都有影响。

①种类:牛肉>猪肉>鸡肉。

②年龄、性别:去势>成年>母>幼龄>老龄。

③部位:冈上肌>胸锯肌>腰大肌>半膜肌>股二头肌>臀中肌>半腱肌>背最长肌。颈部、头部>腹部、舌肉。

(2)pH 值:蛋白质分子由氨基酸组成。氨基酸是一种两性离子,当 pH 值大于等电点时,氨基酸分子带负电荷;而当 pH 值小于等电点时,氨基酸分子带正电荷,因此蛋白质分子也具备两性性质。蛋白质分子间的静电荷效应可以影响其保水性。

pH 值在 5 左右时,肉的 pH 值基本接近肌动球蛋白的等电点,此时肉保水性最差。肉的保水性会随 pH 值的变化而变化,肉制品加工中常使用磷酸盐调节肉的 pH 值,以达到最佳保水效果。

(3)宰后尸僵:宰后肌肉在 48 h 内,肉的保水性会经历由高变低,再由低变高的过程。其原因有两方面:一是蛋白质分子分解为小单位,引起肌肉纤维渗透压增高导致;二是蛋白质净电荷增加,主要价键分裂,导致蛋白质结构疏松,有助于蛋白质水合离子生成。

(4)无机盐。

①食盐:在一定浓度下,肌原纤维间束缚大量氯离子,从而增加负电荷的静电斥力,导致纤维膨胀,持水能力增加。

②磷酸盐:磷酸盐结合蛋白质中的 Ca^{2+}、Mg^{2+},解离蛋白质的羧基。通过羧基间负电荷的相互排斥作用使蛋白质结构松弛,提高了肉的保水性。肌球蛋白在加热过程中过早变性,会降低肉的保水能力,聚磷酸盐对肌球蛋白变性有一定的抑制作用。焦磷酸盐和三聚磷酸盐可以解离肌动球蛋白为肌球蛋白和肌动蛋白,提高肉的保水性。

(5)加热:肉加热时保水能力明显降低,加热程度越高保水能力下降越明显。这是由于蛋白质的热变性作用,使肌原纤维紧缩,能滞留不易流动水的空间变小,部分不易流动水变成自由水,在很低的压力下即可流出。同时,由于加热导致非极性氨基酸同周围的保护性半结晶水结构崩溃,继而形成疏水键,使保水性降低。当加热温度超过 40℃后,保水性开始迅速下降,达到 60~70℃时几乎全部丧失。

(6)其他:除上述因素外,在加工过程中还有许多影响保水性的因素,如滚揉按摩、斩拌、冷冻、添加乳化剂等。

参考文献

[1]孔宝华.肉制品深加工技术[M].北京:科学出版社,2014.

[2]赵晋府.食品工艺学[M].北京:中国轻工业出版社,2015.

[3]周广宏.肉品加工学[M].北京:中国农业出版社,2009.

[4]沈林园,郑梦月,张顺华,等.猪屠宰后pH变化对肉品质的影响[J].猪业科学,2013,30(4):114-115.

[5]蒋爱民.畜产食品工艺学[M].北京:中国农业出版社,2000.

[6]阚健全.食品化学[M].北京:中国农业大学出版社,2016.

[7]谢笔钧.食品化学[M].北京:科学出版社,2011.

[8]杜克生.肉制品加工技术[M].北京:中国轻工业出版社,2006.

[9]李良明.现代肉制品加工大全[M].北京:中国农业出版社,2001.

[10]周光宏.肉品加工学[M].北京:中国农业出版社,2009.

第2章 肉制品常用辅料

肉制品加工过程中,为了改善和提高肉制品的感官特性及使用品质,延长制品的保存期以及便于加工生产,常需要添加一些除原料肉以外的其他可食性物料,这些物料通称为辅料。正确使用辅料对提高肉制品的质量和产量,增加肉制品的花色品种,延长货架期,提高其营养价值和商品价值,保障消费者的身体健康有重要的意义。

2.1 调味料

中式肉制品很注重调味,西式亦然。调味能抑制、矫正肉制品的不良气味,促进食品风味纷呈,增加食欲,促进消化。

2.1.1 咸味料

咸味是食品的基本味,是在肉制品加工中能独立存在的味道,主要存在于食盐中。与食盐同样具有表达咸味作用的物质有苹果酸钠、谷氨酸钾、葡萄糖酸钠和氯化钾等。它们与氯化钠的作用不同,味道也不一样,其他还有腐乳、豆豉等。

2.1.1.1 食盐

(1)食盐在肉制品加工中的作用。

①调味作用:在食盐的各种用途中,当首推其在饮食上的调味功用,即能去腥、提鲜、解腻、减少或掩饰异味、平衡风味,又可突出原料的鲜香之味。

②提高肉制品的持水能力、改善质地:氯化钠能活化蛋白质,增加水合作用和结合水的能力,从而改善肉制品的质地,增加其嫩度、弹性、凝固性和适口性,使其成品形态完整,质量提高。

③抑制微生物的生长:食盐可降低水分活度,提高渗透压,抑制微生物的生长,延长肉制品的保质期。

④生理作用:食盐是人体维持正常生理机能所必需的成分,如维持一定的渗透压平衡。

（2）食盐在肉制品中的用量：肉制品中适宜的含盐量可呈现舒适的咸度，突出产品的风味，保证满意的质构。用量过小则产品寡淡无味，如果超过一定限度，就会造成原料严重脱水，蛋白质过度变性，味道过咸，导致成品质地老韧干硬，破坏了肉制品所具有的风味特点。

我国肉制品的食盐用量一般规定：腌腊制品4%～10%，酱卤制品3%～5%，肉灌肠制品1%～2%，油炸及干制品2%～3.5%。

2.1.1.2　酱油

酱油是肉制品加工中重要的咸味调味料，一般含盐量18%左右，并含有丰富的氨基酸等风味成分。

（1）酱油的作用。

①为肉制品提供咸味和鲜味。

②添加酱油的肉制品多具有诱人的酱红色，是由酱色的着色作用和糖类与氨基酸的美拉德反应产生。

③酿制的酱油具有特殊的酱香气味，可使肉制品增加香气。

④酱油生产过程中产生少量的乙醇和乙酸等，具有解除腥腻的作用。

（2）酱油的分类：依据我国行业标准酱油分类SB/T 10173—1993，酱油可分为酿造酱油、再制酱油和酱油状调味汁三种。酿造酱油根据发酵工艺不同，分为高盐发酵酱油、低盐发酵酱油和无盐发酵酱油。再制酱油根据再制工艺分为液态再制酱油和固态再制酱油。我们日常所说的生抽、老抽起源于两广地区，都是酿造酱油。两者最大的区别在于老抽中添加了焦糖而颜色浓，黏稠度较大；而生抽酱油盐度较低，颜色也浅。生抽常用来保持食材菜肴原味；老抽可用来给食品着色等。

（3）酱油选择：酱油加热时间过长会变黑，影响产品色泽。酱油的使用量和使用品种应根据不同地区、不同产品、不同口味来决定。一般肉制品加工宜选用酿造酱油，食盐含量不超过18%。

2.1.1.3　腐乳

在肉制品加工中，红腐乳的应用较为广泛。质量好的红腐乳，色泽鲜艳，具有浓郁的酱香及酒香味，细腻无渣，入口即化，无酸苦等怪味。腐乳在肉制品加工中的主要应用是增味、增鲜、增加色彩。腐乳的分类见图2-1。

2.1.1.4　豆豉

豆豉作为调味品，在肉制品加工中主要起提鲜味、增香味的作用。豆豉在应用中要注意其用量，防止压抑主味。豆豉分类见表2-1。

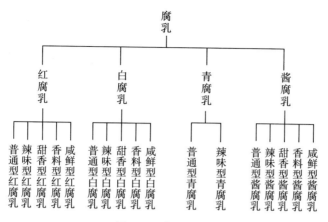

图 2-1　腐乳分类

表 2-1　豆豉分类

分类类型	按原料分	按口味分	按水分分	按发酵微生物分	
豆豉分类	黑豆豉	咸豆豉	干豆豉	毛霉型	根酶型
	黄豆豉	淡豆豉	水豆豉	曲霉型	细菌型

2.1.2　鲜味料

鲜味料是指能提高肉制品鲜美味的各种调料,与咸、甜、酸基本味的受体,不同味感也不同。它们不影响任何其他味觉刺激,而只增强各自的风味特征,从而改进食品的可口性。在肉制品加工中常用的鲜味料有味精、鸡精调味料、酵母提取物等。

2.1.2.1　味精

味精学名谷氨酸钠,为无色或白色柱状结品,具有独特的鲜味,易溶于水。味精是肉制品加工最常用的鲜味剂之一,有增强鲜味和增加营养的作用,常与 I+G 按一定比例复配使用,可以达到协同增效的作用。但若将其加热到120℃以上或长时间加热,会发生部分分子内失水而生成焦谷氨酸钠,不仅失去了鲜味,而且有一定的致癌性。因此特别是油炸食品不宜加入味精。

2.1.2.2　鸡精调味料

鸡精调味料是以味精、食用盐、鸡肉/鸡骨的粉末或其浓缩抽提物、呈味核苷酸二钠及其他辅料为原料,添加或不添加香辛料和/或食用香料等增香剂经混合、干燥加工而成,具有鸡的鲜味和香味的复合调味料。

2.1.2.3 酵母抽提物

酵母抽提物是以食用酵母为原料进行生物降解,精制而成的一种营养型功能性天然调味剂。其主要成分为氨基酸、呈味核苷酸、多肽、B 族维生素及微量元素,具有天然、营养丰富、味道鲜美、香味醇厚等优点。

2.1.3 甜味料

甜味料在肉制品加工过程中具有重要作用,不但能满足人们的爱好,还能改进食品的可口性和食品的某些食用性质。肉制品中常用的甜味料有白砂糖、葡萄糖、蜂蜜、麦芽糖浆、糖精等。

2.1.3.1 甜味料在肉制品加工中的作用

(1)赋予肉品甜味并具有矫正、去异味、保色、缓和咸味、增鲜、增色等作用。

(2)由于糖极易氧化成酸,使肉的酸度增加,利于胶原彭润和松软,从而增加肉的嫩度。

(3)糖在肉品加工过程中发生的羰氨反应和焦糖化反应使产品具有诱人的焦黄色,提高了肉品的感官效果。

(4)糖还具有助色作用。甜味料中的还原糖(葡萄糖等)在肉品腌制过程中能吸收氧,加速 NO 的形成,使发色效果更佳。

(5)由于糖类的羟基位于环状结构的外围,使环状结构呈现为内部疏水性、外部亲水性的特性,这样提高了肉的保水性,也就提高了产品的出品率。

2.1.3.2 肉制品常用甜味料介绍

(1)白砂糖:白砂糖甜度大且纯正,除提供甜味外,还具有保色、提鲜、增色、适口和缓和咸味的作用。白砂糖的添加量一般为原料的 2%~10%。我国传统肉制品多需加糖,中式肉制品一般用量为肉重的 1%~3%;广式产品最高可达 10%;烧烤类肉制品可达 5%;西式肉制品中,白砂糖使用量一般为 0.5%~1%。高档肉制品生产常使用绵白糖。

(2)葡萄糖:葡萄糖在肉制品加工中的应用除了作为调味品和增加营养的目的外,还有调节 pH 值和氧化还原的目的。对于普通肉制品加工,其使用量一般为 0.3%~0.5%比较合适。

(3)蜂蜜:蜂蜜的营养价值很高,含有多种小分子糖类、蛋白质、淀粉、苹果酸、脂肪、酶、芳香物质、无机盐和多种维生素。蜂蜜的甜度和白砂糖相当,在肉制品加工中的应用主要起提高风味、增香、增色、增加亮点及营养的作用。将蜂蜜涂在产品表面,淋油或油炸,是重要的赋色工序。

（4）麦芽糖浆：麦芽糖浆是以优质淀粉为原料，经淀粉酶液化，糖化酶和真菌酶糖化，精制浓缩而成的麦芽糖含量在 50% 以上的淀粉糖浆。麦芽糖浆在肉制品中应用可起到增加甜味、调色、降低成本等作用。另外，麦芽糖浆的抑菌能力比白砂糖强，白砂糖的抑菌浓度为 60% 以上，麦芽糖只需 40% 以上即可。

（5）果葡糖浆：果葡糖浆是由植物淀粉水解和异构化制成的淀粉糖精，其主要组成为果糖和葡萄糖，故称为果葡糖浆。根据果糖含量，果葡糖浆分为果糖含量不低于 42%（占干物质）的 F42 型果葡糖浆和果糖含量不低于 55%（占干物质）的 F55 型果葡糖浆。由于果葡糖浆的甜度和白砂糖相当，可以替代白砂糖广泛应用在各类食品中。

（6）果糖：果糖是一种单糖，能与葡萄糖结合形成蔗糖，白色结晶，不成形状，味甜。果糖是目前世界上已知最甜的天然甜味料，也是最安全、最健康的糖类之一，广泛应用于食品工业。

2.1.3.3　不同甜味料甜度比较（表 2-2）

表 2-2　不同甜味料甜度对比

种类	白砂糖	果糖	果葡糖浆	木糖醇	葡萄糖	麦芽糖
甜度	1.0	1.5	1.0~1.05	1.0	0.7	0.5

2.1.4　酸味料

酸味在肉制品加工中是不能独立存在的味道，必须与其他味道合用才起作用。但是，酸味仍是一种重要的味道，是构成多种复合味的主要调味物质。

酸味调味料品种有许多，在肉制品加工中经常使用的有食醋、番茄酱、番茄汁、山楂酱、草莓酱等。酸味调料在使用中应根据工艺特点及要求去选择，还需注意人们的习惯、爱好、环境、气候等因素。

食醋是中式糖醋类风味产品的重要调味料，如与糖按一定比例配合，可形成宜人的甜酸味。因醋酸受热易挥发，故适宜在产品即将出锅时添加，否则部分挥发从而影响产品酸味。食醋根据加工工艺又分为酿造食醋和配制食醋（图 2-2），酿造食醋与配制食醋的对比见表 2-3。食醋在肉制品中使用具有去腥作用，尤其是鱼肉类原料产品更具有代表性。在肉制品加工中宜选酿造食醋。

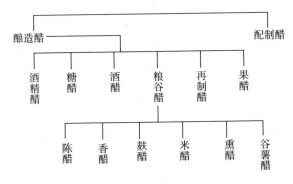

图 2-2　食醋的分类

表 2-3　酿造食醋与配制食醋的对比

分类与区别	酿造食醋:单独或混合使用各种含有淀粉、糖的物料或酒精,经微生物发酵酿制而成的液体调味品		配制食醋:以酿造食醋为主体,与冰醋酸等混合配制而成的调味食醋,且酿造食醋的添加量不得少于50%
	固态发酵食醋:以粮食及其副产品为原料,采用固态醋醅发酵酿制而成的食醋	液体发酵食醋:以粮食、糖类、果类或酒精为原料,采用液态醋醪发酵酿制而成的食醋	
色泽	琥珀色或红棕色	具有该种固有的色泽	具有产品应有的色泽
香气	具有固态发酵食醋特有的香气	具有该品种固有的香气	具有产品应有的香气
滋味	酸味柔和,回味绵长,无异味	酸味柔和,无异味	酸味柔和,无异味
总酸(以乙酸计)	≥3.5 g/100 mL		≥2.5 g/100 mL
不挥发酸(以乳酸计)	≥0.5 g/100 mL	—	—
可溶性无盐固形物	≥1.0 g/100 mL	≥0.5 g/100 mL	≥0.5 g/100 mL

2.1.5　酒类调味料

黄酒和白酒是多数中式肉制品必不可少的调味料,主要成分是乙醇和少量的酯类。它可以去除膻味、腥味和异味,并有一定的杀菌作用,赋予制品特有的醇香味,使制品回味甘美,增加风味特色。在生产腊肠、酱卤等肉制品时,都要加入一定量的酒。

酒类调味料选择注意事项:黄酒应色黄澄清,味醇,含酒精12度(12%Vol)以上;白酒应无色透明,并且应有料酒特有香味、味道醇厚甜美的产品为好。

酒类调味料用量应根据产品品种和要求而定,过多或过少都会影响产品的质量要求。如腥味异味大的原料,用酒不足就难以除去不良气味;而有些腥味小的原料,如用酒量过多的话,就会因酒精不能完全挥发,过剩的酒精存在于产品中,使产品无法突出咸味,增加香味。

2.1.6　香辛料

一般把来自植物的根、茎、叶、花蕾、种子等具有芳香或刺激性气味,能赋予食物风味,增进食欲,帮助消化吸收的配料称为香辛料。

2.1.6.1　香辛料的分类

(1)按呈味特征分。

①浓香型天然香辛料:以浓香为主要呈味特征,呈味成分多为芳香族化合物,无辛、辣等刺激性气味的天然香辛料。浓香型天然香辛料有 18 种,用字母"S"表示。

②辛辣型天然香辛料:以辛、辣等强刺激性气味为主要呈味特征,呈味成分多为含硫或酰胺类化合物的天然香辛料。辛辣型天然香辛料有 20 种,用字母"P"表示。

③淡香型天然香辛料:以平和淡香、香韵温和为主要呈味特征,无辛、辣等刺激性气味的天然香辛料。淡香型天然香辛料有 30 种,用字母"E"表示。

(2)按其风味特征分。

①有热感和辛辣感的香辛料:辣椒、胡椒、花椒、姜等。

②有辛辣作用的香辛料:大蒜、葱、洋葱、辣根等。

③芳香性的香辛料:肉桂、月桂、丁香、肉豆蔻、香荚兰、众香子等。

④带上色作用的香辛料:姜黄、红椒、藏红花等。

⑤去异脱臭作用的香辛料:白芷、桂皮、良姜等。

⑥有特色味道、赋香作用的香辛料:百里香、甘草、茴香、葛缕子、枯茗、香叶、月桂、桂皮、茴香等。

(3)按原料的使用部位分。

①果实:胡椒、八角、辣椒、小茴香、花椒、砂仁、草果、孜然、豆蔻、山楂、众香子、葛缕子等。

②根或根状茎:姜黄、姜、白芷、山奈、甘草、当归、高良姜、大蒜等。

③叶及茎:薄荷、月桂、香菜、百里香、马郁兰、麝香草、紫苏、鼠尾草、龙蒿、葱、百里香等。

④种子:芹菜籽、小豆蔻、芫荽籽、芥末等。

⑤其他:肉桂(树皮)、洋葱(鳞片)、丁香、芸香料(花蕾)、肉豆蔻(假种皮)、

香荚兰(果荚)、藏红花(柱头)等。

2.1.6.2 常用香辛料介绍

(1)果实类香料。

①八角:又名大茴香、八角茴香、大料,药食两用。八角属木本植物,主产地为我国南方,广西西南部最多。八角分为大红八角(秋季)、角花八角(春季)和干枝八角(落地)。八角属浓香型,微甜,呈浅棕色或红棕,香气浓郁而强烈,滋味辛、甜,主要用于烧、卤、炖、煨动物性原料。八角是五香粉中的主要调料,也是卤水中主要的香料。

②花椒:又名秦椒、风椒,其味芳香、微甜,辛温麻辣。花椒药食两用,属木本植物,中国独有的品种,主产地四川。主栽品种为大红袍、小红袍、青花椒。花椒按挥发油含量、不挥发性乙醚抽提物、杂质含量等分特级、一级、二级、三级。

花椒的用途可居诸香料之首。由于它具有强烈的芳香气,味辛麻而持久,生花椒味麻且辣,炒熟后香味才溢出,是五香粉的主料。花椒的主要辣味成分是花椒素,也是酰胺类化合物,除此之外伴有少量的异硫氰酸烯丙酯。花椒是以麻辣为特征的。花椒在粉碎时,这两种化合物会迅速分解而损失其麻辣味,所以花椒要以整粒存储,用时即时粉碎。

③胡椒:分为黑胡椒(药食两用)和白胡椒。有外果皮的胡椒干果为黑胡椒,还有绿胡椒、红胡椒,是不同时期的果实。美国人偏爱黑胡椒,欧洲人喜欢白胡椒。胡椒气味芳香,有刺激性及强烈的辛辣味,果粒直径为 3~6 mm,成品分为半加工、加工(除杂、干燥、制备、研磨等工艺)及胡椒粉(不加任何添加物)。

黑胡椒和白胡椒的辣味成分基本相同,除少量类辣椒素外,主要是胡椒碱。胡椒碱也是一种酰胺类化合物,由多种类似化合物组成,其不饱和烃基有顺反构体之分,其中顺式的含量越多越辣。全反式结构称作异胡椒碱,辣度远不及顺式化合物。

④辣椒:有牛角椒、长辣椒、菜椒、灯笼椒,辛辣型,能促进唾液分泌,增进食欲,一般使用辣椒粉,在汤料中起辣味和着色作用。世界使用最广,最受青睐的辣椒是哈雷派尼奥(Jalapeno),以及烟熏后成品——启波特雷。中国三大干椒品种为朝天椒(簇生椒、子弹头、鸡心辣、樱桃椒、灯笼椒)、羊角椒(鸡泽)、线椒。成品主要为辣椒干(辣王、小山鹰、益都红)、灭菌辣椒片、辐照辣椒片、辣椒丝。

辣椒的做法依其味道和辣度而异。辣中带酸的"哈雷派尼奥"辣椒常用醋腌制;略微甘涩带苦的"瓜希略"辣椒用于配菜增色;山区辣椒是墨西哥最常见的红辣椒,味道中辣,但辣中带甜,通常被捣碎或切粒制成沙司,或入汤入菜增加辣味;成熟的"奇伯特雷"辣椒则用烟熏后晒干制成辛辣调料。

⑤豆蔻:有草豆蔻、白豆蔻、红豆蔻三种。豆蔻是卤水和酱汤中重要的香料,有助香、调节和平衡的作用。

草豆蔻为姜科植物山姜属的干燥种子团,云南、广西种植,夏、秋两季采收。药食同源,多用于除牛羊及家禽的腥气。

白豆蔻为姜科植物砂仁属的成熟果实,原产于越南、泰国等地,现广东、广西、云南有栽培。应用最突出的是重庆火锅的底料及广东特色"卤水隆江猪脚",泰国料理常用。

红豆蔻为姜科植物大良姜的干燥成熟果实。秋季果实变红时采收,也叫红蔻、红豆、山姜子。潮州卤水、桂林米粉、四川麻辣烫卤汤中常用红豆蔻。

⑥孜然:学名孜然芹,也称安息孜然、安息茴香,属香草类草本植物,味食香料。味道甘、香,单用或与它药合用均可。孜然外形与小茴香非常容易混淆,形状呈弯曲的小圆柱形,颜色为灰绿色,有浓郁的特殊香气。

孜然主要用于烤、煎、炸羊肉、牛肉、鸡、鱼等菜肴,是西北地区常用且喜欢的一种香料。孜然的味道极其浓烈而且特殊,南方菜中极少有孜然。孜然主要分布于印度、伊朗、土耳其、埃及、中国和俄罗斯的中亚地区。

⑦小茴香:小茴香属伞形科,又名茴香、小茴、小香、角茴香、谷茴香等。小茴香有甜和苦两个品种,以甜的品种为好,香辛料用的是其干燥的种子。小茴香中含有茴香脑、茴香醛、茴香酮等活性成分,具有改善食欲和助消化等诸多功效。

小茴香是世界上应用最广泛的香辛料之一,英国和印度是消耗小茴香最多的国家。相比较而言,西式饮食应用更广泛。小茴香可用于食品的有:汤料(英国和波兰风格的肉汤料)、烘烤佐料(印度的烤鸭、烤鸡、烤猪肉)、海鲜佐料、腌制佐料、调味料(番茄酱)、肉用佐料(西式肉丸、意大利红肠)、沙拉调味料(包菜、芹菜、黄瓜、洋葱、土豆等)、面包风味料(德国式面包)、饮料(法国酒)等。

⑧草果:草本植物草果的成熟果实,主产于云南、广西、贵州,因果实细小,被称为"南草果"。草果是药食两用中药材大宗品种之一。草果具有特殊浓郁的辛辣香味,能除腥气,增进食欲,是烹调佐料中的佳品,被誉为食品调味中的"五香之一"。

草果具特殊浓郁的辛辣香味,使用前把坚韧的外皮拍压松裂,会露出里面细小的种子,这样有利于香气完全释放后再入味于食材中。通常情况下,草果与其他香料混合效果较好,也适合腌、酱、卤、煮、烧、炖及火锅等用水为媒介且时间较长的烹饪方法。

⑨罗汉果:属藤本植物,味食香料,味道甘,别称神仙果、金不换。主要用于卤菜,是桂林名贵的土特产,药食两用,止咳化痰。主要分布在广西、广东、湖南等地。

⑩砂仁:又叫春砂仁、阳春砂仁,为姜科多年生草本植物的果实,一般除去黑果皮(不去果皮的称为苏砂)。砂仁含香精油3%~4%,主要成分为龙脑、乙酸龙脑酯、右旋樟脑、方梓醇等。具有樟脑油的芳香味,是肉制品中重要的调味香料,具有矫臭去腥、提味增香的作用,使制品风味别致、清香爽口。

(2)根或根状茎类香料。

①白芷:伞科植物兴安白芷、川白芷、杭白芷、云南牛防风的根。白芷是多年生草本,多生于河岸、溪边以及沿海的丛林砾岩上。兴安白芷分布于东北地区;川白芷分布于四川、两河、两湖地区;杭白芷分布于浙江等地。白芷含香豆素及其衍生物,如当归素、白当归醚、欧前胡乙素、白芷毒素等。白芷还含有挥发油,油中有3-亚甲基-6-环乙烯、榄香烯、十六烷酸等,有一定抑制真菌和细菌的作用。其味道辛、香,主要用于卤、烧、煨禽畜等。

②山奈:又名沙姜、三奈,外形酷似老姜,其作用也与姜类似。沙姜所含姜辣素很高,口味带甜,具有行气化痰、消食开胃、健脾去湿的作用。沙姜性热,多食会导致身体燥热、口舌生疮,所以热性体质的人应少食。南粤客家族常用山奈,炖肉时加入沙姜可以杀菌、去腥、开胃,是广东盐焗鸡调味的灵魂。

③甘草:甘草是豆科多年生草本植物,多年生长在干旱、半干旱的荒漠草原、沙漠边缘和黄土丘陵地带,在引黄灌区的田野和河滩地也易于繁殖。甘草中甘草酸含量在10%左右,还有甘露醇、葡萄糖等多种成分。由于甘草酸的甜度高于蔗糖50倍,甘草是名副其实的"甜草",主要用于腌腊制品及卤菜。

④姜:姜科多年生草本植物,主要利用地下膨大的根茎部。姜在我国中部、东南至西南部各省区广为栽培,亚洲热带地区也常见栽培。姜具有独特强烈的姜辣味和爽快风味。其辣味及芳香成分主要是姜辣素、姜油酮、姜烯酚、姜醇及柠檬醛等,具有去腥调味、促进食欲、开胃驱寒和减腻解毒的功效。

⑤姜黄:属香草类草本植物,味食香料,味道辛、香、苦。它是色味两用的香料,一般以调色为主,云南第十九怪"倘塘豆腐拴着卖"用料。姜黄与它药合用,用于牛羊类菜肴,有时也用于鸡鸭鱼虾类菜肴。它还是咖喱粉(约占30%)、沙嗲酱中的主要用料。

⑥高良姜:潮汕的"宠儿",潮式卤水中定位的"法宝",潮汕地区去除动物性食材腥气的"杀手锏"。民间也作为药膳,称为地下杏仁。清凉油的主要成分是

高良姜素。

⑦蒜:百合科多年生宿根草本植物大蒜的鳞茎,原产地在西亚和中亚,现在全国都有种植。其主要成分为大蒜素,即挥发性的二烯丙基硫化物,其中以蒜头含量最高,蒜叶次之,蒜薹较少。蒜中的硒是一种抗诱变剂,它能使处于癌变的细胞正常分解;阻断亚硝胺的合成,减少亚硝胺前体物的形成。蒜有强烈的臭、辣味,可增进食欲,并刺激神经系统,使血液循环旺盛,根茎部有芳香和强烈辣味,压腥去膻。

(3)叶及茎类。

①芫荽:又名胡荽,俗称香菜。芫荽系伞形科一年生或二年生草本植物,常用其干燥的成熟果实作为香辛料,带鼠尾草、山艾和柠檬的混合味道。芳香成分主要有沉香醇、芫荽醇等,其中沉香醇占 60%～70%,有特殊香味。芫荽是肉制品特别是猪肉香肠和灌肠中常用的香辛料,主要是利用其清香气味对产品进行增香。

②莳萝:又称石落,为一年生伞形科草本植物莳萝的茎叶,常用其果实。莳萝具有强烈的似茴香气味,但味较清淡,温和,无刺激感,主要成分是藏茴香酮柠檬萜、水茴香萜及其他萜类。大部分用于肉制品腌制,有提升肉制品风味、增进食欲的作用,量大才有味道,也是配制咖喱粉的主要调料之一,适合挪威三文鱼料理和鸡肉。

③欧芹:又称香芹、洋香菜,在欧洲烹饪界极重要,卷叶成熟的味道强,平叶幼株的味道强。

④罗勒:又称九层塔、金不换、国王草,是印度香草之王,意大利菜两大用料,号称最常用的西餐香料之一。

⑤月桂叶:又名香叶,即桂树之叶,芳香四溢,富有灵气,原产于地中海一带。我国江苏、浙江、福建、台湾、四川、云南等地有引种栽培,是百搭香料和国际性香料,具有防腐作用。

⑥柠檬草:又名香茅草,有浓郁的柠檬香气,烹饪中大多选用香茅茎叶。常用在汤品、菜肴、甜点中增香。新鲜香茅刮去外皮后,食用里面的茎髓部分,可整个使用,东南亚料理必备。

⑦小葱:有类似大蒜的刺激性臭、辣味,干燥后辣味消失,加热后可呈现甜味。用其粉末调配汤料,使香气大增;用脱水葱叶为方便面增加翠绿的点缀,诱人食欲。

(4)种子类香料。

①芫荽籽:又称胡荽子、香菜子、松须菜子等,具有温和的辛香,带有鼠尾草

和柠檬混合的味道。芫荽籽是配制咖喱粉的原料之一,是肉制品特别是猪肉香肠、波罗尼亚香肠、维也纳香肠、法兰克福香肠常用的香辛料。工业中提取芫荽籽油作为调配香精的原料。

②芹菜籽:又称香芹籽、药芹籽,具有辅助降血压的功效。

③莳萝籽:是洋茴香、土茴香、鱼之香草的种子,为意大利菜肴的主要香料。叶子香味较籽柔和,莳萝籽适合先撒在烤菜之上再送入烤箱,也适合撒在沙拉调味汁中。而莳萝叶适合搭配鱼类、贝类和蔬菜类的料理,也适合加入蘸酱中。

④小豆蔻:又名三角豆蔻、印度豆蔻、天堂果仁。小豆蔻是一种姜科多年生的草本植物,喜欢生长在山坡边阴凉潮湿的地方,中国的福建、广东、广西和云南有种植。印度小豆蔻种植面积约占世界的50%,小豆蔻是一种烹调香料,种子可以做中药,在东方是菜肴调味品,特别是咖喱菜的佐料。小豆蔻是世界第三昂贵的香料,仅次于番红花和香荚兰。Cardamon 源自阿拉伯语,字根意思是"变暖"。

⑤香豆蔻:为姜科植物香豆蔻 Roxb 的种子,分布于广西、云南、西藏等地。香豆蔻又称尼泊尔豆蔻,具有散寒行气、健胃消食之功效。

(5)其他香料。

①肉豆蔻:别称肉果、玉果,浓香型,药食两用。肉豆蔻树雌雄必须种在一起,从第8年开始结果。青涩的果子摇曳在枝头,犹如一颗颗即将成熟的杏子。果实成熟后果肉会自动裂开,露出包裹在果核外层橙红色网状组织假种皮(Mace,也称肉豆蔻衣),而最里面的种仁即为肉豆蔻(Nutmeg)。肉豆蔻及其假种皮都散发甘甜而迷人的香气,因此肉豆蔻树是为数不多的会生出两种香料的树种。

中餐没有使用肉豆蔻假种皮的习惯,而肉豆蔻却用途广泛,不仅适合腌、煮、卤、酱、烩、烧、炖、焖、蒸等,也适于烤、炸等技法。如粤菜的"卤水"、川菜"樟茶鸭"、甘肃"黄焖羊肉"、辽宁风味名吃"海城馅饼"、鲁菜"香酥鸡"及"五香熏驴肉"、江苏小吃"靖江牛肉干"等都少不了肉豆蔻。肉豆蔻也是中国传统香料"五香粉"和"十三香"的主料之一。

②桂皮:又名山肉桂、柴桂、香桂,即桂树之皮。商品桂皮的原植物有8种之多。广东民间叫"阴香",属樟科肉桂之一种。广西产质量最好,被称为八桂大地,是最早被人类使用的香料之一,是五香粉的原料之一。

桂皮在中国不仅是香料,也是重要的中药。自古以来桂皮与北方的人参、鹿茸齐名,素有南桂北参之说,为中医推崇的中华四大养生补品。

桂皮最适合色重及浓味的菜肴,如上海菜"醉鸡""酱鸭"、杭州菜"东坡肉"

和"叫花鸡"、粤菜的"金华玉树鸡""萝卜牛腩煲"与"肉桂当归排骨汤"、鲁菜的"九转大肠"及"红烧蹄筋"、淮扬菜中的"扬州扒烧整猪头"、四川"香酥鸭"等。

③丁香:又名鸡舌香,属香木类木本植物,味食香料。味道辛、香、苦,单用或与它药合用均可。常用于扣蒸、烧、煨、煮、卤等菜肴,如丁香鸡、丁香牛肉、丁香豆腐皮等。因其味极其浓郁,不可多用。

公丁香,指的是没有开花的丁香花蕾,晒干后作为香料使用。母丁香,指的是丁香的成熟果实,也是晒干后作为香料使用。

④荜茇:胡椒科胡椒属多年生草质藤本植物,攀缘藤本长达数米。荜茇在中国南部、西南部地区广泛分布,喜欢高温潮湿的气候。其未成熟果穗用作香料,另外还具有很高的药用价值。荜茇有特异香气,味辛辣,以肥大、饱满、坚实、色黑褐、气味浓者为佳。常用调味品,有矫味增香作用,多用于烧、烤、烩等菜肴,也是卤味香料之一。果穗为镇痛健胃要药,用于胃寒引起的腹痛、呕吐、腹泻等。荜茇是粤菜卤水和重庆火锅汤料配方的"秘密武器"。

⑤陈皮:即干橘子皮,属木本植物,味道辛、苦、香。陈皮是十三香的主料,广东新会陈皮陈化3年以上,质量最佳。

2.1.6.3 常用香辛料配比

(1)五香粉:常用于中国菜,用茴香、花椒、肉桂、丁香、陈皮五种原料混合制成,有很好的香味。

配方1:八角1,小茴香3,桂皮1,五加皮1,丁香0.5,甘草3。

配方2:花椒4,小茴香16,桂皮4,甘草12,丁香4。

配方3:花椒5,八角5,小茴香5,桂皮5。

配方4:八角5.5,山柰1,甘草0.5,砂仁0.4,桂皮0.8,白胡椒0.3,姜粉1.5。

(2)咖喱粉:主要由香味为主的香味料、辣味为主的辣味料和色调为主的色香料三部分组成。一般混合比例是香味料40%,辣味料20%,色香料30%,其他10%。它是以姜黄、白胡椒、芫荽子、小茴香、桂皮、姜片、辣根、八角、花椒等配制研磨成粉状而成,色呈鲜艳黄色,味香辣,宜在菜肴制品临出锅前加入。

配方1:胡荽子粉5,小豆蔻粉40,姜黄粉5,辣椒粉10,葫芦巴子粉40。

配方2:胡荽子粉16,白胡椒1,辣椒0.5,姜黄1.5,姜1,肉豆蔻0.5,茴香0.5,芹菜籽0.5,小豆蔻0.5,滑榆4。

配方3:胡荽子70,精盐12,黄芥子8,辣椒3,姜黄8,黑胡椒4,桂皮4,香椒4,肉豆蔻1,芹菜籽1,葫芦巴子1,莳萝子1。

2.1.6.4 肉制品中香辛料的使用

肉制品中香辛料的使用方法因制品种类而异。例如,香肠的香辛料是与其他调味料一起加入肉中;火腿的香辛料则是在腌制时加入,通常使用粉碎状态的香辛料。这些香辛料有时采用胡椒、洋葱等单体香辛料,有时则采用预先混合好的火腿或用香肠用的混合香辛料,但通常多用混合香辛料。使用香辛料的主要目的是遮盖原料肉类的腥膻气味并赋予制品独特的风味。

(1)香辛料的添加形式:

①完整香辛料:完整的香辛料是指其原形保持完好,不经任何加工,这样用它来增香,而且可利用其口感和视觉的特点使食品具有特色。使用完整香辛料的缺陷是在使用时香气成分释放缓慢,香味不能均匀分布在食品中。

②粉碎香辛料:粉碎香辛料是指初始形成的完整的香辛料经过晒干、烘干等干燥过程后,再粉碎成颗粒状或面粉状,在使用时直接添加到食品中。其优点是香气释放速度快,味道纯正,缺点是有时会影响食品的感官。

③香辛料提取物:香辛料提取物是指香辛料通过蒸馏、萃取等方法,将香辛料的有效成分提取出来,稀释后形成液态油,或是通过喷雾干燥等方法制成粉末状,直接添加到食品中。这是目前较先进的调味形式,不影响被调味食品的感官状态。香辛料提取物主要有精油、油树脂、香辛料乳液、香精、微胶囊化香辛料及速溶香辛料等。

(2)不同产品对香辛料的选择:

①猪肉类:胡椒、肉豆蔻、肉桂、白豆蔻、丁香、小茴香、细香葱、大蒜、姜、洋葱、芥末、迷迭香、鼠尾草、芹菜籽。

②牛肉类:胡椒、肉豆蔻、肉豆蔻皮、肉桂、小茴香、细香葱、大蒜、姜、洋葱、月桂叶、红辣椒、香芹籽、辣根、马郁兰、迷迭香、孜然、鼠尾草、香薄荷。

③羊肉类:胡椒、白豆蔻、肉桂、细香葱、大蒜、姜、洋葱、马郁兰、薄荷、芥末、莳萝籽、迷迭香、孜然。

④禽肉类:胡椒、肉桂、肉豆蔻、肉豆蔻皮、白豆蔻、小茴香、丁香、砂仁、月桂叶、细香葱、大蒜、姜、洋葱、刺山柑、香芹籽、莳萝籽、马郁兰、朝天椒、迷迭香、鼠尾草、藏红花、麝香草。

⑤水产类:胡椒、肉豆蔻、肉豆蔻皮、月桂叶、大茴香、细香葱、姜、洋葱、辣根、莳萝籽、马郁兰、薄荷、芥末、朝天椒、迷迭香、藏红花、鼠尾草、龙蒿、麝香草。

(3)对不同原料起作用的香料:

①抑臭效果:

对牛肉抑臭效果好的香料依次是大蒜、洋葱、丁香、香菜等；

对羊肉抑臭效果好的香料依次是：鼠尾草、百里香、丁香、香菜等；

对猪肉抑臭效果好的香料依次是：鼠尾草、肉豆蔻等；

对鱼类抑臭效果好的香料依次是：胡椒、大蒜、生姜、肉豆蔻等。

②赋香效果：

对牛肉赋香效果好的香料依次为：胡椒、丁香、生姜、大蒜、肉桂、洋葱、香菜；

对羊肉赋香效果好的香料依次为：胡椒、肉豆蔻、桂皮、姜、香菜、丁香等；

对猪肉赋香效果好的香料依次为：肉豆蔻、鼠尾草、大葱、月桂、丁香、大蒜等；

对鱼肉赋香效果好的香料依次为：生姜、大蒜、洋葱、胡椒、陈皮、肉豆蔻、香菜等。

（4）不同风味产品对香辛料的选择（表 2-4）。

表 2-4　不同风味产品对香辛料的选择

风味类型	香韵分析				香辛料的选择
红烧	焦甜	葱香	脂香	酱香	熟葱香、大茴（甜香）、胡卢巴
五香	大茴	花椒	丁香	脂香	大茴、花椒、丁香、桂皮
炖煮	汤汁	脂香	肉香		姜、大葱、小茴
香辣	芝麻香	椒香	酱香	肉香	辣椒、黑胡椒、荜芨、孜然（枯茗）
麻辣	花椒	脂肪	辣椒	肉香	青麻椒、红辣椒、辣椒、大茴香、小茴香、干姜
葱烧	葱香	脂肪	酱香	肉香	青葱、洋葱、大茴香、肉桂
骨汤	汤汁	骨贴肉	骨香	脂香	花椒、小茴
酱香	酱香	脂香	辛香		大茴香、花椒、罗勒、胡卢巴
鱼香	酸	甜	鲜	辣	姜、蒜
海鲜	虾香	贝香	鲜香		姜、罗勒、花椒
辣白菜	辣椒	发酵	酸香		花椒、丁香

2.1.6.5　肉制品中常用香辛料添加形式及比例

（1）低温火腿、烤肠类：低温火腿、烤肠类的肉块大，一般用香辛料提香，有些西式产品甚至只添加香辛料，不加香精，保留肉的原始味道。常用的香辛料及添加比例：白胡椒粉（0.06%～0.1%）、小茴香粉（0.02%～0.04%）、八角粉（0.02%～0.08%）、花椒粉（0.02%～0.04%）、白芷粉、草果粉、蒜粉、姜粉、桂皮粉、甘草粉。

（2）高温火腿肠类：由于高温火腿肠类杀菌温度高，香辛料添加量相对低温的火腿肠类高 0.01%～0.02%。

（3）酱卤制品：酱卤制品的老汤在反复使用时，香辛料投加量应递减，一般后续卤制料包为初次制作老汤料包量的一半即可。

香辛料作为卤水中的重中之重，香料的选择和搭配一般遵循"君臣佐使"搭配原则，见表 2-5。

表 2-5　常用于不同食材卤水的香料

级别	各品级占比	同品级占比	猪肉类	牛肉类	羊肉类	家禽类	水产类	卤水用量
君料	约58%	约1:1	八角、桂皮、肉蔻、高良姜、砂仁	八角、桂皮、小茴香	白豆蔻、白芷、小茴香、八角	八角、肉桂、白芷、高良姜	白豆蔻、白芷、肉豆蔻、八角	香料
臣料	约29%	约1:1	山奈、干姜、香叶、花椒	胡椒、香叶、肉蔻、草蔻、高良姜	花椒、草果、山奈、砂仁、香叶、孜然	白蔻、草豆蔻、草果、小茴香	香叶、砂仁、胡椒、香菜籽	香料占卤水的0.8%～1%
佐使料	约13%	约1:1	甘草、罗汉果	陈皮、甘草、荜茇、丁香	甘草、罗汉果、荜茇、丁香	陈皮、甘草	丁香、荜茇	

君料的作用是确定香气和口味的总体风格，臣料的作用是弥补和加强君料的香味，佐使料的作用是以药理效用为主，调和君臣料的药性和药味。各品级占比是指君料、臣料、佐使料各自占香料总用量的百分比，换算成三者之间的比例约为君料：臣料=2：1；臣料：佐使料=2：1。同品级占比是指同被作为相同品级的香料使用时，比如君料使用四种香料，那么这四种香料之间的占比就约为1：1：1：1。同一品级的香料使用量可基本相同，根据香料特性和食材酌情增减。

酱卤肉制品所用的多数香料本身就带有一些异味和苦涩味，在下锅前应该想办法去除。因为香料的基础味道不同、呈香物质溶解个性差异，相应的处理方法也不同，通常可分为"芳香型处理"和"苦香型处理"两种。芳香类香料中含有的异味和苦涩味杂质较少，常采用清水浸泡祛异味；苦香类香料中含有的异味和苦涩味杂质较多，一般都是用白酒浸泡以祛异。常用香辛料的祛异见表 2-6。

表 2-6　常用香辛料的祛异

序号	品名	肉类	卤水用量/(g·kg⁻¹)	祛异载体	温度/℃	时间/h	香型	出香快慢	作用
1	八角	猪肉	1	水	50	3	芳香	慢	增香祛腥

续表

序号	品名	肉类	卤水用量/(g·kg⁻¹)	祛异载体	温度/℃	时间/h	香型	出香快慢	作用
2	小茴香	一般肉类	1~1.2	水	30	2	芳香	快	增香
3	桂皮（肉桂）	牛羊肉、畜禽肉	1.6	水	70	4	芳香	慢	遮盖所有红肉类食材的异味
4	良姜（高良姜）	牛羊肉、猪蹄、鸡肉	1	白酒			1	苦香	快	遮盖牛羊肉的异味
5	山奈（沙姜）	牛羊肉、猪蹄、鸡肉	1.6	白酒			1	苦香	快	遮盖牛羊肉的异味
6	草果	牛羊肉、猪蹄	1	白酒			2	苦香	慢	遮盖异味
7	砂仁	禽畜肉	1.6~2	白酒			1	苦香	慢	增香祛腥
8	白芷	羊肉、猪肉	0.6	白酒			1	苦香	快	遮盖异味
9	白豆蔻	禽畜肉、羊肉	0.6~1	白酒			2	苦香	慢	增香祛腥
10	丁香（公丁香）	一般肉类	0.4	水	40	3	芳香	慢	增香
11	香叶	一般肉类	0.6	水	30	2	芳香	快	增香
12	香茅	一般肉类	2.4	水	30	2	芳香	快	增加特殊香味、遮盖异味

2.2　原淀粉

2.2.1　定义

原淀粉是一种多羟基天然高分子化合物,可以看作是 D-葡萄糖单元聚合而成的多糖,分子间以氢键相互缔合成为淀粉颗粒。

2.2.2　淀粉结构

淀粉分子在植物中是以白色固体淀粉粒的形式存在,淀粉粒是淀粉分子的聚集体,它由直链淀粉、支链淀粉和中间型多糖构成。淀粉的分子式为 $(C_6H_{10}O_5)_n$。$C_6H_{10}O_5$ 为脱水葡萄糖单元或脱水葡萄糖基(AGU),n 为不定数,称为聚合度(DP),一般为 800~3000。葡萄糖的半缩醛羟基与决定构型的羟基在同侧为 β 构型,反之为 α 构型。淀粉分子单元见图 2-3。

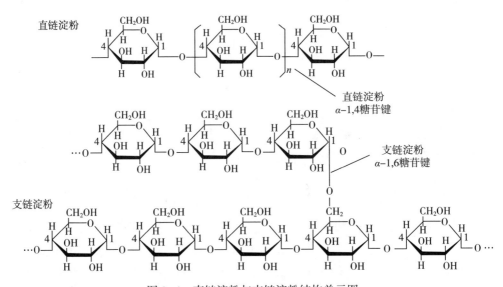

α-D-葡萄糖　　　　　　D-葡萄糖　　　　　　β-D-葡萄糖

图 2-3　淀粉分子单元

直链淀粉:由多个 α-D-吡喃葡萄糖基单元通过 α-1,4-糖苷键连接而成,其分子量在 5 万~20 万之间,相当于 300~1200 个葡萄糖分子聚合而成。由于分子内的氢键作用使链卷曲盘旋成螺旋状,每一圈包含 6 个糖基[图 2-4、图 2-5(a)]。

支链淀粉:由 α-1,4-糖苷键结合生成主链(C 链),支链(B 链和 A 链)以 α-1,6-糖苷键与主链相连。支链淀粉的分子量在 20 万~600 万之间,相当于 1300~36000 个葡萄糖聚合而成。支链淀粉整体呈树枝状,其分子内含大量的分支,但支链都不长,一般为 20~30 个糖基[图 2-4、图 2-5(b)]。

图 2-4　直链淀粉与支链淀粉结构单元图

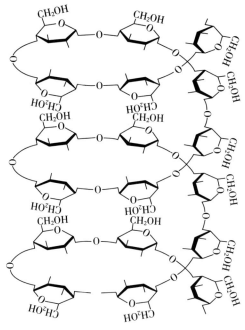

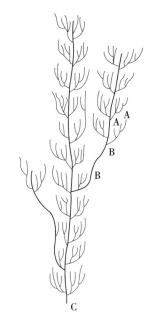

（a）直链淀粉螺旋结构示意图　　　　　　　（b）支链淀粉树枝状结构示意图

图 2-5　淀粉结构示意图

2.2.3　淀粉的形成

淀粉粒最初是由未知化学成分的物质无章地聚集开始，而后形成极微量的不溶性多糖的沉积而成，它也成了淀粉进一步沉积的核心。此核心就是淀粉颗粒的中心，称为脐点（hilm）。围绕这一中心颗粒进一步长大，初期近似球形，长大后形状逐渐变化。淀粉粒的基本结构模式见图 2-6。

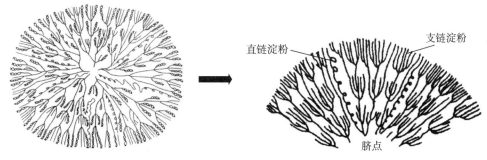

淀粉颗粒中支链淀粉与直链淀粉排列示意图

图 2-6　淀粉粒的基本结构模式

淀粉粒由许多环层构成,环层内是呈放射状排列的微晶束。微晶束内,直链淀粉与支链淀粉分子呈径向有序排列,相邻羟基通过氢键结合。淀粉具有局部结晶的网状结构,其中起骨架作用的是巨大的支链淀粉分子。

淀粉颗粒的形状一般分为圆形、多角形和卵形(椭圆形)3 种,随来源不同而呈现差异,借此可以对不同来源的淀粉进行鉴别(图 2-7)。不同淀粉颗粒的大小差别很大,同种淀粉的颗粒,大小也有很大的差异,淀粉粒直径在几个到几十个微米之间(表 2-7)。

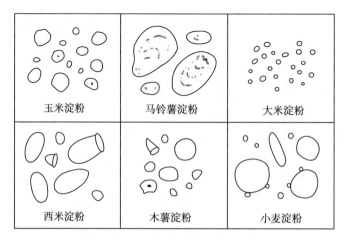

图 2-7　不同植物淀粉的特征比较

表 2-7　不同淀粉颗粒大小

淀粉类型	玉米	马铃薯	木薯	甘薯	小麦	高粱	大米
大小范围/μm	5~25	15~100	5~35	15~55	2~35	5~25	3~8
平均范围/μm	15	33	20	30	—	15	5

不同来源的淀粉粒中所含的直链和支链淀粉比例不同,直链淀粉和支链淀粉分子结构的不同是其性质存在差别的根本原因。普通淀粉中一般含 20%~30% 的直链淀粉,70%~80% 的支链淀粉。不同品种淀粉中直链淀粉和支链淀粉含量对比见表 2-8。

表 2-8　不同品种淀粉的直链和支链淀粉含量

淀粉名称	玉米	黏玉米	高粱	黏高粱	稻米	糯米	小麦	马铃薯	木薯	甘薯	高直链玉米
直链淀粉含量/%	27	0	27	0	19	0	27	20	17	18	70
支链淀粉含量/%	73	100	73	100	81	100	73	80	83	82	30

2.2.4　淀粉来源

大多数高等植物的所有器官都含有淀粉。除高等植物以外,某些原生动物、藻类以及细菌中都可以找到淀粉粒。每种淀粉根据其植物的来源加以命名(见表 2-9),如玉米淀粉、马铃薯淀粉、小麦淀粉,以此类推。

表 2-9　不同品种淀粉来源

来源	谷物	块茎	块根	髓
植物	玉米、高粱、大米、小麦、糯玉米	马铃薯	木薯、甘薯、葛根	西米

2.2.5　淀粉糊化

淀粉颗粒具有结晶区和非结晶区交替的结构。通过加热提供足够的能量,破坏了结晶胶束区弱的氢键后,颗粒开始水合和吸水膨胀,结晶区消失,大部分直链淀粉溶解到溶液中,溶液黏度增加,淀粉颗粒破裂,双折射现象消失,这个过程称为糊化。糊化的本质是水分子进入淀粉粒中,结晶区和无定形区的淀粉分子之间的氢键断裂,破坏了淀粉分子间的缔合状态,分散在水中成为亲水性的胶体溶液。微观结构从有序转变成无序,结晶区被破坏。

2.2.5.1　淀粉糊化过程

淀粉的糊化不是一步完成的,经过观察,整个糊化过程可分为 3 个阶段(图 2-8)。不同淀粉的糊化温度不同,糊化后的淀粉性质也不同(表 2-10)。

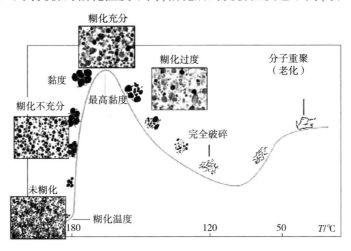

图 2-8　淀粉糊化随温度变化过程

第一阶段:可逆吸水阶段。水分进入非晶体部分,淀粉与水发生作用,颗粒体积略膨胀,外观和内部结构没变化。此时冷却干燥可复原,双折射现象不变。

第二阶段:不可逆吸水阶段。随温度升高,水分进入淀粉微晶间隙,不可逆地大量吸水,结晶"溶解",双折射现象开始消失,淀粉颗粒膨胀50~100倍。

第三阶段:淀粉粒解体阶段。淀粉分子全部进入溶液,体系的黏度达到最大,双折射现象完全消失。

表2-10 不同淀粉糊化性能情况

项目	马铃薯淀粉	玉米淀粉	糯玉米淀粉	小麦淀粉	木薯淀粉
糊化温度/℃	58~65	75~80	65~75	80~85	60~65
峰值黏度/BU	800~2000	200~800	400~800	100~300	300~1600
膨胀度	1150	24	64	21	71
透明度	非常透明	不透明	透明	不透明	透明
抗剪切稳定性	低	高	低	中	低
黏度	很高	中	中高	中高	高
黏韧性	长	短	长	短	长
透明度	半透明	不透明	半透明	不透明	半透明
凝沉性	中	强	很弱	强	弱

2.2.5.2 淀粉糊化的影响因素

(1)淀粉类型:支链淀粉因分支多,水易渗透,所以易糊化,但抗热性能差,加热过度后会产生脱浆现象;而直链淀粉较难糊化,有较好的"耐煮性",具有一定的凝胶性。

(2)温度:淀粉的糊化必须达到其熔点,即糊化温度。各种淀粉的糊化温度不同,其中直链淀粉含量越高的淀粉,糊化温度越高;即使同一种淀粉,因为颗粒大小不同,其糊化温度也不相同。

(3)水含量:淀粉的糊化需要一定的水,否则糊化不完全。

(4)pH值:大多数食品的pH范围为4~7,这样的酸碱度对淀粉溶胀或糊化影响很小;当pH值大于10时,淀粉的溶胀速度明显增加,但这个pH值已超出食品的范围;在低pH时,淀粉糊的黏度峰值显著降低,因为在低pH值时,淀粉会发生水解而产生非增稠的糊精。

(5)共存物:食品中与淀粉共存的还有糖、脂类物质、盐类、酸、酶等。不同食品中这些共存其他成分的种类和含量各不同,高浓度的糖可降低淀粉糊化的速率、黏度的峰值和所形成凝胶的强度;脂类物质可与直链淀粉形成包合物降低糊化程度;盐类与淀粉争夺结合水进而影响糊化。

2.2.6　淀粉老化

经过糊化的淀粉在室温或低于室温下放置后,会变得不透明甚至凝结而沉淀,这种现象称为老化。老化的本质是再结晶的过程,即糊化的淀粉分子又自动排列成序,形成致密、高度晶化的不溶解性的淀粉分子胶束。

2.2.6.1　影响淀粉老化的因素

(1)淀粉种类:直链淀粉比支链淀粉老化的速率大得多,因此淀粉的老化速率与淀粉中直链淀粉和支链淀粉分子结构、比例、淀粉来源、浓度等有关。

(2)水分含量:水分含量在30%~60%最易老化;<10%或大量水时,均干扰淀粉分子移动,不易老化。

(3)温度:老化最适温度2~4℃;<-20℃或>60℃时都不发生老化。

(4)脂肪:脂类或表面活性剂既抑制糊化,也抑制老化。所以在食品中增加脂肪含量或添加表面活性剂,可以抗老化作用。

2.2.6.2　防止淀粉老化办法

(1)去除水分:将糊化后的α-淀粉在80℃以上的高温环境下迅速脱水(水分含量最好达到10%以下)或冷冻至0℃以下迅速脱水,这样淀粉分子已不可能移动和相互靠近,成为固定糊化度的淀粉。

(2)制备方便食品:固定糊化度的淀粉因无胶束结构,加水后,水易于浸入而将淀粉分子包蔽,不需加热,也容易糊化,这是制备方便食品的原理。

(3)加入糖类:糖类可以阻止淀粉分子链缔合,从而阻止老化。

2.2.7　淀粉在肉制品中的作用

淀粉是肉制品加工中使用较多的增稠剂,无论是中式产品还是西式产品,大都需要淀粉作为增稠剂。

加入淀粉后,制品的保水性、组织形态均有良好的效果,这是在加热过程中,淀粉颗粒吸水、膨胀、糊化的结果。淀粉的糊化温度比肉类蛋白质变性的温度高,当淀粉开始糊化时,肌肉蛋白质的变性作用已基本完成并形成了网状结构,此时淀粉颗粒夺取网状结构中结合不够紧密的水分,这部分水分被淀粉颗粒固定,从而使持水性提高。同时,淀粉颗粒因吸水膨胀又有弹性,并起黏着剂的作用,可使肉馅黏合,填塞孔洞,使成品富有弹性,切面平整美观,具有良好的组织形态。

2.3 大豆蛋白

2.3.1 定义

大豆蛋白是以大豆为原料,经过脱脂后进一步深加工而制成的一类高蛋白豆制品的统称。

2.3.2 分类

肉制品常用的大豆蛋白主要有大豆分离蛋白、大豆浓缩蛋白、组织化大豆浓缩蛋白、脱脂大豆蛋白粉等。

2.3.2.1 大豆分离蛋白

大豆分离蛋白是把脱脂大豆中可溶性和不溶性碳水化合物、灰分及其他微量成分去除所得到的高纯度蛋白质;其蛋白质含量(干基)高达90%。

目前大豆分离蛋白主要采用碱提酸沉法。其原理为根据低温脱脂豆粉中的蛋白质大部分能溶于稀碱溶液的特性,将低温脱脂豆粉用稀碱液浸提后,经过滤或离心分离除去豆粕中不溶性的多聚糖及纤维残渣。再用酸把浸出液 pH 值调至 4.1~4.6,使蛋白质处于等电状态而凝聚沉析出来,经分离干燥即得大豆分离蛋白。大豆分离蛋白碱提酸沉法提取工艺流程见图 2-9。

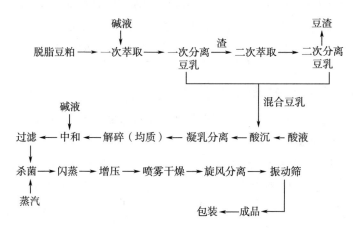

图 2-9 大豆分离蛋白碱提酸沉法提取工艺流程

2.3.2.2　大豆浓缩蛋白

大豆浓缩蛋白是在脱脂豆粕的基础上进一步去除可溶性成分,其蛋白质含量(干基)在 65% 以上的大豆蛋白产品。

目前大豆浓缩蛋白主要采用醇法浓缩蛋白的生产工艺。其原理是在低温脱脂大豆粕(又称白豆片)基础上,使用 60%~65% 的食用酒精脱除可溶性碳水化合物,获得干基含量在 65% 以上的一般大豆浓缩蛋白产品。在此基础上,继续通过均质、热处理等物理手段加以变性,就可以获得醇法功能性大豆浓缩蛋白产品。醇大豆浓缩蛋白提取流程见图 2-10。

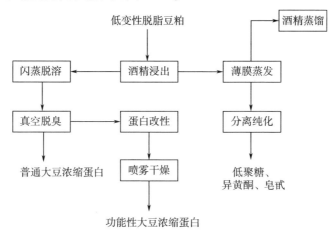

图 2-10　醇法大豆浓缩蛋白提取流程

2.3.2.3　组织化大豆浓缩蛋白

组织化大豆浓缩蛋白俗称人造肉,是指通过机械挤压脱脂豆粕,使蛋白质原始结构发生变化,重新整齐定向排列形成了具有一定形状和组织结构的组织化大豆浓缩蛋白。

2.3.2.4　脱脂大豆粉

脱脂大豆粉是由大豆脱脂后所剩的豆粕经焙烤、粉碎制得,其蛋白质含量约为 50%;其生产工艺如下:

大豆→破碎→轧片→浸出→脱脂→烘烤→冷却→粉碎→脱脂大豆粉

2.3.3　大豆蛋白功能特性

蛋白质的功能特性是指蛋白质在食品加工中所表现出的理化特性的总称,蛋白质通常具有水合、发泡、凝胶、黏结、吸油、乳化等功能特性。

2.3.3.1 乳化性

蛋白质的乳化性是指将油和水混合在一起成乳化液的性能。大豆蛋白质的乳化作用不但能促进油—水型乳状液的形成,还可以起稳定乳状液的作用。

2.3.3.2 水合性

大豆蛋白的水合性包含吸水性、保水性和膨胀性三个方面。它涉及食品中蛋白质的可分散性、结合性、黏度、凝胶和表面活性等重要性质。

2.3.3.3 黏结性

蛋白质是高分子化合物,它分散到溶液中形成的颗粒都在胶体范围内。这种胶体具有较高的黏结性,随蛋白质浓度增加而增加,对保持食品水分、风味和糖有重要的作用,而且使食品易于加工。

2.3.3.4 吸油性

蛋白质的吸油性是指促进脂肪吸收和脂肪结合的能力。吸油性与蛋白质含量有密切关系。脱脂大豆粉、浓缩蛋白和分离蛋白的吸油率分别为84%、133%和154%,组织蛋白的吸油率在60%~130%之间。粉越细,吸油率越高。

2.3.3.5 凝胶性

蛋白质的凝胶性是指蛋白质形成胶体结构的性能。蛋白质的凝胶性的形成受固形物的浓度、速度、温度、加热时间、制冷时间等因素影响。加热是凝胶形成的必备条件。

2.3.3.6 发泡性

蛋白质的发泡性是指大豆蛋白质在加工中体积的增加,即形成泡沫的性能。天然未变性的大豆蛋白质具有一定的发泡性,若将大豆蛋白进行适当溶解,其发泡性和稳定性会大大提高。发泡性与浓度、pH 值、温度有关,以偏碱性的 pH 值为有利,一般最佳发泡温度为30℃。

2.3.4 大豆蛋白在肉制品中的作用

(1)促进均匀乳化系统的形成和稳定。

(2)通过结合脂肪和水,减少蒸煮损失及收缩率,提高出品率。

(3)防止肉制品中脂肪的离析。

(4)增加肉块之间的黏接力。

(5)改善肉制品的持水性和口感。

(6)形成凝胶,改善肉制品的硬度、弹性、片性和质构特性。

2.3.5　大豆蛋白添加方式

（1）注入法：盐水火腿、咸牛肉等大块肉制品在加工过程中肌肉组织的完整性将被破坏，因此常将大豆蛋白制品溶入腌渍液中（利用注射方式加入）。通过注射和滚揉，盐水均匀扩散到肌肉组织中，并与盐溶性肉蛋白配合来保持肉块的完整性，提高出品率。

（2）乳化法：利用大豆蛋白结合脂肪和水的能力，大豆蛋白作为乳化剂可与盐溶液蛋白配合形成稳定的乳化系统。在保持成品质量不变的前提下，该方法可降低瘦肉比例，降低成本，提高得率。通常按 1 份大豆蛋白、4 份水、3~4 份脂肪配比进行乳化，然后加入产品。

（3）水化法：充分利用大豆蛋白的功能特性，以大豆分离蛋白产品为例，将 1 份大豆分离蛋白与 3 份水充分水化成酱糊状，然后加入。一般用高速分散（乳化）器和斩拌方式完成蛋白水化。

（4）干法：利用斩拌、滚揉、搅拌工序将蛋白制品以干料状态均匀加入。

（5）复水法：该法主要适用于组织化大豆浓缩蛋白，即在蛋白加入肉制品前，先将蛋白制品浸泡于 40℃ 左右水中进行复水。

2.3.6　大豆蛋白应用

大豆蛋白广泛应用于各种肉制品中，如西式火腿、各种香肠等产品均可根据需要添加大豆蛋白，利用其功能性（乳化性、稳定性、持水性、持油性、凝胶性）起到降低生产成本，提高产品质地，改善组织特性（切片、嫩度、口感），减少失水和提高产品出品率的作用。大豆蛋白在肉制品中的应用范围及参考用量见表 2-11。

表 2-11　大豆蛋白在肉制品中应用范围及用量参考　　　　　　单位：%

类别	主要肉制品	分离蛋白	浓缩蛋白	组织化浓缩蛋白	脱脂大豆粉
西式火腿	去骨火腿	1~2	1~1.5	—	—
	通脊火腿	1.5~3	1.5~3	—	—
	压缩火腿	1~4	1~5	—	—
畜禽水产类香肠	乳化型香肠	1.5~4	1.5~5	2~6	0.5~1
	颗粒型香肠	2~4	1.5~5	1~3	1~3
	其他灌肠	2~5	1.5~5	1~2	1~2

续表

类别	主要肉制品	分离蛋白	浓缩蛋白	组织化浓缩蛋白	脱脂大豆粉
冷冻油炸制品	肉丸、肉饼	2~4	1.5~5	2~6	2~5
	肉糕	2~5	1.5~6	2~8	2~4
罐头制品	火腿罐头	1~4	1.5~4	—	1~3
	猪肉糜类罐头	1~4	2~5	2~6	2~5
	咸牛(羊)肉罐头	1~2	1~2	2~4	2~3
烤酱制品	烤肉、酱卤类等块肉制品	1~4	2~3	—	

2.4 魔芋粉

2.4.1 定义

魔芋粉,又称魔芋胶,用魔芋干(包括片、条、角)经物理干法以及鲜魔芋采用粉碎后快速脱水或经食用酒精湿法加工初步去掉淀粉等杂质制得的。

2.4.2 分类

魔芋粉分为普通魔芋粉和纯化魔芋粉两种。根据粒度大小,普通魔芋粉又分为普通魔芋精粉和普通魔芋微粉;纯化魔芋粉又分为纯化魔芋精粉和纯化魔芋微粉。不同魔芋粉对比差异见表2-12。

表2-12　不同魔芋粉的分类及对比差异

项目及分类	普通魔芋粉					纯化魔芋粉			
	普通魔芋精粉		普通魔芋微粉			纯化魔芋精粉			纯化魔芋微粉
	特级	一级	二级	三级	四级	特级	一级	二级	三级
黏度(4号转子, 12 r/min,30℃)/ MPa·s ≥	18000	14000	8000	2000	—	28000	23000	18000	13000
葡甘聚糖 (以干基算)/% ≥	70	65	60	55	50	85	80	75	70
水分/% ≤	11.0	12.0	13.0	14.0	15.0	10.0	11.0	12.0	11.0
灰分/% ≤	4.5		5	5.5	6	3			4.5

项目及分类	普通魔芋粉					纯化魔芋粉			
	普通魔芋精粉		普通魔芋微粉			纯化魔芋精粉			纯化魔芋微粉
	特级	一级	二级	三级	四级	特级	一级	二级	三级
粒度大小/mm	0.125~0.425		≤0.125			0.125~0.425			≤0.125
粒度颗粒/%　≥	90								

2.4.3　魔芋粉的特性

2.4.3.1　吸水性

魔芋粉的吸水性是由纯度决定的,纯度越高吸水性越强,一般吸水性都在 80~110 倍。

2.4.3.2　凝胶性

(1)热稳定性凝胶:魔芋胶溶液与碱凝胶后形成的凝胶遇到再高的温度如 100℃、150℃、200℃时都不能恢复原来的溶液状态,称热不可逆凝胶。

(2)热可逆凝胶:魔芋胶溶液遇到黄原胶、卡拉胶、结冷胶等存在协同作用,在一定条件下可以形成凝胶,但当温度升高,此凝胶可以再次融化,如此反复的过程称为热可逆现象。

2.4.3.3　流变性

葡甘聚糖容易分散于水,不溶于甲醇、乙醇、乙酸乙酯等有机溶剂。其水溶胶为非牛顿型流体,即有剪切变稀的性质。

2.4.3.4　稳定性

魔芋葡甘聚糖的黏度随温度的上升而下降;但温度下降时,黏度可以又上升,无法恢复原来黏度的水平。

2.4.3.5　增稠性

魔芋葡甘聚糖是一种十分优良的增稠剂,这是由魔芋葡甘聚糖分子质量大,水合能力强,不带电荷等特性所决定的。它属于非离子型,受盐的影响很小。

2.4.3.6　成膜性

魔芋胶具有良好的成膜性,主要特点是用量低,强度高,透明度好,可以降解。单一魔芋胶溶液脱水干燥后形成的膜,强度与 PVC 薄膜相似,此膜具有水溶性。

2.4.3.7　衍生性

由于在魔芋胶的分子结构中至少存在两个羟基(—OH),这给利用魔芋胶衍生性对其进行改性提供了可能,这对开拓魔芋胶的使用方向提供了更广阔的前途。

2.4.4　魔芋粉的复配

2.4.4.1　卡拉胶与魔芋胶的复配性能

魔芋胶与卡拉胶的协同凝胶(卡拉胶仅限 K-卡拉胶):当两者混合加热冷却后,可以形成脆性、韧性不同的凝胶。魔芋胶所占比例越大,凝胶的韧性越大,反之凝胶强度越大。

2.4.4.2　黄原胶与魔芋胶的复配性能

魔芋葡甘聚糖与黄原胶的协同凝胶:几乎在任何 pH 值条件下均可形成热可逆凝胶。在魔芋胶 1%总浓度情况下,表现黏度随黄原胶的增加而增加;当魔芋胶与黄原胶之比达到 3∶2 时,凝胶强度达到最大值,然后又下降。

2.4.5　魔芋粉在肉制品中的作用

2.4.5.1　对蛋白质的保护作用

魔芋胶能和蛋白质(氨基酸)的极性部分发生反应,把水溶蛋白、盐溶蛋白以及后添加的其他蛋白更有效地结合在魔芋胶形成的凝胶体系中,再加上魔芋胶的保水作用,从而可最大限度地保留肉制品的味道。

2.4.5.2　提升肉制品的保水性能

肉制品中加入魔芋胶可增加肉馅的吸水量,显著提高低脂肉糜火腿的水分含量,提高了肉制品的嫩度,使其富有弹性,可显著改善制品的质构特性,提高肉制品的持水性。

2.4.5.3　提高肉制品的弹韧性和切片性

魔芋胶和卡拉胶的双螺旋缠绕机理用于肉制品,利用它的乳化性可以提高肉糜制品中溶出的肌蛋白和肉糜之间的黏合力;利用凝胶协同作用可以提高肉制品的弹韧性、利口性和切片性。

2.4.5.4　改善肉制品的口感

用魔芋胶代替肉制品中的部分脂肪,可改善水相的结构特性,产生奶油状滑润的黏稠度。以魔芋胶与卡拉胶复配添加于低脂肉糜中,可显著改善制品的质构特性,提高持水性,从而赋予低脂肉糜制品多汁、滑润的口感,达到模拟高脂肉制品的要求。

采用粉状复配魔芋胶添加于低脂肉制品,产品的外观、热稳定性、组织结构、感官均比将复配魔芋胶预先形成凝胶添加的效果好。

2.5　其他

2.5.1　粮食及其制品

肉粮结合是新型肉制品加工的代表之一,比较成功的是将糯米与肉制品结合,实现产品的升级和口感的突破。

2.5.2　油及其制品

植物油作为肉制品加工中的替代动物脂肪,具有两方面的意义,既可以降低肉制品中饱和脂肪酸总含量,又可以增加对人体健康有利的单不饱和脂肪酸(MUFA)和多不饱和脂肪酸(PUFA)的含量(常用植物油和动物油脂肪酸组成对比见表 2-13)。当前我国肉制品加工业中普遍采用动物脂肪做原料,在肉制品加工中应用植物油,是低脂肉制品和功能性肉制品共同的发展方向,有助于改善居民营养和膳食结构,提高健康水平 。

表 2-13　常用植物油和动物油脂肪酸组成的对比　　　　　单位:%

脂肪酸	橄榄油	茶籽油	大豆油	花生油	猪油	牛油	羊油
棕榈酸(C16:0)	13.00	8.03	10.90	11.68	21.85	30.75	30.73
硬脂酸(C18:0)	1.90	1.05	3.15	3.69	12.21	21.65	28.78
花生酸(C20:0)	1.65	—	—	0.68	—	—	—
饱和脂酸小计	16.55	9.08	14.05	16.05	34.06	52.40	59.51
油酸(C18:1)	72.70	81.91	19.74	48.00	49.99	30.40	29.57
亚油酸(C18:2)	6.95	8.05	52.07	32.30	10.49	2.99	2.98
亚麻酸(C18:3)	4.10	0.51	11.50	1.45	2.10	0.73	0.27
花生烯酸(C20:1)	—	—	1.84	—	—	—	—
芥酸(C22:1)	—	—	0.71	—	—	—	—
不饱和脂肪酸小计	83.75	90.47	85.86	81.75	62.58	34.12	32.82

2.5.3 鲜果蔬、食用菌及其制品类

在肉制品中添加蔬菜、食用菌及其制品,可实现产品风味的升级和突破。目前比较成功的风味有泡椒风味、蘑菇风味等。

2.5.4 肉制品用非食品添加剂辅料及执行标准(表2-14)

表2-14 肉制品常用非食品添加剂辅料及辅料执行标准

序号	分类	辅料名称	执行标准名称	执行标准
1	咸味料	食用盐	食用盐	GB/T 5461—2016
2		酱油	食品安全国家标准 酱油	GB 2717—2018
3			酿造酱油	GB/T 18186—2000
4			配制酱油	GB 2717—2018
5			酱油分类	SB/T 10173—1993
6			榨菜酱油	SB/T 10431—2007
7			调味品名词术语 酱油	SB/T 10298—1999
8		豆豉	食品安全地方标准 滇味豆豉	DBS53/ 004—2015
9			豆豉	T/GZSX 014—2018
10			地理标志产品 黄姚豆豉	DB45/T 934—2013
11			地理标志产品 湖口豆豉	DB36/T 1212—2019
12		腐乳	腐乳	SB/T 10170—2007
13			腐乳分类	SB/T 10171—1993
14			调味品名词术语 腐乳	SB/T 10302—1999
15			地理标志产品 牟定腐乳	DB53/T 713—2015
16			地理标志产品 八公山豆腐 腐乳	DB34/T 720—2020
17			绍兴腐乳	T/ZZB 1182—2019
18			贵州腐乳	T/GZSX 016—2017
19			地理标志产品 竹溪腐乳	DB42/T 1308—2017
20			龙窖腐乳	DB43/T 914—2017
21	鲜味料	味精	味精	GB/T 8967—2007 GB 5009.43—2016
22		鸡精调味料	鸡精调味料	SB/T 10371—2003
24		酵母抽提物	酵母抽提物	GB/T 23530—2009

续表

序号	分类	辅料名称	执行标准名称	执行标准
25	甜味料	白砂糖	白砂糖	GB/T 317—2018
26		食用葡萄糖	食用葡萄糖	GB/T 20880—2018
27		麦芽糖	麦芽糖	GB/T 20883—2017
28		蜂蜜	食品安全国家标准 蜂蜜	GB 14963—2011
29		果葡糖浆	葡萄糖浆	GB/T 20885—2007
30		乳果糖	乳果糖	QB/T 4612—2013
31		低聚果糖	低聚果糖	GB/T 23528—2009
32	酸味料	酿造食醋	食品安全国家标准 食醋	GB 2719—2018
33			酿造食醋	GB/T 18187—2000
34			配制食醋	GB 2719—2018
35			食醋的分类	SB/T 10174—1993
36		番茄酱	番茄酱	NY/T 956—2006
37			番茄酱罐头	GB/T 14215—2008
38		番茄粉	番茄粉	NY/T 957—2006
39		草莓罐头	草莓罐头	QB/T 4632—2014
40	酒类	黄酒	黄酒	GB/T 13662—2018
41		白酒	浓香型白酒	GB/T 10781.1—2021
42			清香型白酒	GB/T 10781.2—2006
43			固液法白酒	GB/T 20822—2007
44			酱香型白酒	GB/T 26760—2011
45			液态法白酒	GB/T 20821—2007
46			米香型白酒	GB/T 10781.3—2006
47			小曲固态法白酒	GB/T 26761—2011
48			浓酱兼香型白酒	GB/T 23547—2009
49			特香型白酒	GB/T 20823—2017
50			豉香型白酒	GB/T 16289—2018
51			芝麻香型白酒	GB/T 10781.9—2021
52			老白干香型白酒	GB/T 20825—2007
53			凤香型白酒	GB/T 14867—2007

序号	分类	辅料名称	执行标准名称	执行标准
54	淀粉	食用淀粉	食品安全国家标准 食用淀粉	GB 31637—2016
55		淀粉分类	淀粉分类	GB/T 8887—2021
56		食用甘薯淀粉	食用甘薯淀粉	GB/T 34321—2017
57		食用玉米淀粉	食用玉米淀粉	GB/T 8885—2017
58		食用马铃薯淀粉	食用马铃薯淀粉	GB/T 8884—2017
59		食用木薯淀粉	食用木薯淀粉	NY/T 875—2012
60		食用小麦淀粉	食用小麦淀粉	GB/T 8883—2017
61		木薯淀粉	木薯淀粉	GB/T 29343—2012
62	蛋白类	大豆蛋白粉	大豆蛋白粉	GB/T 22493—2008
63		食用豌豆蛋白	食用豌豆蛋白	T/CAQI 91—2019
64		植物蛋白	食品安全国家标准 食品加工用植物蛋白	GB 20371—2016
65		谷朊粉	谷朊粉	GB/T 21924—2008
66		膨化豆制品	膨化豆制品	SB/T 10453—2007
67	魔芋粉	魔芋精粉	魔芋精粉	GB/T 18104—2000
68		魔芋粉	魔芋粉	NY/T 494—2010
69	香辛料	香辛料	香辛料调味品通用技术条件	GB/T 15691—2008
70			香辛料和调味品 名称	GB/T 12729.1—2008
71			天然香辛料 分类	GB/T 21725—2017
72			食品安全国家标准 食品用香料通则	GB 29938—2020
73			香料香精术语	GB/T 21171—2018
74			绿色食品 香辛料及其制品	NY/T 901—2021
75		辛辣型香辛料	绿色食品 葱蒜类蔬菜	NY/T 744—2020
76			白胡椒	GB/T 7900—2018
77			黑胡椒	GB/T 7901—2018
78			花椒	GH/T 1142—2017
79			花椒	GB/T 30391—2013
80			生姜	GB/T 30383—2013
81			姜	NY/T 1193—2006
82			地理标志产品 韩城大红袍花椒	DB61/T 1171—2018
83			洋葱	NY/T 1071—2006
84			地理标志产品 连环砂仁	DB52/T 543—2016

续表

序号	分类	辅料名称	执行标准名称	执行标准
85		甜椒		GB/T 26431—2010
86		胡椒		NY/T 455—2001
87		油辣椒		GB/T 20293—2006
88		辣椒(整的或粉状)		GB/T 30382—2013
89	辛辣型香辛料	贵州辣椒干		DB52/T 978—2020 DB52/T 978.2—2020
90		干薄荷		GB/T 32736—2016
91		夏香薄荷		GB/T 34260—2017
92		冬香薄荷		GB/T 34259—2017
93		甘草		GB/T 19618—2004
94	香辛料	孜然		GB/T 22267—2017
95		月桂叶		GB/T 30387—2013
96		芝麻		GB/T 11761—2006
97		阳桃		NY/T 488—2002
98		刺柏果		GB/T 32728—2016
99		藏红花 第1部分:规格		GB/T 22324.1—2017
100	淡香型香辛料	藏红花 第2部分:试验方法		GB/T 22324.2—2017
101		孜然(枯茗)		DB65/T 2663—2006
102		干迷迭香		GB/T 22301—2008
103		葫芦巴		GB/T 32734—2016
104		香荚兰		NY/T 483—2002
105		丁香		GB/T 22300—2008
106		八角		GB/T 7652—2016
107		小豆蔻 第1部分:整果荚		GB/T 22305.1—2017
108		小茴香		DB65/T 2010—2002
109		干牛至		GB/T 22302—2020
110	浓香型香辛料	干百里香		GB/T 32735—2016
111		多香果		GB/T 30380—2013
112		肉豆蔻		GB/T 32727—2016
113		芹菜籽		GB/T 22303—2008
114		桂皮		GB/T 30381—2013
115		干甜罗勒		GB/T 22304—2008

参考文献

[1]孔宝华. 肉制品深加工技术[M]. 北京:科学出版社,2014.

[2]赵晋府. 食品工艺学[M]. 北京:中国轻工业出版社,2015.

[3]周光宏. 肉品加工学[M]. 北京:中国农业出版社,2009.

[4]周广宏. 肉品加工学[M]. 北京:中国农业出版社,2009.

[5]阚健全. 食品化学[M]. 北京:中国农业大学出版社,2016.

[6]杜克生. 肉制品加工技术[M]. 北京:中国轻工业出版社,2006.

[7]李良明,等. 现代肉制品加工大全[M]. 北京:中国农业出版社,2001.

[8]刘国信. 大豆蛋白在肉制品加工中的应用[J]. 肉类研究,2007.

[9]张春江,杨君娜,张红芬,等. 肉制品中大豆蛋白的应用与检测研究进展
[J]. 中国食物与营养,2010.

[10]王喜刚,况楠,裴云生,等. 脱脂豆粕中大豆分离蛋白提取工艺的研究
[J]. 粮食与食品工业,2012.

[11]冯子龙,杨振娟,袁宝龙,等. 大豆分离蛋白生产工艺与实践[J]. 中国
油脂,2004.

[12]魏玉,王元兰. k-卡拉胶与魔芋胶复配凝胶结构探讨[J]. 食品科
学,2012.

[13]张盛林,杨泽玲. 魔芋粉在肉制品的应用[C]//增稠—乳化—品质改
良剂专业委员会2006年年会论文集,2006.

[14]黄明发,张盛林. 魔芋葡甘聚糖的增稠特性及其在食品中的应用[J].
中国食品添加剂,2008.

第3章　肉制品常用包装材料

肉制品加工过程中,包装物主要起加工模具和容器的作用,这些包装物尤其是外包装上往往还会印刷商标和产品说明等,此时包装物还兼具展示商品性能的作用。

由于肉制品种类、保鲜、贮藏条件和展示效果不同,所选择的包装物也存在差异,形式比较多样化。正确选用包装材料不仅可以保护产品、方便贮运、有效避免微生物或外界的污染、减缓肉制品的氧化和水分的流失等,也可以提升产品的附加值和竞争力。根据可食性不同,肉制品用包装物大体可分为两大类:可食用包装材料、不可食用包装材料。

3.1　包装物的功能特性

3.1.1　隔氧性

隔氧性就是隔绝氧气和其他气体透过的性质。由于氧的作用,肉类血红蛋白变成了高铁血红素,引起产品褪色,促进脂肪氧化和好氧性微生物的增殖。所以阻止产品与氧的接触,对于保持产品质量、提高保存性都是极为重要的。

3.1.2　防湿性

防湿性就是阻挡水蒸气透过的性质。薄膜的防湿性适用于所有的肉制品包装,其防湿性对肉类的品质和稳定关系很大。若产品水分以水蒸气形式从包装薄膜内侧透过来,或产品吸收从外侧透进来的水蒸气,则产品的风味、组织、内容量也会发生变化。

3.1.3　遮光性

肉类产品中的光敏感物质成分在光照作用下会迅速吸光转化成能量,从而激发了肉类产品内部的酸化反应,导致肉类脂肪酸败加剧、蛋白质变性、色素褪变等。透明的薄膜没有遮挡光的功效,高密度聚乙烯虽有些遮光性,但是是不透明的。防止光透射的方法很多,其中最常用的是在透明薄膜中加入不同的着色剂或涂敷不同颜色涂料等方法。

3.1.4　耐冲击性

耐冲击性是通过材料的拉伸强度、拉伸延伸度和冲击强度三者的平衡来保证。此性质适用于所有包装,特别是对质地坚硬的肉制品,例如,腌腊肉制品等在装卸和运输过程中受到外力的碰撞而发生穿刺、撕裂等现象,因此这类产品的包装必须选用强度好、硬度大、刚性强、韧性足等特点的包装物,如聚乙烯醇、聚氯乙烯、聚偏二氯乙烯、拉伸尼龙等。

3.1.5　耐寒性

尤其是速冻类肉制品的包装物,要求即便在-15℃条件下,薄膜也不变脆,仍能保持其强度和耐冲击性的性质,它直接影响密封强度。耐寒性的包装有聚酰胺树脂、聚乙烯(低密度)、聚酯、聚丙烯(拉伸)、聚丙烯(无拉伸)等。

3.1.6　耐热性

耐热性是指软化点高,即使加热后也不变形的性质。由于在加热时制品发生膨胀,所以必须保证薄膜的耐热强度。这种性质适合于进行二次杀菌的包装。聚酯、聚偏二氯乙烯、聚丙烯(无拉伸)、聚丙烯(拉伸)、聚乙烯(高密度)的耐热性较好。

3.1.7　成形性

成形性指用空气将加热后变软的薄膜吹塑成形(气压成形),或通过吸气(真空成形),使薄膜沿成形模成形(紧缩包装时沿着制品成形)的性质。成形性好是指用很小的力就能将加热后的薄膜四边均匀地拉伸开。

3.2　肉制品常用可食用包装材料

可食用包装材料是可直接接触肉制品的包装材料,主要指肠衣。肉制品常用的肠衣可分为天然肠衣和人造肠衣两类。

3.2.1　天然肠衣

3.2.1.1　来源

天然肠衣也叫动物肠衣,是采用健康牲畜的食道、胃、小肠、大肠和膀胱等器官,经过特殊加工,对保留的组织进行腌渍或干制的动物组织,是灌制香肠的衣膜。肉制品常用的天然肠衣是利用动物的小肠制成的。

猪、牛、羊小肠壁共分四层,由内到外分别为黏膜层、黏膜下层、肌肉层和浆膜层。黏膜层为肠壁的最内一层,由上皮组织和疏松结缔组织构成;黏膜下层由蜂窝结缔组织构成,内含淋巴、神经、血管等;肌肉层由内环外纵的平滑肌组成;浆膜层是肠壁结构中最外一层。最终的肠衣是将动物屠宰后的鲜肠管,去除黏膜层、肌肉层和浆膜层,仅保留坚韧半透明的薄黏膜下层,即为肠衣。

3.2.1.2　种类

按照畜种不同可分为猪肠衣、羊肠衣和牛肠衣三种。其中以猪肠衣为主。羊肠衣可分为绵羊肠衣和山羊肠衣。绵羊肠衣比山羊肠衣价格高,有白色横纹;山羊肠衣弯曲线多,颜色较深。牛肠衣分为黄牛肠衣和水牛肠衣,黄牛肠衣价格较高。

3.2.1.3　加工工艺

天然肠衣的特点是透气性好,且肠衣可直接食用,所以对产品适当干燥后再进行烟熏,烟熏成分能够较好地渗透入产品中,得到人们喜欢的风味。天然肠衣一般采用干制或盐渍两种加工工艺。

（1）盐渍肠衣:

浸漂→刮肠→串水、灌水→量码→腌制→缠把→漂净洗涤→串水、分路→配码→腌肠及缠把

（2）干制肠衣:

浸漂→剥油脂→碱处理→漂洗→腌制→水洗→充气→干燥→压平

3.2.1.4　肠衣的质量标准

（1）感官质量:

①色泽:盐渍猪肠衣以淡红色及乳白色者为上等,其次为淡黄色及灰白色者,再次为黄色和紫色,灰色及黑色者为劣等品。山羊肠衣以白色及灰色者为最佳,灰褐色、青褐色及棕黄色者为二等品。绵羊肠衣以白色及青白色者为最佳,青灰色、青褐色次之。

②气味:各种盐渍肠衣均不得有腐败味和腥味,干制肠衣以无异臭味为合格。

③质地:薄而坚韧、透明的肠衣为上等品,厚薄均匀而质软的为次等品。但

猪、羊肠衣在厚薄方面的要求有差异:猪肠衣要求薄而透明,厚的为次品;羊肠衣则以厚的为佳,凡带有显著筋络者为次等品。

④其他:肠衣不能有损伤、破裂、砂眼、硬孔、寄生虫咬痕与局部腐蚀等;肠衣不能含有铁质、亚硝酸、碳酸铵及氯化钙等;干肠衣需完全干燥。

(2)常用的天然肠衣的长度和节数见表3-1(GB/T 7740—2006 天然肠衣)。

表3-1　常用的天然肠衣的长度和节数

肠衣名称	长度、节数			
	每把	不超过	每节不短于	每节的长度
盐渍猪肠衣	大把:91.5 m±2 m	18 节(口径 34 mm 以下) 16 节(口径 34 mm 以上)	2 m	
	双付:25 m±0.3 m	6 节	1 m	
盐渍绵羊肠衣	91.5 m	18 节	2 m	
盐渍山羊肠衣	91.5 m	18 节	2 m	
盐渍猪大肠头	5 节			0.6 m 0.85 m 1.15~1.5 m
盐渍猪肥肠	10 m	6 节	1 m	
盐渍牛肠衣	25 m	8 节	1 m	
盐渍牛大肠	25 m	13 节	0.5 m	
干制牛肠衣	50 m	18 节	1 m	
干制猪膀胱	10 个			15~20 cm 20~25 cm 25~30 cm 30~35 cm ≥35 cm
干制猪套管肠衣	25 个			
干制羊套管肠衣	50 个			

(3)天然肠衣的口径见表3-2。

表3-2　天然肠衣的口径

名　称	口径/mm	备注
盐渍猪肠衣	24~26;26~28;28~30;30~32;32~34 34~36;≥36 36~40;40~44 36~38;≥38 38~40;≥40 ≥44	每把带小不超过 10%, 每把带大不超过 5%

名　称	口径/mm	备注
盐渍绵羊肠衣	12～14;14～16;16～18;18～20;20～22;≥22 22～24;24～26;≥26 15～17;17～19;19～21;21～23;≥23	每把带小不超过 10%, 每把带大不超过 5%
盐渍山羊肠衣	12～14;14～16;16～18;18～20;20～22;22～24;24～ 26;≥22 15～17;17～19;19～21;21～23;≥23	每把带小不超过 10%, 每把带大不超过 5%
盐渍猪大肠头	≥50;≥55;≥60;≥65;≥70	扁径
盐渍猪肥肠	40～44;44～48;48～52;52～56;56～60;60～64;64～68 68～72;≥50;≥72	
盐渍牛肠衣	≤30;30～35;35～40;40～45;≥45	
盐渍牛大肠	≤40;40～45;45～50;50～55;≥55	

3.2.2　胶原蛋白肠衣

胶原蛋白肠衣是以猪皮、牛皮真皮层的胶原蛋白纤维为原料,加入辅料,经化学和机械处理制成胶原"团状物",再经挤压、充气成型、干燥、加热定型等工艺制成的,用于制作中西式香肠的可食用人造肠衣。

3.2.2.1　分类

胶原蛋白肠衣按照肠衣形态,可分为卷绕肠衣、套缩肠衣和分段肠衣;按生产工艺,可分为风干类肠衣、烟熏蒸煮类肠衣、煎烤类肠衣等;按照肠衣直径可分为 13～50 mm 各种规格。

3.2.2.2　优势及使用

这种肠衣抗胀能力相对较弱,但其肠衣厚实、物理性能好,具有动物肠衣的特性外还有清洁、规格一致的优点。

该类肠衣适合各种腊肠、烤肠、油煎肠、热狗肠、台湾肠、脆皮肠和枣肠等的生产加工。其中小口径肠衣可直接食用,用于生产鲜香肠或其他小灌肠。大口径肠衣在使用时,为了增加其机械强度,一般用醛进行处理,使肠衣变得较硬。这类肠衣不可食用,一般用于风干香肠等产品的生产,所得产品经剥除肠衣、二次包装之后可制成成品。

3.3　不可食用食品用包装材料

不可食用食品用包装材料可分为食品接触材料和非食品接触材料两类。

3.3.1 食品接触材料

3.3.1.1 聚偏二氯乙烯(PVDC)肠衣

该肠衣是以聚偏二氯乙烯树脂为主要原料,采用吹塑法制成的食品包装用聚偏二氯乙烯(PVDC)片状肠衣膜,简称 PVDC 肠衣膜。该类肠衣阻隔性高、韧性强、低温热封、热收缩性和化学稳定性强,特别是其具有阻湿、阻氧、防潮、耐酸碱、耐油浸和耐多种化学溶剂等性能,是一种理想包装材料。

(1)外观要求:

①着色肠衣膜中颜料分散应均匀,不应有影响使用的色差、色斑、水纹和波浪状色纹。

②肠衣膜无污染、碰伤、划伤、穿孔、叠边、折皱、僵块、气泡等。

③肠衣膜不应存在直径 1 mm 以上的杂质及碳化点,且直径≤1 mm 的杂质及碳化点数量应不超过 20 个/m²。

④肠衣膜卷表面应平整,允许有轻微的活褶,但不应有明显的暴筋、翘边。经分切的端面应平整,膜卷张力适当,无脱卷现象。膜卷中心线和芯管中心线之间的偏差应不大于 4 mm。

⑤每卷断头数量应不超过两个,每段长度应不小于 80 m。

(2)分类及使用:PVDC 肠衣膜分为印刷肠衣膜与非印刷肠衣膜。其中印刷肠衣膜分为:表印肠衣膜与表层里印复合肠衣膜。

①表印肠衣膜:指在肠衣外层进行简单的表印印刷,印刷颜色单一,如鸡肉肠类、蒸煮淀粉肠类产品等。

②表层里印复合肠衣膜:指在肠衣外侧内层肠衣进行的里印印刷,可以实现精美的印刷画面及多色印刷层次感,如市面上泡面拍档火腿肠、香甜王产品等。

③PVDC 不印刷肠衣:如市场上超市袋装的、高温产品、加钙双汇王用肠衣等。

(3)力学性能见表 3-3。

表 3-3　PVDC 肠衣膜相关指标要求

项目		指标要求
拉伸强度/MPa	纵向	≥60
	横向	≥80
断裂标称应变/%	纵向	≥50
	横向	≥40

续表

项目		指标要求
耐撕裂力/N	纵向	≥0.20
	横向	≥0.20
热收缩率/%	纵向	−30~−15
	横向	−30~−15
水蒸气透过量/[g/(m² · 24 h)]		≤5.0
氧气透过量/ [cm³/(m² · 24 h · 0.1 MPa)]	表印肠衣	≤25.0
	表层里印复合肠衣膜	≤50.0
	非印刷肠衣	≤25.0

3.3.1.2　玻璃纸肠衣

玻璃纸又称透明纸、胶质纤维素,是一种再生胶质纤维素薄膜,纸质柔软而有弹性。用于生产玻璃纸的纤维素为晶体状并呈现纵向平行排列,因此这种材料的纵向抗拉强度大,横向抗拉强度小,易撕裂。为增加抗拉性和韧性,玻璃纸加工过程中需被塑化处理,使其含有甘油,具有较大的吸湿性,水蒸气透过量高。

这种肠衣吸水性大、不透油、气密性好、易印刷,经层合处理,可显著提高其强度。主要用于蒸煮、熏煮火腿类产品。

3.3.1.3　纤维素肠衣

(1)制作工艺及成分:纤维素肠衣是用棉籽脱下的棉绒、木屑、亚麻、马尼拉麻等为主要原料制成。

棉绒和木浆先用苛性碱溶液处理,制成碱性纤维素。将这些物质与二硫化碳混合,经过滤形成黄原酸盐纤维素,再将黄原酸盐纤维素与稀释的苛性碱溶液混合后,过滤形成一种黏性溶液。将其进行酸处理,从复合物中分离出二硫化碳,即形成纯纤维素,然后成型成各种规格的纤维素肠衣。

最终的纤维素肠衣是由纯纤维素、食品级甘油或丙烯甘油、矿物油、表面活性剂和水组成。

(2)纤维素肠衣的分类:根据纤维素的不同,可分为小口径和大口径两种。大口径纤维素肠衣主要用于西式烟熏火腿的生产加工,小口径纤维素肠衣主要用于灌肠和无衣水煮类香肠(如鸡肉热狗肠)的生产加工。若生产无衣灌肠,一般在热加工之后剥去肠衣,然后进行二次包装、杀菌,以方便保存和消费者食用。

(3)纤维素肠衣的特点:纤维素肠衣一般大小规格相同,透气性好,质地坚实、抗裂性强,能耐受高温快速加工,充填方便,在湿润的条件下也能进行熏烤。肠衣使用前需要用水浸泡,以达到产品外观舒展和饱满的效果。

3.3.1.4 纤维肠衣

纤维肠衣是用纤维素黏胶再加一层纸张加工而成的产物。该类肠衣在干燥过程中自身可以收缩。这种肠衣在使用之前应先浸泡,后填充结实,烟熏前应先使肠衣表面完全干燥,否则烟熏颜色会不均匀,熟制后可以喷淋或水浴冷却。

该类肠衣可以打卡,对水蒸气、烟具有通透性,对脂肪无渗透;可烟熏,可印刷,适用于蒸煮产品、烟熏火腿等口径较大的肠类产品。

3.3.1.5 筒状膜

筒状膜是以尼龙树脂与聚乙烯树脂共挤而成。根据内层材质不同,分为内层为聚乙烯的尼龙筒状膜和内层为尼龙的尼龙筒状膜。其中内层为尼龙的尼龙筒状膜根据水蒸气透过量不同,分为普通阻湿尼龙筒状膜和高阻湿尼龙筒状膜。

该类肠衣一般用作外包装肠衣或商品定型。优点是具有隔绝空气和水透过的性质和较强的耐冲击性,种类繁多,能够印刷,使用方便,适合用于蒸煮类商品;缺点在于不能食用。

3.3.1.6 拉伸膜、袋[塑料复合膜、袋(干法、挤出)]

常用的该类包装物主要是由不同塑料材料用干法复合和挤出复合工艺制成的复合膜、袋。

(1)分类:

①根据是否印刷分为两类:印刷拉伸膜、非印刷拉伸膜。

②根据其使用温度分为4个等级:

级别	使用温度
a. 普通级	80℃以下(含80℃)
b. 水煮级	80~100℃(含100℃)
c. 半高温蒸煮级	100~121℃(含121℃)
d. 高温蒸煮级	121~145℃(含145℃)。

肉制品常用的杀菌温度在80~121℃之间,肉制品常用的拉伸膜(塑料复合膜、袋)一般为水煮级和半高温蒸煮级。

(2)塑料复合膜、袋的各项力学性能指标见表3-4。

表 3-4　塑料复合膜、袋各项力学性能指标

项目		普通级		水煮级	半高温蒸煮级	高温蒸煮级
		BOPP/ex PE-LD	BOPP/dr PE-LD	PA/dr CPP PET/dr CPP	PA/dr CPP PET/dr CPP	PA/dr CPP PET/dr PP
剥离力/(N/15 mm)　≥		0.6		2.0	3.5	4.5
热合强度/ (N/15 mm)　≥	挤出复合	6		10	—	—
	干法复合	7		13	25	35
拉断力/N　≥	纵向、横向	20	30	40		
断裂标称应变/%	纵向	50~180		≥35		
	横向	15~90		≥35		
直角撕裂力/N　≥	纵向、横向	1.5	3.0	6.0		
抗摆锤冲击能/J　≥		0.4	0.6	0.6		
水蒸气透过量/[g/(m² · 24 h)]		≤5.8		≤15.0		
氧气透过量/[cm³/(m² · 24 h · 0.1 MPa)]		≤1800		≤120		

（3）拉伸膜成型包装各项指标参考参数见表 3-5。

表 3-5　拉伸膜成型包装各项指标参考参数

机型	成形 温度/℃	成形 时间/s	上排气时间/s	下排气 时间/s	膜与成形板 预热时间/s	抽真空 热合温度/℃	真空度 （时间）
MULTIVIC	100±5	1±0.2	0.25±0.05	0.25~0.3	1.2~1.5	145±5	10~12 mbar
CFS	100±5	1±0.2	0.25±0.05	0.25~0.3	1.2~1.5	145±5	14~16 mbar
国产	105±5	1±0.3	0.2±0.1	0.25~0.3	0.8~1.5	135±10	2~2.5 s

3.3.1.7　其他复合膜、袋

复合膜是由两种或者两种以上不同类型的树脂、塑料薄膜、涂层薄膜、纸张、铝箔等，经干法复合、湿法复合、挤出复合或共挤复合等复合方法制成的复合膜；复合袋则是由复合膜经热封方法制得。

该类包装物主要用于低温产品的手工装袋、休闲产品包装等。

（1）复合方法：

①干法复合（dry lamination）：被复合材料间所用黏合剂层压成型时已不含挥发物质（如溶剂等）的复合膜制造方法。符号"/dr."表示干法复合；符号"/sf."表示无溶剂复合。

②湿法复合（wet lamination）：被复合材料间所用黏合剂层压成型时含有挥发物质的复合膜制造方法，符号"/wt."。

③挤出复合(extrusion lamination):用挤出机挤出黏合树脂将被复合的材料层压成型的复合膜制造方法,符号"/ex."。

④共挤复合(coextru-lamination):用两台或两台以上挤出机挤出不同或相同材料并经多层模头共挤成型的复合膜制造方法,符号"/co."。

(2)复合膜、袋分类:按照形状分为平膜、卷膜和袋。膜的断面分为单膜和管膜两种。袋的形状分为一般袋(如边封袋、枕形袋等)和特殊袋(如立体袋、异形袋等)。

按照材料组成,复合膜、袋分类可分为四类:

①塑料复合膜、袋:复合材质组成主要有 BOPET(BOPA、BOPP)/ex. PO(改性 PO)、PE/co. PA/co. PE、BOPET(BOPA、BOPP)/dr. PO(改性 PO)、BOPA(BOPP)/sf. PO(改性 PO)、BOPET(BOPA、BOPP)/dr. VMPET(VMBOPP)/dr. PO(改性 PO)。

②纸与塑料复合膜、袋:复合材质主要有:PAPER(PT)/ex. PO(改性 PO)、PAPER/sf. PO(改性 PO)、PAPER(PT)/dr. PO(改性 PO)。

③塑料铝箔袋:复合材质主要有:BOPET(BOPA、BOPP)/dr. AL/ex. PO(改性 PO)、BOPET(BOPA、BOPP)/sf. AL/ex. PO(改性 PO)。

④纸、塑料铝箔袋:PAPER(PT)/ex. AL/dr. PO(改性 PO)、PAPER(PT)/ex. AL/dr. PO(改性 PO)。

3.3.1.8 金属罐头

肉制品常用的罐头包装容器材质为马口铁、无锡钢板、铝。该类包装材料可经高温高压杀菌,主要用于红烧肉、午餐肉、豆豉鲮鱼等罐头产品的生产加工。

(1)分类:

按照基板材料组成可简单分为三类:镀锡薄钢板罐、镀铬薄钢板罐、铝合金薄板罐;

按照罐身内壁特性分为五类:素铁罐、涂料铁罐、涂料铝罐、覆膜铁罐、覆膜铝罐;

按照容器结构分为两类:三片罐和两片罐;

按照容器形状分为圆形罐和异形罐(方罐、长圆罐、椭圆罐、马蹄罐、梯形罐等);

按照罐身形状分为直身罐、锥形罐、缩颈罐、扩口罐、滚筋罐、撑胀罐等(图3-1);

按开启方式分为易开盖罐、易撕盖罐、平底盖罐、卷盖罐。

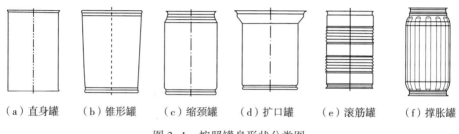

| （a）直身罐 | （b）锥形罐 | （c）缩颈罐 | （d）扩口罐 | （e）滚筋罐 | （f）撑胀罐 |

图 3-1　按照罐身形状分类图

（2）安全要求：

①金属材料及制品中食品接触面使用的金属基材、金属镀层和焊接材料不应对人体健康造成危害。

②金属基材和镀层等材料成分应与产品所标识成分或牌号的相应成分一致。

③金属采用不锈钢、铁素体型不锈钢等不锈钢材料；不锈钢餐具和食品生产机械设备的钻磨工具等的主体部分也可采用马氏体型不锈钢材料。

3.3.1.9　其他常用包装物

肉制品加工及展示效果的差异，需要包装物的多样性。常见的产品包装除了以上提及的材料外还有陶瓷、玻璃、纸盒等。

3.3.2　非食品接触包装材料

3.3.2.1　超市膜

超市膜分为局部镀铝超市膜、普通超市膜及特殊产品。

（1）局部镀铝超市膜：采用镀铝、洗铝工艺生产的局部镂空开窗的超市膜、袋。常用结构是 VM-BOPP/KPET（BOPET）/CPP。

（2）普通超市膜：不使用镀铝、洗铝工艺生产的超市膜、袋。常用结构是 KPET14 μm（BOPET12 μm）/CPP50 μm。

超市膜、袋一般作为 PVDC 肠衣灌装产品的外包装，不直接接触食品，不进行二次杀菌。

3.3.2.2　纸塑复合膜、袋

纸塑复合袋是以食品级包装用原纸与塑料为基材，经复合工艺生产的食品包装用纸塑复合包装材料的膜、袋，一般厚度小于 0.3 mm。此类包装主要用于包装固体和半固体食品，分为搭接封合和对接封合。

（1）分类：

①按材料结构分类，可分为五类：未拉伸膜、树脂类纸可热合复合材料；双向

拉伸膜类纸复合材料;双向拉伸膜类纸可热合复合材料;真空镀铝双向拉伸膜类纸复合材料;真空镀铝双向拉伸膜类纸可热合复合材料(表3-6)。

表3-6　材料结构分类及特征

种类	结构特征	材料结构示例
I	未拉伸膜、树脂类纸可热合复合材料	PAPER/PE、PE/PAPER/PE、PAPER/PP、PP/PAPER/PP、PAPER/CPP
II	双向拉伸膜类纸复合材料	PAPER/BOPP、PAPER/BOPET、PAPER/BOPA
III	双向拉伸膜类纸可热合复合材料	PAPER/BOPP/PE、PAPER/BOPET/PE、PAPER/BOPA/PE、BOPP/PAPER/PE、BOPET/PAPER/PE、BOPA/PAPER/PE
IV	真空镀铝双向拉伸膜类纸复合材料	PAPER/VM-BOPP、PAPER/VM-BOPET
V	真空镀铝双向拉伸膜类纸可热合复合材料	PAPER/VM-BOPP/PE、PAPER/VM-BOPET/PE、VM-BOPP/PAPER/PE、VM-BOPET/PAPER/PE、PE/VM-BOPP/PAPER/PE、PE/VM-BOPET/PAPER/PE

注:PE可以是改性PE,包括PE-LD、PE-LLD、PE-MD、PE-HD、PE-MLLD、EAA、EEA、EMA、EVA等。

②按照形状分为平膜、卷膜和袋。袋的形状分为一般袋(如背封袋、边封袋、三边封袋)和特殊袋(如立体袋、异形袋等)。

(2)纸塑复合袋的物理机械性能见表3-7。

表3-7　纸塑复合袋的物理机械性能

项目	项目单元	I型	II型	III型	IV型	V型
拉伸强度/MPa ≥	纵向	20	30	30	30	30
	横向	15	25	25	25	25
剥离强度/(N/15 mm) ≥	外层	0.7	1.0	1.0	1.0	1.0
	内层	0.7		0.7		0.7
直角撕裂负荷/N	纵向	4.0	8.0	8.0	8.0	8.0
	横向	3.0	6.0	6.0	6.0	6.0
塑料与纸的黏合度/%		≥70				
热合强度/(N/15 mm)	搭接	10	—	—	—	12
	对接	6	—	6	—	6
水蒸气透过量[g/(m² · 24 h)] ≤		25	25	15	10	10
氧气透过量[cm³/(m² · 24 h · 0.1 MPa)] ≤		—	—	—	12	12

注:热合强度只适用于可热封材料。

3.3.2.3　夹链自封袋

夹链自封袋是一种压合可自动封口的包装袋,是以聚乙烯和高压线型聚乙烯通过吹膜成型、热切机制袋,制成的一种可以重复封口的袋子,常见材质有PE、EVA、PO、多层复合拉链袋等。根据材质分为塑料单膜和复合膜两种,主要用于已经预包装的休闲小食品再包装或者干肉制品等的包装。

3.3.2.4　聚乙烯热收缩薄膜

聚乙烯热收缩薄膜是一种韧性很好的包装材料。该类包装物膜软而韧,具有较高的耐穿刺性、良好的收缩性和一定的收缩应力,常用于产品的整件集合包装。

3.3.2.5　纸与纸板

该类包装材料以纸浆为主要原料,按产品用途所需形状,经模塑等立体造纸技术制作成型,主要包括纸盒、纸箱、衬板、纸浆模塑制浅盘等,不接触产品。该类包装材料适合制成礼品盒、产品包装箱、生鲜肉浅盘、腌腊肉制品真空包装内衬垫纸板等,可以有效提升产品外观形象和市场竞争力。

食品接触用纸和纸板材料及其制品使用的原料不应对人体健康产生危害,纤维原料应以植物纤维为主。

3.3.2.6　标签

标签是指产品包装上的文字、图形、符号及一切说明物,也是为了产品展示效果而设计的。大部分产品可通过标签直接了解产品的各项指标数据。

根据材质,标签大致可分为不干胶标签、纸塑复合标签、纸标签、罐头标签等。

3.3.2.7　其他包装物有纸袋等

3.4　包装材料执行标准汇编及材质对照

3.4.1　食品用包装材料执行标准(表3-8)

表3-8　食品用包装材料执行标准

类别	食用性	包装物名称	执行标准
食品接触材料	可食用包装材料	猪、羊、牛肠衣等	GB/T 7740—2006　天然肠衣
		胶原蛋白肠衣	GB 14967—2015　食品安全国家标准　胶原蛋白肠衣

续表

类别	食用性	包装物名称	执行标准
食品接触材料	不可食用包装材料	PVDC 肠衣	GB/T 17030—2019　食品包装用聚偏二氯乙烯(PVDC)片状肠衣膜
		玻璃纸	GB/T 24695—2009　食品包装用玻璃纸
		纤维素肠衣	GB 4806.1—2016　食品安全国家标准　食品接触材料及制品通用安全要求 GB 31603—2015　食品安全国家标准　食品接触材料及制品生产通用卫生规范
		纤维肠衣	GB 4806.8—2016　食品安全国家标准　食品接触用纸和纸板材料及制品
		筒状膜	GB 4806.7—2016　食品安全国家标准　食品接触用塑料材料及制品
		拉伸膜	GB/T 10004—2008　包装用塑料复合膜、袋　干洗复合、挤出复合
		尼龙共挤袋	GB/T 28117—2011　食品包装用多层共挤膜、袋
		塑料复合膜、袋	GB/T 10004—2008　包装用塑料复合膜、袋　干洗复合、挤出复合
		铝箔袋	GB/T 21302—2007　包装用复合膜、袋通则 GB/T 28118—2011　食品包装用塑料与铝箔复合膜、袋
		纸与塑料复合膜、袋	GB/T 30768—2014　食品包装用纸与塑料复合膜、袋
		耐蒸煮复合膜、袋	DB13/T 2684—2018　耐蒸煮复合膜、袋通用技术条件
		零售包装袋	BB/T 0039—2013　商品零售包装袋
		马口铁罐头、铝制罐头	GB 4806.9—2016　食品安全国家标准　食品接触用金属材料及制品 GB/T 14251—2017　罐头食品金属容器通用技术要求
		托盘	GB 4806.7—2016　食品安全国家标准　食品接触用塑料材料及制品
		食品级蜡纸、纸盒、纸套等	GB 4806.8—2016　食品安全国家标准　食品接触用纸和纸板材料及制品
		陶瓷	GB 4806.4—2016　食品安全国家标准　陶瓷制品
		玻璃	GB 4806.5—2016　食品安全国家标准　玻璃制品
非食品接触材料	不可食用包装材料	普通超市膜	GB/T 10004—2008　包装用塑料复合膜、袋　干洗复合、挤出复合
		夹链自封袋	BB/T 0014—2011　夹链自封袋

类别	食用性	包装物名称	执行标准
非食品接触材料	不可食用包装材料	局部镀铝复合膜、袋	BB/T 0030—2019　包装用镀铝薄膜 GB 4806.7—2016　食品安全国家标准　食品接触用塑料材料及制品
		标签	GB/T 30643—2014　食品接触材料及制品标签通则
		聚乙烯热收缩薄膜	GB/T 13519—2016　包装用聚乙烯热收缩薄膜
		纸袋	GB/T 22865—2008　牛皮纸 GB 4806.7—2016　食品安全国家标准　食品接触用塑料材料及制品

3.4.2　食品用包装材料材质中英文对照(表3-9)

表3-9　食品用包装材料材质中英对照表

序号	英文缩写	中文名称
1	ABS	丙烯腈—丁二烯—苯乙烯共聚物
2	AS	丙烯腈—苯乙烯共聚物
3	AL	铝箔
4	BOPA	双向拉伸聚酰胺(尼龙)
5	BOPET	双向拉伸聚酯(聚对苯二甲酸乙二醇酯)薄膜
6	BOPP	双向拉伸聚丙烯
7	CPE	流延聚乙烯
8	CPP	流延聚丙烯
9	EAA	乙烯—丙烯酸共聚物
10	EEA	乙烯—丙烯酸乙酯共聚物
11	EMA	乙烯—甲基丙烯酸共聚物
12	EVA	乙烯—乙酸乙酯共聚物
13	EVOH	乙烯—乙烯醇共聚物
14	MBS	甲基丙烯酸甲脂—丁二烯—苯乙烯共聚物
15	PE-HD(HDPE)	高密度聚乙烯
16	PE-LD(LDPE)	低密度聚乙烯
17	PE-LLD	线性低密度聚乙烯
18	PE-MD(MDPE)	中密度聚乙烯
19	PE-MLLD	茂金属线性低密度聚乙烯

序号	英文缩写	中文名称
20	PA	聚酰胺
21	PAPER	纸
22	PC	聚碳酸酯
23	PE	聚乙烯
24	PET	聚对苯二甲酸乙二醇酯
25	PO	聚烯烃
26	PP	聚丙烯
27	PT	纤维素(赛璐玢、玻璃纸)
28	PVA	聚乙烯醇
29	PVC	聚氯乙烯
30	PVDC	聚偏二氯乙烯
31	UPVC	非增塑聚氯乙烯
32	VM-BOPP(VMBOPP)	真空镀铝双向拉伸聚丙烯
33	VM-BOPET(VMBOPET)	真空镀铝双向拉伸聚对苯二甲酸乙二醇酯
34	VM-CPP(VMCPP)	真空镀铝流延聚丙烯
35	VM-PET(VMPET)	真空镀铝聚酯

参考文献

[1]赵晋府.食品工艺学[M].北京:中国轻工业出版社,2015.

[2]周光宏.肉品加工学[M].北京:中国农业出版社,2009.

[3]蒋爱民.畜产食品工艺学[M].北京:中国农业出版社,2000.

[4]阚健全.食品化学[M].北京:中国农业大学出版社,2016.

[5]谢笔钧.食品化学[M].北京:科学出版社,2011.

[6]杜克生.肉制品加工技术[M].北京:中国轻工业出版社,2006.

[7]李良明,等.现代肉制品加工大全[M].北京:中国农业出版社,2001.

[8]周光宏,肉品加工学[M].北京:中国农业出版社,2009.

第4章 肉制品常用食品添加剂

添加剂是指食品在生产加工过程中加入的能改善其色、香、味、形及延长保藏期等功效的少量天然或合成的物质。添加这些物质有助于食品品种的多样化、保持食品的新鲜度和质量,满足加工工艺的需求等。

食品添加剂的使用必须符合 GB 2760—2014 食品安全国家标准 食品添加剂使用标准的规定。肉制品加工常用的添加剂有以下几类:发色剂、护色剂、着色剂、水分保持剂、增稠剂、防腐剂、抗氧化剂等。下列各节将逐一介绍相关添加剂分类、作用机理、性质及应用。

4.1 发色剂

4.1.1 发色剂简介

发色剂是指食品加工过程中可以使肉制品呈现良好色泽、使肉制品的色泽得到保持或加强的一类添加剂。

发色剂自身是无色的,它与肉制品中的物质发生反应形成新物质,可增强色素稳定性,使之在加工、保藏过程中不被分解、破坏。

4.1.2 肉制品中允许使用的发色剂

GB 2760—2014 允许使用的发色剂有亚硝酸钾(钠),硝酸钾(钠),用量要求见表4-1、表4-2。

表4-1 亚硝酸钾及亚硝酸钠 功能:护色剂、防腐剂

食品分类号	食品名称	最大使用量/ (g/kg)	残留量 (以亚硝酸钠计)
08.02.02	腌腊肉制品类(如咸肉、腊肉、板鸭、中式火腿、腊肠)	0.15	≤30 mg/kg
08.03.01	酱卤肉制品类	0.15	≤30 mg/kg
08.03.02	熏、烧、烤肉类	0.15	≤30 mg/kg

食品分类号	食品名称	最大使用量/ (g/kg)	残留量 (以亚硝酸钠计)
08.03.03	油炸肉类	0.15	≤30 mg/kg
08.03.04	西式火腿(熏烤、烟熏、蒸煮火腿)类	0.15	≤70 mg/kg
08.03.05	肉灌肠类	0.15	≤30 mg/kg
08.03.06	发酵肉制品	0.15	≤30 mg/kg
08.03.08	肉罐头类	0.15	≤30 mg/kg

表 4-2　硝酸钾及硝酸钠　功能:护色剂、防腐剂

食品分类号	食品名称	最大使用量/ (g/kg)	残留量 [以亚硝酸钠(钾)计]
08.02.02	腌腊肉制品类(如咸肉、腊肉、板鸭、中式火腿、腊肠)	0.5	≤30 mg/kg
08.03.01	酱卤肉制品类	0.5	≤30 mg/kg
08.03.02	熏、烧、烤肉类	0.5	≤30 mg/kg
08.03.03	油炸肉类	0.5	≤30 mg/kg
08.03.04	西式火腿(熏烤、烟熏、蒸煮火腿)类	0.5	≤70 mg/kg
08.03.05	肉灌肠类	0.5	≤30 mg/kg
08.03.06	发酵肉制品	0.5	≤30 mg/kg

4.1.3　发色机理

硝酸盐在酸性条件和硝酸还原性细菌的作用下还原成亚硝酸盐,亚硝酸盐在酸性作用下生成亚硝酸,亚硝酸在肉中还原性物质的作用下生成 NO,NO 与肌红蛋白结合生成亚硝基肌红蛋白(NO-Mb)。亚硝基肌红蛋白比肌红蛋白化学稳定性强,颜色呈鲜红色(血红蛋白发色原理同肌红蛋白),这种工艺在国内称为发色,在欧美称为色固定。上述过程化学反应式如下:

①$NaNO_3(KNO_3)+4H^++4e \xrightarrow{\text{硝酸还原性细菌}} NaNO_2(KNO_2)+2H_2O$

②$NaNO_2(KNO_2)+CH_3CHOHCOOH \rightarrow HNO_2+CH_3CHOHCOONa(CH_3CHOHCOOK)$

③$3HNO_2 \xrightarrow{\text{还原性物质}} HNO_3+2NO+H_2O$

④$NO+Mb(Hb) \rightarrow NO-Mb(NO-Hb)$

⑤$NO-Mb+热+烟熏 \rightarrow NO-血色原(热处理过程中发生该反应)$

4.1.4　硝酸盐及亚硝酸盐在肉制品中的应用

4.1.4.1　具有良好的发色作用

依据前述发色机理,为保证肉呈红色,亚硝酸钠最低使用量为 0.05 g/kg,而过量的亚硝酸根又能使血红素物质中的卟啉环的 α-甲炔键硝基化,生成绿色衍生物。其使用量在国标范围内根据原料的色素蛋白数量及气温情况而变动。

4.1.4.2　抑制腐败菌的生长

亚硝酸盐可以防止肉毒梭状芽孢杆菌的生长。微量的亚硝酸盐就可以有效地抑制它们的增殖,同时还具有抑制许多其他类型腐败菌生长的作用。

4.1.4.3　具有增强肉制品风味的作用

①产生特殊腌制风味,这是其他辅料所无法取代的。

②防止脂肪氧化酸败(自身还原性决定),以保持腌制肉制品独有的风味。

4.1.5　亚硝酸盐应用时注意的问题

(1)亚硝酸盐的添加量要严格控制。亚硝酸钠是食品添加剂中急性毒性较强的物质之一,摄取过量的亚硝酸盐进入血液后,可使正常的血红蛋白变成高铁血红蛋白,失去携带氧的功能,导致组织缺氧。

(2)亚硝酸很容易与肉中蛋白质分解产物二甲胺作用,生成二甲基亚硝胺。亚硝胺是目前国际上公认的一种强致癌物。

4.2　护色剂

4.2.1　护色剂的作用机理

由反应式① $NO+Mb(Hb)\rightarrow NO-Mb(NO-Hb)$ 可知,NO 的量越多,则呈红色的物质越多,肉色越红。

由反应式② $3HNO_2\rightarrow HNO_3+2NO+H_2O$ 可知,亚硝酸在还原性物质的作用下经自身氧化反应,一部分转化成了 NO,另一部分则转化成了氧化性很强的 HNO_3,而 HNO_3 使肌红蛋白中的还原型铁离子(Fe^{2+})被氧化成铁离子(Fe^{3+}),使肉的色泽变褐。

护色剂主要作用就是利用其强还原性可以促进反应式①中 NO 大量生成,并且减少或者杜绝反应式②中 HNO_3 的生成,防止 NO 及亚铁离子被氧化,从而达到强化色泽稳定的目的。

4.2.2　常用的护色剂各论

常用的发色助剂有葡萄糖内酯(GDL),烟酰胺(烟酸的酰胺化合物)、抗坏血酸及抗坏血酸盐。

4.2.2.1　L-抗坏血酸护色机理

2 mol 亚硝酸与 1 mol L-抗坏血酸反应生成的 2 mol NO,比亚硝酸在还原性物质的作用下生成 NO 的效率更高,在生成物中无氧化性很强的硝酸:$2HNO_2 + C_6H_8O_6 \rightarrow 2NO + C_6H_6O_6 + 2H_2O$。目前许多腌制肉中同时使用 120 mg/kg 亚硝酸盐和 550 mg/kg 的抗坏血酸盐,可使发色效果更好,并能长时间不褪色。

4.2.2.2　GDL 护色机理

葡萄糖酸内酯能缓慢水解生成葡萄糖酸,形成腌制时的酸性环境,促进硝酸盐向亚硝酸盐转化。

4.2.2.3　烟酰胺的护色机理

烟酰胺与肌红蛋白反应能形成稳定的烟酰胺肌红蛋白,使肉呈红色,且烟酰胺对 pH 的变化不敏感,成品颜色对光的稳定性要好得多。

4.2.3　护色剂使用中需注意的问题

(1)抗坏血酸和异抗坏血酸放在空气中可自然氧化而成褐色,失去护色剂的效果。

(2)对光、热、重金属等不稳定。

(3)有水分存在时易被氧化而影响效果,保管时应特别注意。

(4)护色剂易氧化失去作用,故加入腌制液后其效果不能保持长久。所以配制腌制液时,只能在临用时混入,且长时间保存腌制液必须追加必要量的抗坏血酸。

4.3　着色剂

色、香、味、形是构成食品感官质量的四大要素,任何食品都与这四个要素有着密不可分的关系。而这四大要素中,颜色居于首位,因为它是对消费者的第一刺激信号,是食物最重要的感官指标。

着色剂是指赋予食品色泽和改善食品色泽的物质。着色剂在增强肉制品外观品质方面扮演着重要的角色,不仅可以使肉制品的种类更加丰富,而且能够满足现代食品加工技术需求。

4.3.1 着色剂的分类与发色机理

4.3.1.1 分类

着色剂又称色素。根据来源,可分为人工合成着色剂和天然着色剂。

(1)人工合成着色剂:人工合成色素是指用人工化学合成方法所制得的有机色素,目前主要是以煤焦油中分离出来的苯胺染料为原料制成的有机色素。色淀是指水溶性色素吸附到不溶性的基质上而得到的水不溶性色素。为避免色素混色,增强色素在油脂中的分散性,提高光、热、盐稳定性,将其铝色淀处理。常用的人工合成着色剂有诱惑红及其铝色淀、胭脂红及其铝色淀等。

(2)天然着色剂:天然着色剂是用物理方法从微生物、植物或动物可食部分和天然矿石原料中提取精制而成的色素。常用的有胭脂虫红、红曲红、高粱红、辣椒红等。

4.3.1.2 发色机理

不同的物质能吸收不同波长的光。如果它所吸收的光的波长在可见区以外,那么这种物质看起来是白色的;如果它所吸收的光的波长在可见区域(400~800 nm),那么,它所显示出的颜色,即为被反射光的颜色,也即吸收光的互补色。例如,物质选择性地吸收绿色光,它显现的颜色则为紫色。

着色剂分子中既含有生色团,又含有助色团,它们通过共轭使着色剂可吸收可见光而呈现不同的颜色。

(1)生色团(color-producing groups):使物质在紫外光、可见光区具有吸收的基团就叫生色团,也叫生色基、发色团、发色基。常见的生色团有: $\diagdown C = C \diagup$ 、 $\diagup C = O$、—N=O、 $\diagup C = S$、—C—N=O、$C\equiv C$—、 $\diagup C = N$—等。

如果分子中含有一个生色基,它的吸收波长在 200~400 nm 之间,仍是无色的。如果物质中有两个或两个以上的生色基共轭时,可以使分子对光的吸收波长移向可见区域(400~800 nm)内,该物质就能显示颜色。共轭体系越长,该结构吸收的光波长也越长。

(2)助色团(coloring aid groups):本身并不能产生颜色,但当其与共轭体系或生色基相连时,可使共轭键或生色基的吸收波长向长波方向移动而显色的基团

（助色基）。

常见的助色团有：—OH、—OR、—NH$_2$、—NR$_2$、—SR、—Cl、—Br 等。

（3）共轭多烯类化合物的吸收光波长与共轭双键的关系举例（表 4-3）。

表 4-3　吸收光波长与共轭双键的关系

共轭双键	名称	吸收波长	颜色
C—C	乙烷	135	无色
CH＝CH	乙烯	185	无色
（CH＝CH）$_2$	丁二烯	217	无色
（CH＝CH）$_3$	己三烯	258	无色
（CH＝CH）$_4$	二甲基辛四烯	296	淡黄色
（CH＝CH）$_5$	维生素 A	335	淡黄色
（CH＝CH）$_8$	二氢胡萝卜素	415	橙色
（CH＝CH）$_{11}$	番茄红素	470	红色
（CH＝CH）$_{15}$	去氢番茄红素	504	紫色

4.3.2　GB 2760—2014 中可用于肉制品中的着色剂

目前，国家允许生产和使用的着色剂共 67 类，其中化学合成着色剂 21 类，天然着色剂 46 类。可以用于肉制品中的着色剂 18 类，其中，合成着色剂 4 类，天然着色剂 14 类。具体明细见表 4-4。

表 4-4　GB 2760—2014 中规定可以用于肉制品中的着色剂

来源	分类	名称	食品分类号	食品名称	最大使用量/（g/kg）	备注
人工合成	非偶氮类色素	赤藓红及其铝色淀	08.03.05	肉灌肠类	0.015	以赤藓红计
			08.03.08	肉罐头类	0.015	
		β-胡萝卜素	08.03	熟肉制品	0.02	
			08.04	肉制品的可食用动物肠衣类	5	
	偶氮类色素	诱惑红及其铝色淀	08.03.04	西式 火腿（熏烤、烟熏、蒸煮火腿）类	0.025	以诱惑红计
			08.03.05	肉灌肠类	0.015	
			08.04	肉制品的可食用动物肠衣类	0.05	
		胭脂红及其铝色淀	08.04	肉制品的可食用动物肠衣类	0.025	以胭脂红计

续表

来源	分类	名称	食品分类号	食品名称	最大使用量/（g/kg）	备注
天然	植物黄酮类色素	花生衣红	08.03.05	肉灌肠类	0.4	
		高粱红		各类肉制品中	适量	
	植物类胡萝卜素类色素	辣椒橙	08.03	熟肉制品	适量	
			09.02.03	冷冻鱼糜制品（包括鱼丸等）	适量	
		辣椒红	08.02.01	调理肉制品（生肉添加调理料）	0.1	
			08.02.02	腌腊肉制品类（如咸肉、腊肉、板鸭、中式火腿、腊肠）	适量	
			08.03	熟肉制品	适量	
			09.02.03	冷冻鱼糜制品（包括鱼丸等）	适量	
		胭脂树橙（又名红木素，降红木素）	08.03.04	西式火腿类（熏烤、烟熏、蒸煮火腿）	0.025	
			08.03.05	肉灌肠类	0.025	
		栀子黄	08.03	熟肉制品（仅限禽肉熟制品）	1.5	
		柑橘黄		各类肉制品中	适量	
		天然胡萝卜素		各类肉制品中	适量	
	微生物类色素	红曲黄色素	08.03	熟肉制品	适量	
		红曲米，红曲红	08.02.02	腌腊肉制品类（如咸肉、腊肉、板鸭、中式火腿、腊肠）	适量	
			08.03	熟肉制品	适量	
	动物类色素	胭脂虫红	08.03	熟肉制品	0.5	以胭脂红酸计
	植物查尔酮类色素	红花黄	08.02.02	腌腊肉制品类（如咸肉、腊肉、板鸭、中式火腿、腊肠）	0.5	
	植物其他色素	焦糖色（普通法）	08.02.01	调理肉制品（生肉添加调理料）	适量	
		甜菜红		各类肉制品中	适量	

4.3.3 着色剂各论

4.3.3.1 人工合成着色剂

（1）非偶氮类色素：

①赤藓红及其铝色淀：

A. 简介及来源：赤藓红又名食用色素红色 3 号，分子式 $C_{20}H_6I_4Na_2O_5 \cdot H_2O$，相对分子质量 897.88。赤藓红是由间苯二酚、苯酐和无水氯化锌加热融化，得粗制荧光素,再用乙醇精制,经氢氧化钠溶液溶解后,加碘反应、加盐酸结晶,再将其转化成钠盐,浓缩而成。赤藓红结构式见图4-1。

B.性质:赤藓红为红色至红褐色颗粒或粉末,赤藓红铝色淀为紫红色粉末,无臭,易溶于水(10 g/100 mL室温)和甘油,不溶于油脂。中性水溶液呈红色,酸性时有黄棕色沉淀。耐热性(105℃)、耐碱性、耐氧化还原和耐细菌性均好;耐光、耐酸性差;吸湿性强;具有良好的染色性,对蛋白质着色尤佳。

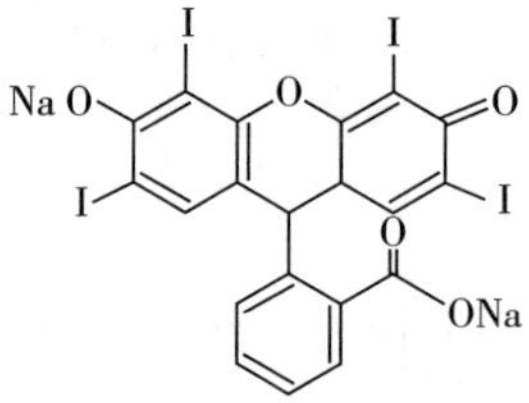

图4-1　赤藓红结构式

②β-胡萝卜素:

A.简介及来源:β-胡萝卜素分子式$C_{40}H_{56}$,相对分子质量536.88,是一种橘黄色的脂溶性化合物。其结构式以异戊二烯残基为单元组成共轭双键,属多烯色素。市售主要为合成的色素,纯度高、色泽相对更稳定。目前主要有两种制备方法:一是以维生素A乙酸酯为起始原料,通过化学合成法制得;二是用丝状真菌三孢布拉霉(blakeslea trispora)与β-胡萝卜素发酵、过滤、脱水、萃取,再经有机溶剂结晶纯化而得。β-胡萝卜素结构式见图4-2。

B.性质:β-胡萝卜素为深红色至暗红色有光泽斜方六面体或结晶性粉末,溶液呈黄色至橙色色调,低浓度时呈橙黄色至黄色,高浓度呈橙红色。其有轻微异臭、异味,不溶于水,溶于食用油,弱碱时比较稳定。其受光、热、空气影响后颜色变淡,遇金属离子,尤其是铁离子则褪色。

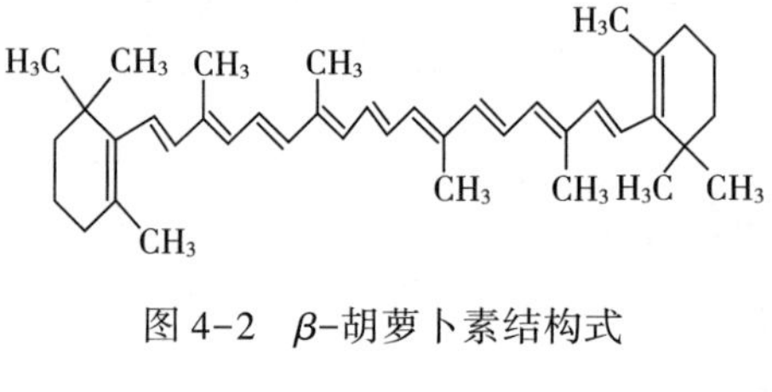

图4-2　β-胡萝卜素结构式

(2)偶氮类色素:

①诱惑红:

A.简介及来源:诱惑红又称食用赤色40号,分子式$C_{18}H_{14}N_2Na_2O_8S_2$,相对分子质量 496.43。以 4-氨基-5-甲氧基-2-甲基苯磺酸为原料经重氮化后与 6-羟基-2-萘磺酸钠耦合,经盐析、精制而得。诱惑红结构式见图 4-3。

B. 性质:诱惑红为深红色均匀粉末,无臭。溶于水、甘油和丙二醇,微溶于乙醇,不溶于油脂,水溶液呈微带黄色的红色溶液。耐光、耐热性强,耐碱和耐氧化还原性差。

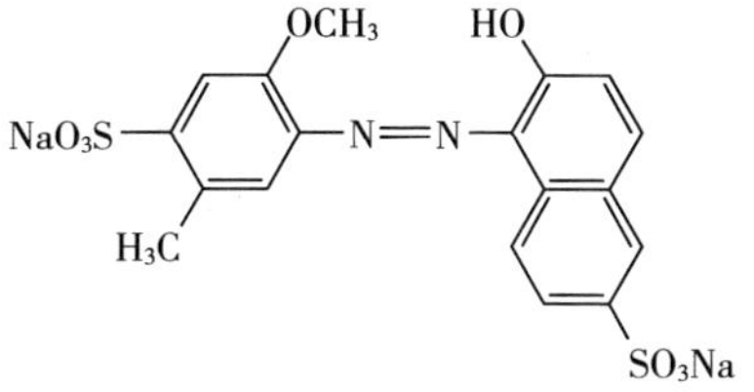

图 4-3　诱惑红结构式

②胭脂红及其铝色淀:

A. 简介及来源:胭脂红又名丽春红 4R、天红和亮猩红,化学式为 $C_{20}H_{11}O_{10}N_2S_3Na_3 \cdot 1.5H_2O$,相对分子质量 604.48。胭脂红由 1-萘胺-4-磺酸经重氮化后与 2-萘酚-6,8-二磺酸在碱性介质中耦合生成,加食盐盐析、精制而得。胭脂红结构式见图 4-4。

B. 性质:胭脂红及其铝色淀为红色至深红色颗粒或者粉末,无臭,溶于水(溶解度 23%),溶于甘油,不溶于油脂。最大吸收波长为(508±2)mm;耐酸性较好,耐热性强,还原性稍差,耐菌性较差,遇碱变褐色。ADI 值为 0~4 mg/kg 体重。

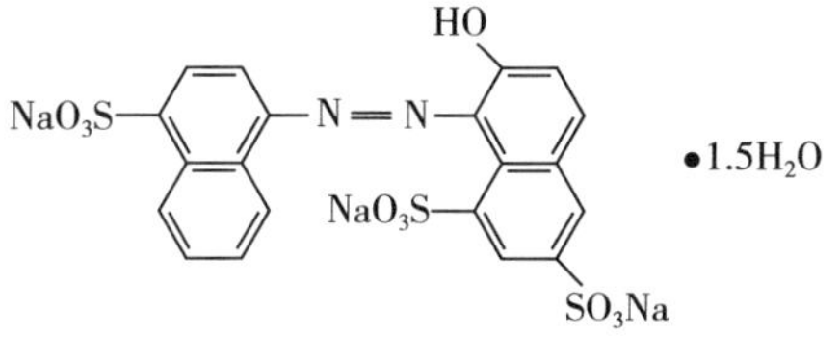

图 4-4　胭脂红结构式

4.3.3.2　天然着色剂

天然色素具有安全性高、色调柔和自然的特点,很多天然色素还具有较高的营养价值和药理作用,有利于人体健康。

根据其分子结构可分为多烯色素、多酚色素、醌酮色素、吡咯色素和其他色素五类。大部分天然色素结构是苯并吡喃(花色苷),类异戊二烯(类胡萝卜素),四吡咯(叶绿素、亚铁血红素);其他天然色素包括甜菜红、焦糖色等。根据来源可分为:植物源天然色素、微生物源天然色素和动物源色素。

(1)植物黄酮类着色剂:

①花生衣红:

A. 简介及来源:花生衣红又称花生衣色素、生皮色素,主要成分为黄酮类化合物和花色苷等,是以鲜花生的内衣皮为原料提取而成的天然色素。

B. 性质:花生衣红为红褐色粉末或液体,易溶于热水和稀乙醇溶液。耐光、耐热、耐氧化、耐酸碱性良好,对金属离子稳定。

②高粱红:

A. 简介及来源:高粱红属黄酮类色素,主要成分是芹菜素和槲皮黄苷,是以高粱壳为原料,采用浸提、浓缩、精制等一系列方法制成。

B. 性质:高粱红色素为深褐色无定型粉末,水溶性好,对光、热稳定,抗氧化能力强。该色素水溶液为红棕色,偏酸性时色浅,偏碱性色深;当食品 pH 小于3.5 时易发生沉淀。

(2)植物类胡萝卜素类:

①辣椒橙:

A. 简介及来源:辣椒橙是从辣椒粉末中提取的辣椒油树脂,经除去辣味物质——辣椒碱后,再经精制、分离而得。

B. 性质:辣椒橙色素为红色油状或者膏状液体,无辣味、异味,易溶于植物油,不溶于水。其耐光、耐热性好,在 pH 3~12 范围内色调不变。

②辣椒红:

A. 简介及来源:辣椒红素分子式 $C_{40}H_{56}O_3$,相对分子质量 584.85;辣椒玉红素分子式 $C_{40}H_{56}O_4$,相对分子质量 600.85。该色素是以红辣椒果皮及其制品为原料,经有机溶剂或二氧化碳萃取制得,主要含有辣椒红素、辣椒玉红素和其他类胡萝卜素物质。辣椒红提取物与藏红花提取物相似,含有一些风味化合物,呈现出刺激性风味。

B. 性质:辣椒红为深红色黏性油状液体,有刺激性辣味。该色素可任意溶解于食用油,不溶于水,着色力强,色调因稀释浓度不同由浅黄至橙红色。其耐光性差,耐热性好(160℃加热 2 h 不褪色),Fe^{3+}、Cu^{2+}、Co^{2+} 可使其褪色,遇 Al^{3+}、Sn^{2+}、Pn^{2+} 发生沉淀,此外不受其他离子影响。

③胭脂树橙:

A. 简介及来源:胭脂树橙是由胭脂树籽的表皮制取的一种天然色素,主要色素成分为红木素的水解产物——降红木素的钠盐或钾盐,有水溶性和油溶性两种。用于肉制品的主要是水溶性胭脂树橙。将胭脂树(红木树)籽浸在氢氧化钠溶液中加热萃取、过滤,加入盐酸使原胭脂树色素沉淀、过滤,用氢氧化钠或碳酸钠中和干燥即得胭脂树橙色素。

B.性质:水溶性胭脂树橙为红至褐色液体、块状物、粉末或糊状物,略有异臭,溶于水,水溶液为黄橙色,呈碱性,耐光性差,适用 pH 为 8.0,染色性非常好。

④栀子黄:

A.简介及来源:栀子黄色素分子式 $C_{44}H_{64}O_{24}$,相对分子质量 977.21。其主要成分是藏红花素和藏红花酸,还含有环烯醚萜苷类的栀子苷及黄酮、绿原酸,是一种罕见的水溶性类胡萝卜素。

它是将茜草科植物栀子的干燥成熟果实粉碎,加入 $CaCO_3$,用 20%的乙醇溶液于75℃的温度下浸提 4h、过滤,再经 25%、50%乙醇溶液依次淋洗,然后减压浓缩、干燥制成成品。

B.性质:栀子黄一般为橙黄色结晶性粉末或深黄色液体,栀子黄易溶于水,不溶于油脂;水溶液为柠檬黄色,微臭;其耐盐性、耐还原性、耐微生物性好;在中性或者偏碱性环境中,耐光、耐热性较好。该色素在 pH 4~11 范围内颜色基本不变,对金属离子稳定;着色力强,对淀粉、蛋白质染色效果好。

⑤柑橘黄:

A.简介及来源:柑橘黄,又名甜橙色素,主要着色成分为柑橘黄素(7,8-二氢-γ-胡萝卜素),分子式 $C_{40}H_{56}O$,相对分子质量 553.88。柑橘黄是从橙皮中采用提取、精制、浓缩、干燥等方法制成。

B.性质:柑橘黄为深红色黏稠液体,具有柑橘的清香味;不溶于水,可溶于油脂,呈色不受 pH 的影响。

⑥天然胡萝卜素:

A.简介及来源:天然胡萝卜素为主要的维生素 A 源物质,根据双键的数目主要划分为 α、β、γ 三种形式,其中最主要的是 β-胡萝卜素,分子式 $C_{40}H_{56}$,相对分子质量 536.88。它是将胡萝卜粉碎、烘干后,使用石油醚萃取、过滤,再将萃取液浓缩而得。

B.性质:胡萝卜素为橘黄色结晶性粉末;不溶于水,溶于食用油,弱碱时比较稳定。该色素耐热、耐酸性好,不耐光,易氧化。

(3)微生物类着色剂:

①红曲黄:

A. 简介及来源:红曲黄色素是以紫色红曲霉和赤红曲霉为原料,利用现代生物技术提取而成的天然着色剂,主要成分是红曲黄素和红曲素等。

B. 性质:红曲黄色素为黄至黄褐色粉末、块状、糊状或液体,略有特征性气味;溶于水,在酸性条件下稳定,黄色鲜艳,随 pH 的降低,黄色趋于明亮,在中性或碱性环境中变成红色。该色素耐热性好,耐光性差。

②红曲米、红曲红:

A. 简介及来源:红曲色素中主要含 6 种不同的成分,其中有红色色素、黄色色素和橙色色素各两种(橘黄色红曲红素和红斑素、红色红斑胺和红曲红胺以及黄色红曲素和红曲黄素)为主的几种色素混合物。

红曲米又名红曲、赤曲、红米、福米,是将稻米蒸煮后接种红曲霉发酵,然后经干燥粉碎制得的一种大米发酵食品,也是我国传统食用的天然色素。

红曲红是以大米为原料,采用红曲霉液体深层发酵工艺和特定的分离纯化技术生产的或从红曲米中提取制得的粉状纯天然食用色素。

B. 性质:红曲米为棕红色或紫红色不规则碎末或整粒米,断面呈粉红色,稍有酸味;可溶于热水及酸碱溶液,具有较好的耐光、耐热、耐氧化还原性,不受 pH 和金属离子影响,对蛋白质染色力强。

红曲红为暗红色粉末状,无味无臭;易溶于水,着色力强,色调受 pH 影响较小,耐热性、耐金属离子性好,在 pH 3~10 范围内稳定,但耐光性差。红曲红色素对热处理较为稳定且可抵制自身降解反应的发生。

(4)动物类着色剂:

胭脂虫红:

A. 简介及来源:胭脂虫红色素是用寄生在仙人掌类植物上的雌性蚧虫提取、干体磨细后用水提取而制成的多种红色色素,其主要成分是胭脂虫红酸,是一种蒽醌衍生物。胭脂虫红铝是胭脂虫红酸与氢氧化铝反应形成的螯合物。

B. 性质:胭脂虫红为红色菱形晶体或红棕色粉末,也有深红色黏稠液体状。该色素不溶于冷水,稍溶于热水和乙醇。胭脂虫红铝为一种红色水分散性粉末,不溶于油,溶于碱液,微溶于热水。

(5)植物查尔酮类着色剂:

红花黄:

A. 简介及来源:红花黄是红花所含的黄色色素,其呈色物质主要有红花黄 A(分子式 $C_{27}H_{32}O_{16}$,相对分子质量 612.5)和红花黄 B(分子式 $C_{48}H_{54}O_{27}$,相对分子质量 1062)。摘取菊科植物红花植物中带黄色的花,用水浸泡提取,经精制、浓缩、干燥而得。

B. 性质:红花黄为黄色或棕黄色粉末,易吸潮变色为褐色,并结块,吸潮后的物质不影响使用效果;该色素易溶于水,不溶于油脂等。对热、光稳定,在 pH 2~7 范围内色调稳定。

(6)植物其他着色剂:

①甜菜红:

A. 简介及来源:黎科植物红甜菜含有丰富的甜菜红色素。甜菜根红,它是由食用甜菜根制取的一种天然色素,是由红色的甜菜花青和黄色的甜菜黄素组成的。甜菜花青中主要成分为甜菜红苷,占红色素的 75%~95%,其余的有异甜菜苷、前甜菜苷和异前甜菜苷。商业上生产甜菜红色素多采用逆流固液萃取的方法,再经产朊假丝酵母好氧菌发酵除去大量的糖类物质。

B. 性质:甜菜苷为紫红色或红色粉末,无臭无味,易溶于水,不溶于油脂。该色素对热、光、氧的稳定性差,在 pH 4~6 之间最稳定。该色素仅适用于货架期较短,且不经热处理加工的食品着色。

②焦糖色:

A. 简介及来源:焦糖色素是以优质的蔗糖、葡萄糖或其他淀粉糖为主要原料,采用特殊的配方及工艺技术加工制成的天然色素。根据焦糖化工艺中是否使用催化剂的不同而分为 4 大类:普通法焦糖色、碱性亚硫酸盐法焦糖色、氨法焦糖色和亚硫酸铵法焦糖色。GB 2760—2014 中规定可用于肉制品中的是普通法焦糖色。

B. 性质:焦糖色素为深褐色或黑褐色的液状、块状、粉末状或糊状的物质,具有焦糖香味和愉快的苦味;易溶于水,水溶液呈透明状或红棕色,在日光照射下相当稳定,至少保持 6 h 不变色;色调受 pH 值及在大气中暴露时间长短的影响。

4.3.4　不同着色剂的对比

4.3.4.1　合成与天然着色剂的优劣

(1)合成着色剂:

①优点:

a. 成本低、价格廉;

b. 具有色泽鲜艳,着色力强,稳定性高,无臭无味的特点;

c. 易溶解,易调色。

②缺点:大多以煤焦油为原料制成,其化学结构属偶氮化合物,可在体内代

谢生成 β-萘胺和 α-氨基-1-1-萘酚,这两种物质具有潜在的致癌性。

(2)天然着色剂:

①优点:

　a. 天然色素多来自动、植物组织。除藤黄外,其余对人体无毒害,安全性高;

　b. 有的天然色素具有生物活性(如 β-胡萝卜素、维生素 B_2),因而兼有营养强化作用;

　c. 能更好地模仿天然物颜色,着色时色调比较自然;

　d. 有些色素具有特殊的芳香气味,添加到食品中能给人带来愉快的感觉。

②缺点:

　a. 色素含量一般较低,着色力比合成色素差;

　b. 成本高;

　c. 稳定性差,有的品种色调随 pH 值、温度不同而有变化;

　d. 难于用不同色素配出任意色调;

　e. 加工及流通过程中,受外界因素的影响易劣变;

　f. 因共存成分的影响,有的天然色素有异味、异臭。

合成色素与天然色素的对比见表 4-5。

表 4-5　合成色素与天然色素的对比

种类	安全性	色域	稳定	着色	拼色	成本
天然着色剂	高	窄	差	差	差	高
合成着色剂	差	宽	好	好	易	低

4.3.4.2　着色剂状态、性质对比(表 4-6)

表 4-6　着色剂状态、性质对比

色素	状态	气味	溶解性	光稳定性	耐热性	耐酸性	耐碱性	耐微生物性	氧化还原性
赤藓红及其铝色淀	赤藓红为红色至红褐色颗粒或粉末;赤藓红铝色淀为紫红色粉末	无臭	易溶于水,不溶于油脂	差	好	差	好	好	好
β-胡萝卜素	深红色至暗红色有光泽斜方六面体或结晶性粉末	轻微异臭、异味	不溶于水,溶于植物油	差	差	差			差

续表

色素	状态	气味	溶解性	光稳定性	耐热性	耐酸性	耐碱性	耐微生物性	氧化还原性
诱惑红	诱惑红为深红色均匀粉末	无臭	溶于水,不溶于油脂	极好	极好		差		差
胭脂类红	胭脂红及其铝色淀为红色至深红色颗粒或者粉末	无臭	溶于水,不溶于油脂	好	极好	好	差(变褐)	较差	稍差
花生衣红	花生衣红为红褐色粉末或液体	无臭	易溶于热水	良好	良好	良好	良好		良好
高粱红	高粱红色素为深褐色无定型粉末	无味、无臭	溶于水	好	好	差(沉淀)	差		极好(抗氧化)
辣椒橙	红色油状或者膏状液体	无辣味、异味	易溶于植物油,不溶于水	好	好	好	好		
辣椒红	深红色黏性油状液体	无臭	易溶于食用油,不溶于水	差	良好	良好	良好	良好	
胭脂树橙	水溶性胭脂树橙为红至褐色液体、块状物、粉末或糊状物	略有异臭	溶于水,但溶解性不太好	差	不太好		良好		
栀子黄	橙黄色结晶性粉末或深黄色液体	微臭	溶于水,不溶于油脂	较好	较好	好	好	好	好
柑橘黄	深红色黏稠液体	具有柑橘的清香味	不溶于水,溶于油脂			好	好		
天然胡萝卜素	橘黄色结晶性粉末	轻微异臭	不溶于水;易溶于植物油	极差	好	好			极差(易氧化)
红曲黄	红曲黄色素为黄至黄褐色粉末、块状、糊状或液体	略有特征性气味	溶于水	差	好	差(变黄)	差(变红)		
红曲米	棕红色或紫红色不规则碎末或整粒米,断面呈粉红色	稍有酸味	溶于热水	较好	较好	好	好		较好
红曲红	暗红色粉末	无味无臭	溶于水,不溶于油	差	较好	好	良好		

色素	状态	气味	溶解性	光稳定性	耐热性	耐酸性	耐碱性	耐微生物性	氧化还原性
胭脂虫红	红色菱形晶体或红棕色粉末,也有深红色黏稠液体状	无味无臭	不溶于油,微溶于热水	较差					差
红花黄	黄色或棕黄色粉末,易吸潮变色为褐色,并结块	无味无臭	易溶于水,不溶于油脂	好	好	好			
甜菜红	紫红色或红色粉末	无味无臭	易溶于水,不溶于油脂	差	差	较好(pH 4~6)			差
焦糖色	深褐色或黑褐色的液状、块状、粉末状或糊状的物质	具有焦糖香味、苦味	易溶于水	好		差	差		

4.3.5　着色剂使用原则

(1)安全性:色素的使用必须符合 GB 2760 规定的范围及用量,不得超范围、超量添加。

(2)色素的溶解和调配:在肉制品中,为了色素的均一着色,需将色素溶于温水后添加。

(3)调配色素或者储存的容器:应采用玻璃、搪瓷、不锈钢等耐腐蚀的清洁容器具,避免与铜、铁器皿接触。

4.3.6　肉制品中着色剂添加量举例(表 4-7)

表 4-7　肉制品中几种着色剂添加量举例　　　　　　单位:%

色素	红曲红	诱惑红	胭脂虫红
熏煮香肠类	0.005~0.025	0.002~0.0015	0.004~0.005
火腿肠类	0.025~0.035	0.001~0.0014	
腌腊肉制品	0.008~0.2		

4.4　水分保持剂——磷酸盐

4.4.1　磷酸盐简介及分类

磷酸盐是以磷矿石为原料通过热法或湿法制成磷酸,再以碱中和反应制成相应的磷酸盐。磷酸盐广泛存在于水、食物以及我们身体当中,是我们赖以生存的矿物质之一。肉制品加工过程中的磷酸盐主要有三聚磷酸钠、焦磷酸钠、六偏磷酸钠。

磷酸盐可分为正磷酸盐、聚磷酸盐和偏磷酸盐。正磷酸盐指正磷酸(H_3PO_4)的各种盐:M_3PO_4、M_2HPO_4、MH_2PO_4(M 为一价金属离子)。聚磷酸盐是指由聚磷酸所构成的盐类,肉制品常用聚磷酸盐有三聚磷酸钠、焦磷酸钠。偏磷酸盐分环状偏磷酸盐、不溶性偏磷酸盐和偏磷酸盐玻璃体,主要为环状或长链网状结构,链状结构中因其链较长,即通式中 n 较大,组成近似于$(HPO_3)_n$,所以被称为偏磷酸盐。肉制品中常用偏磷酸盐为六偏磷酸钠(图 4-5~图 4-8)。

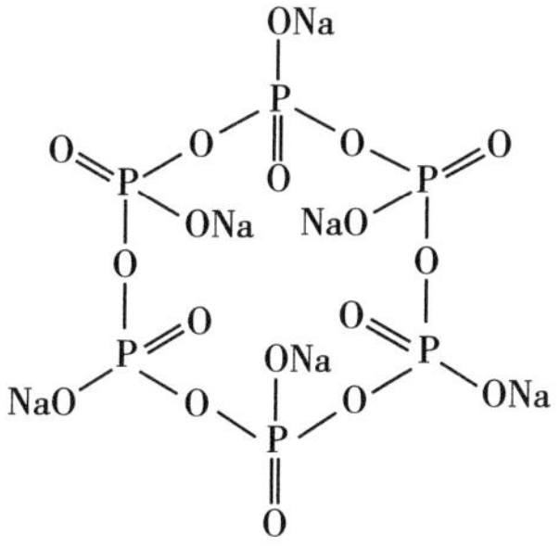

图 4-5　六偏磷酸钠结构式

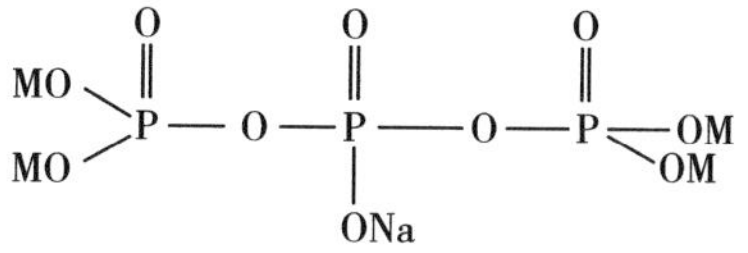

图 4-6　三聚磷酸钠结构式

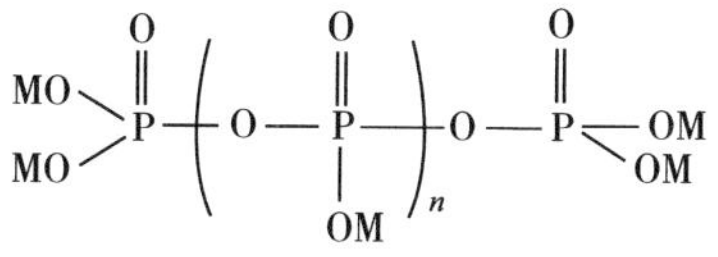

图 4-7　偏磷酸盐结构式
(M:置换氢原子的一价金属)

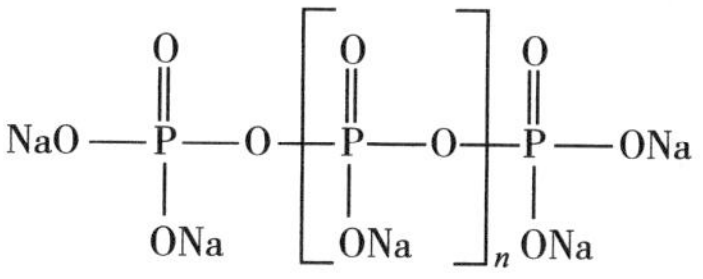

图 4-8　聚磷酸盐通式

4.4.2 单体磷酸盐

4.4.2.1 GB 2760—2014 中允许使用的磷酸盐简介（表 4-8）

表 4-8　GB 2760—2014 中允许使用的磷酸盐简介

序号	名称	分子式	相对分子量	色泽	状态	相对密度	pH（1%水溶液）	对应国标
1	三聚磷酸钠	$Na_5P_3O_{10}$	367.86	白色	颗粒或粉末	0.9	9.5	GB 1886.335—2021
2	焦磷酸钠	$Na_4P_2O_7 \cdot 10H_2O$	265.90	白色	粉末或结晶	2.534	10.2	GB 1886.339—2021
3	六偏磷酸钠	$(NaPO_3)_6$	611.17	白色	粉末或结晶	2.484	6.2	GB 1886.4—2020
4	磷酸	H_3PO_4	97.99	无色透明或略带浅色	稠状液体	1.88	1.5	GB 1886.15—2015
5	磷酸三钾	K_3PO_4	212.27	白色	粉末或颗粒	2.564	11.8	GB 1886.327—2021
6	磷酸三钙	$10CaO \cdot 3P_2O_5 \cdot H_2O$	1004.64	白色	粉末	3.14	7	GB 1886.332—2021
7	磷酸三钠	Na_3PO_4	163.94	白色	晶体粉末或颗粒	1.62	11.8	GB 1886.338—2021
8	磷酸氢二钾	K_2HPO_4	174.18	白色	晶体粉末或颗粒	—	9	GB 1886.334—2021
9	磷酸氢二铵	$(NH_4)_2HPO_4$	132.03	白色	晶体、晶体粉末或颗粒	1.203	8	GB 1886.331—2021
10	磷酸氢二钠	$Na_2HPO_4 \cdot nH_2O$（$n=0、2、12$）	141.96	白色或无色	粉末或晶体	1.52	9.94	GB 1886.329—2021
11	磷酸二氢钙	$Ca(H_2PO_4)_2$	234.05	白色或无色	三斜结晶或粉末	2.22	—	GB 1886.333—2021
12	磷酸二氢钾	KH_2PO_4	136.09	白色	晶体粉末或颗粒	2.338	4.6	GB 1886.337—2021
13	磷酸二氢钠	NaH_2PO_4	119.98	白色	晶体粉末或颗粒	1.915	4.5	GB 1886.336—2021
14	磷酸氢钙	$CaHPO_4 \cdot 2H_2O$	172.09	白色	粉末	2.32	—	GB 1886.3—2016

续表

序号	名称	分子式	相对分子量	色泽	状态	相对密度	pH (1%水溶液)	对应国标
15	焦磷酸四钾	$K_4P_2O_7$	330.34	白色	粉末或颗粒	2.33	10.5	GB 1886.340—2021
16	焦磷酸二氢二钠	$Na_2H_2P_2O_7$	221.94	白色	粉末	1.86	4.3	GB 1886.328—2021
17	聚偏磷酸钾	$(KPO_3)_n$	118.69n	白色	粉末或纤维状晶体	—	—	GB 1886.325—2021
18	焦磷酸一氢三钠	$Na_3HP_2O_7 \cdot nH_2O$ ($n=1$ 或 0)	无水 243.93 一水 261.94	白色	粉末或颗粒	—	—	GB 1886.348—2021
19	酸式焦磷酸钙	$CaH_2P_2O_7$	216.04	白色	粉末	—	—	GB 1886.326—2021

4.4.2.2　各类磷酸盐性能对比

磷酸盐在肉制品中应用很广泛,但分子式不同,在食品中起到的作用也不完全相同,在肉制品中的作用强弱如表 4-9 所示。

表 4-9　常用磷酸盐特性

种类	稳定 pH 值	保色、改善风味	延长货架期	提高保水性	螯合作用	乳化、分散性
正磷酸盐	++++	+	+	+	+	+
焦磷酸盐	+++	++	++	++	++	++
三聚磷酸盐	++	+++	+++	++	+++	+++
多聚磷酸盐	+	++++	++++	+	++++	++++

4.4.3　复合磷酸盐

4.4.3.1　复合磷酸盐加工工艺

(1)物理混合:物理混合是将几种不同的单体通过混料机简单地混合在一起。混合后还有可能出现所添加的原料没有真正地混合在一起,仍是分离的情况。

(2)液态混合:液态混合是在液态状态下将所添加的所有磷酸盐原料均匀、充分地混合在一起,再通过喷雾干燥技术,将产品制成白色颗粒状粉末。

不同加工工艺复合磷酸盐状态对比见图 4-9。

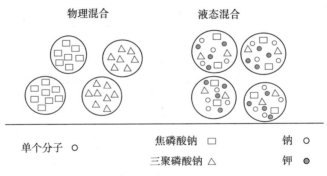

图4-9　不同加工工艺复合磷酸盐状态对比

4.4.3.2　复合磷酸盐性能的鉴别

（1）测定产品的pH值、重金属含量以及溶于水后的气味：pH值在8~10之间，重金属含量低，溶于水后有轻微涩味，无刺激性气味的质量好。

（2）产品在0~4℃温度、高盐（5%）溶液里的溶解速度及溶解效果：分散性越好，溶解速度越快，溶解后固态颗粒残留越少，该磷酸盐性能越好。

（3）观察产品外观颗粒：性能好的磷酸盐多固体颗粒，性能较差的粉末较多。

（4）产品在只有盐、水的状态下与肉糜结合：保水保油能力越强，性能越好。

（5）最终产品效果，包括保水、保油、口感、结构及出品率等进行综合判定。

4.4.4　不同磷酸盐的作用机理

4.4.4.1　调节肉的pH值

不同磷酸盐以不同的比例复合时，可以得到pH 4.5~11.7之间不同水平的缓冲剂。在大多数食品的pH值范围内（3.5~7.5），磷酸盐均可作为高效的pH稳定剂和调节剂，使食物味道更加鲜美。正磷酸盐缓冲作用最强，随着链长的增加，缓冲能力将减弱。

4.4.4.2　螯合肉中的金属离子

磷酸盐的磷酸根离子能够螯合钙、镁、铁、铜等金属离子。肉中加入磷酸盐后，释放出阴离子基团，这些基团与钙、镁等阳离子形成稳定的络合物，同时肌肉蛋白中羧基被释放，羧基间的静电力可使蛋白质结构松弛，增加了吸水力。

聚磷酸盐的螯合作用取决于链的长短和pH值，长链聚磷酸盐对轻金属离子具有较强的螯合能力，随pH的增高而加强；短链聚磷酸盐对重金属离子具有较强的螯合能力，螯合作用随pH的增高而减弱。

4.4.4.3　提升离子强度

在一定的离子强度范围内,蛋白质溶解度和萃取量随离子强度增加而增加。肌球蛋白占肌原纤维蛋白的 55%,要求盐溶液的离子强度为 0.2 以上,可很好地溶解;肌动球蛋白则需在盐溶液的离子强度为 0.4 以上。产品中添加磷酸盐后,可以给环境提供 0.6 以上的离子强度,从而增加蛋白质溶解度和萃取量。

4.4.4.4　解离肌动球蛋白

活体时机体能合成三磷酸腺苷(ATP),可使肌动球蛋白解离成肌动蛋白和肌球蛋白,但畜禽宰杀后由于 ATP 水平降低,肌动球蛋白不再解离。产品中加入低聚合度的磷酸盐(焦磷酸盐、三聚磷酸盐),它们具有三磷酸腺苷类似的作用,能促进肌动球蛋白解离成肌动蛋白和肌球蛋白。

4.4.4.5　改变体系电荷

磷酸盐可与肌肉蛋白中的 Ca^{2+}、Mg^{2+} 离子结合,使蛋白质带负电荷,从而增加羧基之间的静电斥力,导致蛋白结构疏松,加速盐水渗透、扩散。

4.4.4.6　乳化和分散作用

磷酸盐能使蛋白质的水溶胶质在脂肪球上形成一种胶膜,使脂肪更有效地分散在水中,因而被广泛应用于淀粉的磷酸化处理、色素分散、香肠、肉糜制品、鱼糜制品的分散稳定剂。对直链的聚磷酸盐而言,其乳化、分散能力随着链长的增加而增强。

4.4.4.7　蛋白作用

磷酸盐对蛋白质、胶原球蛋白具有增强作用。磷酸盐在食品组织表面发生增溶,加热时形成一层凝结的蛋白质,从而提升蛋白质对水的亲和性,提高肉制品的水合性和持水性,促进食品的软化,改善食品品质、保持食品的风味。

4.4.4.8　延长食品货架期

磷酸盐可调节环境 pH 值,也可以螯合微生物细胞生长需要的二价金属阳离子,并且在细胞分裂时降低细胞壁和细胞的稳定性,从而有效抑制细菌滋生。一般来说,随着链长的增大,聚磷酸盐抑菌作用增强,所以磷酸盐在延长食品货架期方面有一定功效。

4.4.4.9　提升持水性,提高出品率

磷酸盐可以通过改变蛋白质电荷的电势来提高肉体系的离子强度,并使其偏离等电点,导致电荷之间的相互排斥,蛋白质之间形成更大的空间,即蛋白质的"膨润",使肉组织可包容更多水分从而提高保水性。六偏磷酸盐能螯合金属离子,减少金属离子与水的结合,使蛋白质结合更多水分而提高保水性。

4.4.4.10　提高产品嫩度

肉的嫩度与结缔组织和肌原纤维含量有关,结缔组织中胶原蛋白交联越多,肉的嫩度越差。磷酸盐能够提高肉的 pH 值,增强环境中的离子强度,螯合金属离子,使蛋白质—COO—端暴露,增强了肉的静电斥力,使肉松弛,增加了肉的嫩度。另外,复合磷酸盐可提升胶原蛋白的溶解度,降低胶原蛋白的交联程度,改善肉的嫩度。复合磷酸盐还能使肌动球蛋白解离,解除肉的僵直状态,提升肉的嫩度。

4.4.5　不同肉制品中磷酸盐的使用举例

(1)制作肉排、肉饼类速冻产品时需同时保证产品嫩度与汁液感,应选用焦磷酸钠比例较高的复合磷酸盐。

(2)三聚磷酸钠适合腌制、搅拌型产品;焦磷酸钠适合斩拌型产品;六偏磷酸钠护色效果较好。

(3)肉丸类产品要求产品有较高的弹性和硬度,选择三聚磷酸盐与焦磷酸钠复合磷酸盐。

(4)肉糜类制品通常使用焦磷酸盐,以干粉形式在斩拌时加入;若加入复合磷酸盐,则其 pH 值在 7~9。

(5)注射型产品选择复合磷酸盐需满足以下要求:①在冰盐水中的溶解性好;②高溶解速率;③在冰盐水中的稳定性好。所用的复合磷酸盐的 pH 值一般为 8.5~9.5。在制备注射用的冰盐水时为达到最佳的肌肉蛋白活化效果,应确保磷酸盐溶解充分。

(6)制作鸡肉香肠时优先使用三聚磷酸钠,若使用复合磷酸盐,建议成分比重为三聚磷酸钠>焦磷酸钠>六偏磷酸钠。

(7)鱼糜制品宜选择斩拌型的黏性磷酸盐。

4.5　水分保持剂——乳酸钠

4.5.1　理化性质

乳酸钠是乳酸右旋体的钠盐,分子式 $C_3H_5NaO_3$,分子量 112.06,为无色或微黄色透明糖浆状液体,能与水、乙醇、甘油溶合。乳酸钠是乳酸的右旋(L+)结构体的钠盐,是包括人体在内的动物肌肉组织中的正常天然成分。商业生产的乳酸钠,化学纯级含量为80%左右,用于食品配料的含量为50%~60%,是无色透明浆状液体,无臭或稍有特异臭味,略带咸味,pH值6.5~7.5,有吸湿性,能与水和乙醇相溶。

4.5.2 使用特性

一般肉制品pH在中性范围,乳酸钠适用于各类肉制品中。无论在腌制、绞制、斩拌、混合等工序中加入,对肉制品加工工艺特性、产品质量和风味均无不良影响。

4.5.3 反应机理

(1)乳酸钠能直接降低肉品的水分活度值(A_w),使肉品中供给微生物生存繁衍必需的游离水减少。乳酸根可抑制细胞膜的转运过程,未发生解离的弱酸因其脂溶性而迅速穿越细胞膜进入细胞内部,进入细胞膜的脂肪酸在微生物生理pH条件下几乎会全部解离,从而引起蛋白质变性。

(2)乳酸可作为质子穿梭物能有效利用能量循环,并通过在细胞膜上的分散与特定组分发生交换,形成抑菌功能团,从而产生良好的抑菌效果。

(3)乳酸根离子影响了电化学质子梯度的形成。由于电化学质子梯度形成的阻碍,微生物需耗用更多能量,使其能量缺乏而影响其生长繁殖。

4.5.4 应用

(1)在商业中,乳酸钠一般是60%浓度溶液配料,在肉制品中添加量为成品固形物的2%~3%。

(2)火腿、培根等产品可在腌制时添加;肉糜类制品则于斩拌混合时加入。

(3)乳酸钠可代替部分食盐在肉制品中起增咸作用,添加时应适当减少食盐用量。乳酸钠咸度约为食盐的12%,添加1%的乳酸钠时需相应减少0.12%的食盐。

4.6 增稠剂——胶体

4.6.1 增稠剂简介

4.6.1.1 增稠剂定义

增稠剂是一类可以提高食品的黏稠度或形成凝胶,从而改变食品物理状态,赋予食品黏润、爽滑的口感,并兼有乳化、稳定或使其呈悬浮状态作用的食品添加剂。

4.6.1.2 增稠剂的作用机理

增稠剂属于大分子聚合物,无论是直链、支链或交联链,其分子链都分布有一些酸性、中性或碱性的基团,因此具有各种不同的配合性能,还具有不同的耐热性、耐酸性、耐碱性和耐盐性等。增稠剂在水中具有一定的溶解度,能在水中强烈膨胀,在一定温度范围内能迅速溶解或糊化,并具有较大黏度,有非牛顿流体性质,在一定条件下能形成凝胶体和薄膜。

4.6.1.3 增稠剂的分类

根据来源不同,食品中常用的增稠剂可以分为动物来源、植物来源、微生物来源、海藻类来源及其他来源:

(1)动物来源:由动物分泌或其组织制得的胶,如明胶、甲壳素等。

(2)植物来源:由植物所制得的胶,如瓜尔豆胶、刺槐豆胶等。

(3)微生物来源:由微生物分泌物制得的胶,如黄原胶、结冷胶等。

(4)海藻类来源:由海藻类所产生的胶及其盐类,如海藻酸钠(钾)、琼脂、卡拉胶等。

(5)其他来源:化学合成或半合成增稠剂包括天然增稠剂进行改性制取的,如甲基纤维素钠等,以及纯粹以化学方法合成的,如聚丙烯酸钠等。

4.6.1.4 增稠剂作用效果的影响因素

增稠剂通过在溶液中形成网状结构或具有较多亲水基团的胶体对保持食品的色、香、味、结构和食品的稳定性发挥极其重要的作用,其作用大小取决于增稠剂分子本身的结构及其流变学特性。增稠剂作用效果的影响因素一般有自身分子结构及相对分子质量、浓度、温度、pH 值、切变力和复配协同效应等。

(1)分子结构及相对分子质量的影响:不同分子结构的增稠剂,即使在其他理化参数一致、相同浓度条件下,黏度也可能有较大差别。同一增稠剂品种,随着分子质量的增加,网状结构的形成概率也会增加,黏度也会增大。

(2)浓度的影响:大多数增稠剂在较低浓度时,黏度会随着浓度的增加而增加,而在较高浓度时会呈现假塑性,主要原因是随着增稠剂浓度增加,增稠剂分子的体积也增加,相互作用的概率相应增加,吸附的水分子增多,导致黏度增加。

(3)pH 值的影响:介质的 pH 值与增稠剂的黏度及其稳定性密切相关。增稠剂的黏度通常随 pH 值的变化而变化,例如,海藻酸钠在 pH 5.0~10.0 范围内,溶液黏度稳定;当 pH 小于 4.5 时,黏度明显增加。

（4）温度的影响：溶液的黏度一般随着温度增加、分子运动速度加快而降低。温度升高，化学反应速度加快，特别是在强酸条件下，大部分胶体水解速度大大加快。高分子胶体解聚时，黏度的下降是不可逆的，为避免黏度不可逆的下降，应尽量避免胶体溶液长时间高温受热。

（5）切变力的影响：一定浓度的增稠剂溶液，其黏度会随搅拌、泵压加工等发生变化。切变力的作用是降低分散性颗粒间的相互作用，在一定条件下，这种作用力越大，结构黏度降低也越多。

（6）增稠剂的协同作用：增稠剂在单独使用时，往往不易达到理想效果，如果增稠剂复配使用，增稠剂之间会产生一种黏度叠加效应，这种叠加是可以增效的，混合溶液经过一定时间后，体系的黏度大于各组分黏度之和或者形成更高强度的黏度。

4.6.1.5　增稠剂在肉制品中的作用

目前肉制品中常用的增稠剂有变性淀粉、卡拉胶、瓜尔胶、明胶、海藻酸钠、刺槐豆胶和甲基纤维素等。食品增稠剂应用于肉制品中主要作用有以下几个方面：

（1）保护蛋白作用：肉制品中蛋白包括水溶性蛋白、盐溶性蛋白和硬蛋白，它们都能赋予肉制品良好的口感。但经过长时间加工处理，蛋白质会发生降解或流失，增稠剂可与蛋白质极性部分反应，将蛋白质有效地结合在凝胶体系中，从而对蛋白质起到保护作用。

（2）凝胶保水作用：保水性是肉制品的一个重要要求。如果保水性差，肉制品口感粗糙、切片性差、出品率低。增稠剂有强亲水离子，具有持水性，能将水分牢牢锁住，减少水分流失。

（3）乳化、稳定作用：增稠剂添加到肉制品中，体系黏度会增加，分散相不易聚合，因而可使体系稳定。增稠剂疏水基能与油结合，将油相分解成许多小单位，在水相中形成稳定的亲水胶体，从而达到乳化效果。

（4）被膜作用：增稠剂可用作被膜剂，覆盖于肉制品的表面，形成一层保护膜，保护肉制品不受氧气和微生物影响，起到保质、保鲜和保香的作用。

（5）降低生产成本：增稠剂能吸收几十倍甚至几百倍自身质量的水分，形成的胶体具有一定的弹性和脆度。在肉制品中通过控制原料肉和增稠剂的添加量，不仅可以改善产品的口感，还可以保水、保油、提高出品率，从而还能有效地起到降低生产成本的作用。

4.6.2 肉制品中添加的增稠剂

4.6.2.1 GB 2760—2014 中允许在肉制品中添加的增稠剂(表4-10)

表4-10　GB 2760—2014 中允许在肉制品中添加的增稠剂

序号	来源分类	CNS 号	名称	加工来源	食品应用	最大添加量/(g/kg)
1	动物来源	20.002	明胶	动物的皮、骨、韧带等含的胶原蛋白,经水解后得到的高分子肽	表 A.2	适量添加
2	植物来源	20.041	刺云实胶	经刺云实种子的胚乳研磨加工而成	熟肉制品	10
3		20.045	决明胶	豆科植物决明或小决明种子的胚乳通过萃取所得	肉灌肠类	1.5
4		20.037	沙蒿胶	沙蒿籽中提取所得	肉灌肠类	0.5
5		20.02	亚麻籽胶(又名富兰克胶)	亚麻籽胚芽提炼所得	熟肉制品	5
6		20.008	阿拉伯胶	合金欢树的渗出液制得	表 A.2	适量添加
7		20.025	瓜尔胶	瓜尔豆中提取	表 A.2	适量添加
8		20.023	槐豆胶(又名刺槐豆胶)	刺槐树种子提取	表 A.2	适量添加
9		20.006	果胶	水果、蔬菜以及其他植物的细胞膜中提取	表 A.2	适量添加
10	微生物来源	20.042	可得然胶	微生物发酵提取	熟肉制品	适量添加
11		20.009	黄原胶(又名汉生胶)	黄单胞菌培养发酵提取纯化所得	表 A.2	适量添加
12	海藻类来源	20.004	海藻酸钠(又名褐藻酸钠)	海藻提取所得	表 A.2	适量添加
13		20.005	海藻酸钾(又名褐藻酸钾)	海藻提取所得	表 A.2	适量添加
14		20.007	卡拉胶	红海藻提取所得	表 A.2	适量添加
15		20.001	琼脂	海藻提取所得	表 A.2	适量添加
16	其他来源	20.024	β-环状糊精	淀粉经酸解环化产生的产物	熟肉制品	1
17		20.022	聚葡萄糖	化学合成	肉灌肠类	适量添加
18		18.001	硫酸钙(又名石膏)	化学合成	肉灌肠类	3.5
19		18.011	α-环状糊精	化学合成	表 A.2	适量添加

续表

序号	来源分类	CNS 号	名称	加工来源	食品应用	最大添加量/(g/kg)
20	其他来源	18.012	γ-环状糊	化学合成	表 A.2	适量添加
21		02.005	微晶纤维素	化学合成	表 A.2	适量添加
22		20.043	甲基纤维素	化学合成	表 A.2	适量添加
23		20.027	结冷胶	化学合成	表 A.2	适量添加
24		20.036	聚丙烯酸钠	化学合成	表 A.2	适量添加
25		20.028	羟丙基甲基纤维素（HPMC）	化学合成	表 A.2	适量添加
26		20.003	羧甲基纤维素钠	化学合成	表 A.2	适量添加
27		20.026	脱乙酰甲壳素（又名壳聚糖）	化学合成	肉灌肠类	6.0

注　表 A.2 见 GB 2760—2014。

4.6.2.2　肉制品中常用的增稠剂（表4-11）

表 4-11　肉制品中常用的增稠剂

序号	来源分类	CNS 号	名称	物理状态	水溶性	pH 值影响	温度影响
1	动物来源	20.002	明胶	无色到淡黄色透明或半透明的薄片或粉粒	在冷水中吸水膨胀,易溶于热水	pH=5 时,溶液黏度最小,随着溶液 pH 值的增大或减小,溶液黏度会先增大后减小	加热可溶解成胶体,冷却 35～40℃ 以下,成凝胶状;长时间煮沸,冷却后不再形成凝胶
2	植物来源	20.041	刺云实胶	白色至黄白色粉末	溶于水	pH>4.5 时,相对稳定	充分水化后达到最大黏度,再经过加热,随温度升高而黏性降低
3		20.025	瓜尔胶	白色至微黄色的自由流动粉末	溶于水	pH 4.0～10.0 范围内,溶液黏度稳定	随温度升高,黏度降低
4		20.023	槐豆胶（又名刺槐豆胶）	白色或微黄色粉末	冷水中能分散,部分溶解	pH 3.5～9.0 范围内,溶液黏度稳定;pH 值小于3.5 或大于9.0,黏度降低	80℃ 以下加热,随温度升高,黏度升高;60℃ 为最佳加热温度

序号	来源分类	CNS号	名称	物理状态	水溶性	pH值影响	温度影响
5	微生物来源	20.042	可得然胶	白色晶体	不溶于水	pH 2.0~10.0范围内,能形成良好凝胶	热稳定性好
6		20.009	黄原胶（又名汉生胶）	浅黄色至白色可流动粉末	易溶于冷水、热水	pH 5~10范围内,黏度基本不受影响	10~80℃范围内,黏度基本不变化
7	海藻类来源	20.004	海藻酸钠（又名褐藻酸钠）	白色或淡黄色粉末	溶于水	pH 5.0~9.0范围内,溶液黏度稳定	加热至80℃以上时,黏度降低
8		20.007	卡拉胶	白色或浅褐色颗粒或粉末	都溶于热水,部分溶于冷水（如K-型）	酸性环境下加热易发生酸水解,凝胶强度和黏度下降	常温可凝胶,具有热可逆性,长时间加热凝胶强度降低
9	其他来源	20.043	甲基纤维素	白色或类白色纤维状或颗粒状粉末	溶于水	pH 3.0~11.0,相对稳定	50~70℃可形成凝胶,冷却时熔化
10		20.003	羧甲基纤维素钠（简称CMC-Na）	白色纤维状或颗粒状粉末	易溶于冷水或热水	pH值大于10.0时,黏度降低;pH 2.0~10.0时,黏度稳定;pH值低于2.0时,会形成沉淀	随温度升高,黏度降低

4.6.3　肉制品中常用增稠剂介绍

4.6.3.1　卡拉胶

（1）卡拉胶简介:卡拉胶是由半乳糖及脱水半乳糖所组成的多糖类硫酸酯的钙、钾、钠、铵盐。卡拉胶是一种天然高分子化合物,没有一定的分子量,食品级卡拉胶的数均分子量为20万D。由于其中硫酸酯结合形态的不同,主要有7种类型:K-型、ι-型、λ-型、Y-型、V-型、ξ-型、μ-型,工业主要生产和使用的是前三种（图4-10）。K-型可以在水中形成可逆的、硬的、脆的凝胶,ι-型可以形成热可逆、柔软和有弹性的凝胶,λ-型不会形成凝胶,但有增稠作用,因此肉制品中常用K-型。根据提取工艺的不同,卡拉胶又分为精制和半精制两种,肉制品常用的为精制卡拉胶。

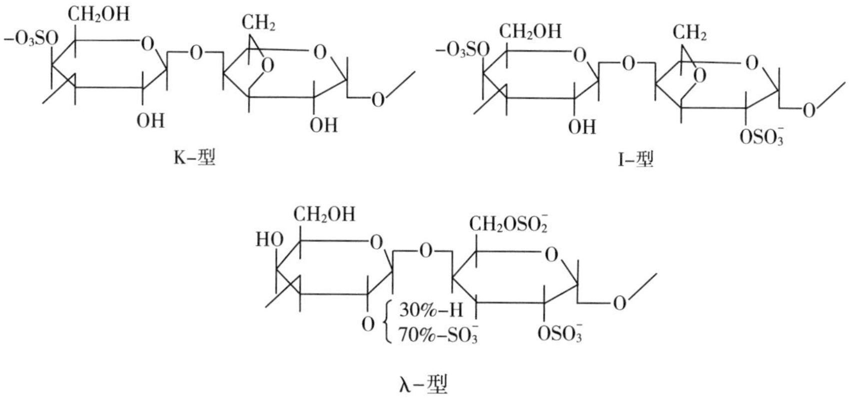

图 4-10　不同卡拉胶结构式

（2）卡拉胶的三大特点：

①蛋白反应性：卡拉胶有硫酸酯基团，带强电负性，能和蛋白质的极性基团反应。因此卡拉胶在不同浓度下，可与不同的蛋白进行反应，在肉制品中能和肉、盐溶蛋白结合，形成网络结构，保水赋型。

②凝胶性：卡拉胶在魔芋胶和氯化钾的作用下，有极强的凝胶性能，因此在肉制品中能和盐溶蛋白结合增强蛋白的凝胶性能，赋予肉制品良好的口感。

③增稠性：卡拉胶的增稠性相对较弱，这反而适合注射型肉制品要求的低黏度的特点。

因以上性能，产品最终加热处理后，肉蛋白受热变性凝固形成网络结构，卡拉胶的硫酸基团端和肉蛋白作用，多羟基端和水作用，彼此发生凝胶作用，能有效地提高蛋白的网络结构强度，牢固地将水分锁定在网络中，增加保水性和黏结性。

（3）卡拉胶的复配性能：卡拉胶虽有胶凝、增稠等优良特性，但卡拉胶在形成凝胶时，存在脆性大、弹性小、易脱液收缩等问题，因此卡拉胶协同作用的研究对于卡拉胶在食品中的应用十分重要。

①卡拉胶与槐豆胶的复配性能：卡拉胶为凝胶多糖，槐豆胶为非凝胶多糖，但两者混合可以得到凝胶，这是两种多糖分子间相互作用的结果。常用的 K-型卡拉胶单体可形成强而脆的胶体，但其收缩脱水性在很多应用中会带来不利，当其与槐豆胶复配使用时，卡拉胶的双螺旋结构与槐豆胶的无侧链区之间的强键合作用，使生成的凝胶具有更高的强度。试验证明，两种胶的比例达 1∶1 时，凝胶的破裂强度相当高，可产生相当好的可口性。

②卡拉胶与魔芋胶的复配性能：魔芋胶和 K-型卡拉胶都是食品工业常用的胶凝剂，但前者的浓度必须在 2%以上，pH>9 即强碱性条件下才能形成凝胶。除了用量大之外，应用于碱性食品常有咸味和涩味，口感欠佳。将卡拉胶与魔芋胶进行复配使用，在中性偏酸的条件下，可以形成对热可逆的弹性凝胶，且所形成的凝胶还具有所需胶凝剂用量少、凝胶强度高、析水率低等特点。

③卡拉胶与其他胶的复配性能：酰胺化低酯果胶对 K-型卡拉胶的凝胶形成没有显著的影响，但由于它具有良好的持水性，可降低 K-型卡拉胶的使用浓度，并使凝胶柔软可口。另外，黄原胶与 K-型卡拉胶复配使用即可形成较柔软、更有弹性和内聚力的凝胶，同时还具有降低失水收缩作用。

(4)卡拉胶在肉制品中的应用：由于卡拉胶凝胶性强，能增强产品切片性，与原料肉中一价阳离子协同作用强，因此常在烤肉、切片类高档产品中应用。肉制品中卡拉胶一般推荐的使用量为 0.1%~0.6%，合适的使用量取决于肉的质量与含量、期望的结构口感等，既能大大降低蒸煮损失，又能改善肉制品的韧度、成型性和切片性。

在熏煮香肠中添加 0.25%的卡拉胶和不高于 0.4%的磷酸盐可很好地提高香肠质地和保水性。另外，有些低档产品配方肉含量低、添加的水较多，为支撑产品利润和产品结构，卡拉胶的添加量可在 0.6%以上。

4.6.3.2 瓜尔胶

(1)瓜尔胶简介：瓜尔胶是一种水溶性高分子聚合物，其化学名称为瓜尔胶羟丙基三甲基氯化铵。瓜尔胶是黏度最大的胶体，通常作为增稠剂、持水剂，单独或与其他增稠剂复配使用，主要用于以较低成本形成黏稠溶液，有利于改善肉制品的感官品质，降低产品硬度，增强凝胶特性，降低黏度和脆性，改善制品色泽。

(2)瓜尔胶在肉制品中的应用：

①在香肠和其他肉制品中添加瓜尔胶可以改善肠衣的充填性，在制肉糜时迅速结合游离水分，消除烹煮和贮藏期间脂肪和游离水分，改善冷却后产品的坚实度。

②在灌装肉制品中添加瓜尔胶可以提高保水能力，减少脂肪沉淀，降低肉及其辅料在烹煮过程中爆沸，避免开罐后内容物倾倒。

③在各种鱼丸、肉丸类中添加瓜尔胶可提高制品的保水性和良好的组织结构，防止肉汁流失，同时还可增强韧性，使肉丸有良好的低温稳定性，提升口感，延长保质期。

4.6.3.3　海藻酸钠

（1）海藻酸钠简介：海藻酸钠是一种天然高分子多糖，具有优良的增稠性、稳定性、持水性、凝胶性等性能，与原料肉中二价阳离子协同作用强，特别是与钙离子结合后具有不可逆性，同时具有很强的保油效果，并可与多种胶体复配使用，可以有效改善肉制品品质。

（2）海藻酸钠在肉制品中的应用：

①用作肉类黏结剂：海藻酸钠可与钙离子发生凝胶作用，形成的凝胶常用作黏结剂，既可以黏合瘦肉，又可以黏合肥肉，提升产品出品率，与 TG 酶相比可降低成本，常被应用于涮肉片、培根、肉粒等产品。

②用作脂肪替代品：海藻酸钠可与水、脂肪（或鸡皮）、蛋白类粉状物进行合理乳化，然后再添加到肉馅中进行灌制。海藻酸钠应用在香肠中不仅能提高产品的保油性、切片性，同时还可以降低成本，产品在二次杀菌时出水少，提升产品感官；应用在肉丸中可增强产品弹性、耐煮性和抗冻性。

③用作凝胶增脆剂：海藻酸钠与水形成的凝胶具有热不可逆性，在香肠中应用可以增强结构的硬度和脆感。

④用于制作海藻酸钙肠衣：采用特殊规格的高浓度的海藻酸钠溶液，通过环形喷缝喷到 10%氯化钙溶液中形成管状，于 15%甘油和 8%醋酸钙溶液中柔化，可制成海藻酸钙肠衣，替代动物肠衣制作香肠、红肠类制品。

4.6.3.4　羧甲基纤维素钠（CMC-Na）

（1）羧甲基纤维素钠简介：羧甲基纤维素钠是葡萄糖聚合度为 100~2000 的纤维素衍生物，是当今世界上使用范围最广、用量最大的纤维素种类，常被作为乳化稳定剂和增稠剂应用在肉制品中，一般添加量在 0.2%~0.5%。

（2）羧甲基纤维素钠在肉制品中的应用：

①增稠性：在低浓度下可以获得高黏度。可控制食品加工过程中的黏度，同时赋予食品润滑感。

②保水性：降低食品的脱水收缩作用，延长食品货架期。

③乳化稳定性：保持食品品质的稳定性，防止水油分层，在肉制品中常与脂肪类、粉状蛋白和冰水一起制作重组肉，不仅保水保油，还起到降成本作用。

④稳定性：对光、热稳定，耐酸，耐盐，且有一定的抗霉变性能。

⑤代谢惰性：作为食品的添加剂，不会被代谢，在食品中不提供能量。

4.6.3.5　黄原胶

（1）黄原胶简介：黄原胶是一种由假黄单胞菌类发酵产生的单胞多糖，是由

D-葡萄糖、D-甘露糖、D-葡萄糖醛酸、乙酸和丙酸组成的无糖重复单元结构聚合环。黄原胶被誉为"工业味精",是目前世界上生产规模最大且用途最广泛的微生物多糖。黄原胶应用于肉制品香肠中一般添加量在 0.1%~0.3%,火腿中的添加量一般为 1% 左右。

(2)黄原胶在肉制品中的应用:

①黏度高:1%水溶液黏度相当于明胶的 100 倍,可用作良好的增稠剂和稳定剂。

②假塑性:在剪切作用下,黏度会下降,但当剪切力消失时,黏度会立即恢复。

③稳定性:耐热、耐盐、耐酸碱,黏度基本不受影响。

④良好的配伍性:与卡拉胶、瓜尔豆胶和槐豆胶混合均可产生协同作用,混合液的凝胶强度能明显提升。

4.6.3.6 刺槐豆胶(槐豆胶)

(1)刺槐豆胶简介:槐豆胶是由半乳糖和甘露糖单元通过配糖键结合起来的一种大分子多糖聚合物,无臭或略带臭味,分子量大约为 30 万。在食品加工中常与 K-型卡拉胶、瓜尔胶等复配用作增稠剂、保水剂和胶凝剂。刺槐豆胶与卡拉胶、瓜尔豆胶复配能产生"1+1>2"的协同作用;与海藻酸钠复配产生"2>1+1>1"的协同效应;与魔芋胶和罗望子胶复配产生"1+1<1"的拮抗作用。其与卡拉胶最佳复配比例为 4:6,与瓜尔胶最佳复配比例为 1:9。

(2)刺槐豆胶在食品中应用:刺槐豆胶应用于肉制品、西式香肠时,可以改善持水性能以及改进肉食的组织结构和冷冻(熔化)稳定性。刺槐豆胶除了在肉制品中应用,还常与其他胶体复配应用到果冻、冰激凌、膨化食品和面食等。例如,刺槐豆胶与卡拉胶复配可形成弹性果冻;刺槐豆胶、卡拉胶、CMC 复配是良好的冰激凌稳定剂,一般用量 0.1%~0.2%;用于面制品时可以控制面团的吸水效果,改进面团特性及品质,延长老化时间。

4.6.3.7 可得然胶

(1)可得然胶简介:可得然胶是以 β-1,3-糖苷键构成的水不溶性葡聚糖。它的显著特点是其悬浮液同时具有热可逆性和热不可逆性的双重特性,加热温度在 80℃ 以下具有热可逆的特性,超过 80℃ 时就会形成热不可逆的胶体。可得然胶在肉制品中添加量一般为 0.1%~1%,在冻鱼糜制品中添加量一般为鱼糜的 0.7%。

(2)可得然胶在肉制品中的应用:

①热稳定性:肉制品杀菌时,杀菌温度一般都比较高,对产品稳定性要求也

高,可得然胶形成的凝胶即使在 130℃ 也不会改变形态,并且其极限熔化温度会随着浓度和聚合度的提高而提高。

②耐冷冻性:可得然胶的胶体构造不会因冷冻、解冻而发生变化,因此常用作冷冻食品中。

③水、油包容性:可得然胶在形成凝胶过程中能将水或油等物质牢牢锁住,对油脂类表现有极强的吸附性,即便成为脱水的干燥状态,保油率仍可达 80% 以上。

④水分离性:可得然胶被直接用于食品加工时,有时会发生水分离现象,这种现象会随着加热温度的升高而增加,通常可加入淀粉或大豆蛋白达到抑制的作用。

4.7　增稠剂——变性淀粉

4.7.1　定义

变性淀粉也称为改性淀粉,是在原淀粉固有特性的基础上,为改善其性能和扩大应用范围,利用物理方法、化学方法和酶法处理,在淀粉分子上引入新的官能团或改变淀粉分子大小和淀粉颗粒性质,从而改变淀粉的天然性质,使其更适合于一定应用要求而制备的淀粉衍生物,从而拓宽了淀粉在肉制品中应用的范围。

4.7.2　淀粉变性的目的

随着科学技术、生产水平的快速发展,原淀粉的有些性质已不符合新设备、新工艺和新产品的要求,需要改变其性能,保证获得好的应用效果。例如,食品加工越来越多地应用到冷藏、冷冻技术,原淀粉冷冻会发生凝沉、析水、破坏食品胶体结构;通过变性,能提高淀粉冻融稳定性。

通过变性,一是可满足各种工业应用的新要求,如高温杀菌产品(火腿肠、罐头等)使用变性淀粉高温黏度稳定性好,冷冻食品使用变性淀粉冻融稳定性好。二是开辟了淀粉的新用途,扩大应用范围,如纺织上使用羟乙基淀粉、羟丙基淀粉替代血浆;高交联淀粉替代外科手套用滑石粉等。

4.7.3　变性淀粉分类

按照变性淀粉的处理方式,分为以下几类(图 4-11):

(1)物理变性:利用物理方式对原淀粉进行处理,比如利用超高频辐射、机械研磨、湿热等方式对原淀粉进行加工处理,如预糊化(α-化)淀粉、γ射线处理淀粉、超高频辐射处理淀粉、机械研磨处理淀粉、湿热处理淀粉等。

(2)化学变性:用各种化学试剂处理得到的变性淀粉,是利用淀粉分子中醇羟基化学反应,主要有醚化、酯化、氧化、交联等反应得到的变性淀粉。化学变性是最常用的一种淀粉变性方法,其种类最多,用途最广。化学变性根据分子量变化可分两大类:一类是使淀粉分子量下降,如酸解淀粉、氧化淀粉、焙烤糊精等;另一类是使淀粉分子量增加,如交联淀粉、酯化淀粉、醚化淀粉、接枝淀粉等。

(3)酶法变性:指利用各种酶处理淀粉。酶法变性淀粉有α、β、γ-环状糊精、麦芽糊精、直链淀粉等。

(4)复合变性:采用两种或者两种以上处理方法得到变性淀粉,如氧化交联淀粉、交联酯化淀粉等。采用复合变性得到的变性淀粉具有两种变性淀粉的各自优点。

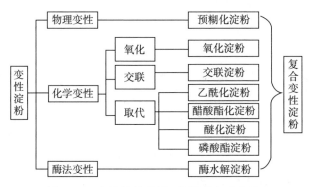

图4-11　变性淀粉分类(按处理方式分类)

4.7.4　常见变性淀粉变性机理及性质

4.7.4.1　预糊化淀粉

天然淀粉颗粒中分子间存在许多氢键,当其在水中加热升温时,首先水分子进入淀粉颗粒的非结晶区,水分子的水合作用使淀粉分子间的氢键断裂,随着温度上升,当非结晶区的水合作用达到某一极限时,水合作用即发生于结晶区,淀粉开始糊化,完成水合作用的淀粉颗粒已失去了原形。若将完全糊化的淀粉在高温下迅速干燥,将得到氢键仍然断裂、多孔、无明显结晶现象的淀粉颗粒,这就是预糊化淀粉。预糊化淀粉能在冷水中分散,称为α-淀粉,而厚淀粉称为β-淀粉。

4.7.4.2　氧化淀粉

组成淀粉的葡萄糖单元上有三个羟基,可利用其氧化反应来使淀粉变性。我国氧化淀粉可用的氧化剂有次氯酸钠、过氧化氢、高锰酸钾、高碘酸等,其中次氯酸钠是最常用的氧化剂。葡萄糖单元上的羟基被氧化成羰基、羧基,并导致分子降解,反应过程是复杂的。氧化淀粉仍保有原淀粉的晶体结构,其偏光十字和 X 射线衍射图样没有发生变化,氧化反应主要在淀粉颗粒的无定形区,氧化淀粉遇碘仍呈现蓝色。

次氯酸钠与淀粉在氢氧化钠溶液中的氧化反应方程式见图 4-12。

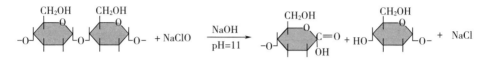

图 4-12　氧化淀粉反应方程式

4.7.4.3　交联淀粉

交联淀粉是由带有两个或两个以上反应基团的交联剂与淀粉的羟基反应,使两个或两个以上淀粉分子交联在一起形成的空间网络结构,所形成的产物叫交联淀粉。目前我国用于交联淀粉的交联剂主要有三聚氧磷、三偏磷酸钠、三聚磷酸钠、环氧氯丙烷、甲醛、二价或三价的混合酸酐等。

(1)三偏磷酸钠与淀粉在氢氧化钠溶液中的交联反应(图 4-13):

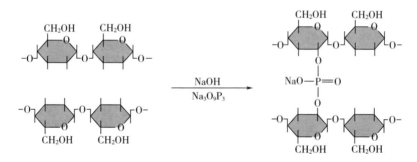

图 4-13　交联淀粉反应方程式

(2)己二酸与淀粉在氢氧化钠溶液中的交联反应(图 4-14):

(3)交联淀粉与原淀粉的黏度对比:从图 4-15 中曲线可以看出,交联淀粉与原淀粉相比,其糊化温度较低,黏度随着交联度增加而增加。原淀粉糊在达到最大黏度后,经进一步加热和搅拌,膨胀的淀粉链之间能够克服氢键力的作用而分散,颗粒的内聚力变得越来越微弱,导致网络结构破裂,引起黏度下降;随着降温,淀粉糊的黏度又有所回升,这是冷却过程中淀粉分子重新缔合造成的。交联淀粉随着交联度的增加,淀粉颗粒的糊化因交联受到了限制,表现为淀粉糊的黏

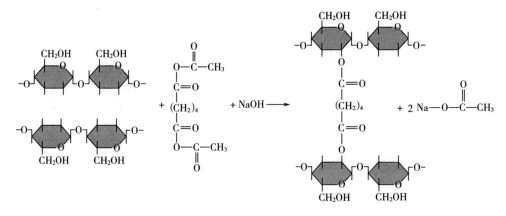

图4-14　交联淀粉反应方程式

度曲线的峰值黏度消失,黏度下降且没有明显峰值出现;降温期间黏度有所上升,但幅度不大。这说明随着交联度进一步提高,淀粉颗粒则因高交联而变成非糊化状态,淀粉颗粒糊化受到较大的抑制。

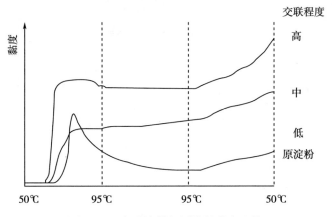

图4-15　交联淀粉与原淀粉黏度比较

4.7.4.4　醋酸酯化淀粉

醋酸酯化淀粉分散在水溶液中成糊后具有极好的稳定性,是迄今为止工业用途最广泛的变性淀粉之一,也是人们研究酯化反应机理较为深入的一个品种。醋酸酐是醋酸酯化淀粉最常用的酯化剂,它可以单独与淀粉作用,也可以在催化剂以及醋酸吡啶、二甲基亚砜和碱溶液的条件下进行乙酰化反应。

(1)醋酸酐与淀粉在氢氧化钠溶液中进行乙酰化反应(图4-16):

(2)醋酸酯化淀粉与原淀粉黏度对比:从图4-17中曲线可以看出,经过乙酰

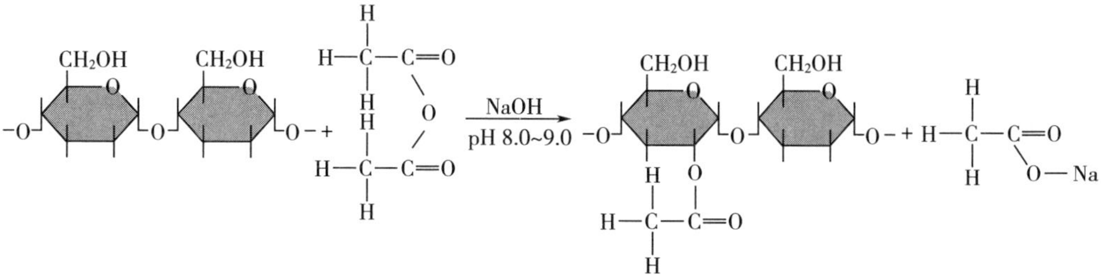

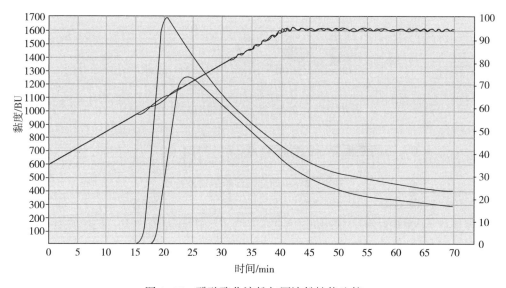

图 4-16　醋酸酯化淀粉反应方程式

化作用的醋酸酯化淀粉与原淀粉相比,黏度和糊化温度有显著变化,这是由于乙酰化取代淀粉葡萄糖单元上的羟基中的氢,淀粉分子结构增大,使分子间距离增大,分子间的氢键受到破坏,结合力减弱,故糊化需要的能量降低,糊化温度也就下降了。醋酸酯化淀粉的性质与乙酰化的程度有密切关系,乙酰化程度越高,其黏度越高、糊化温度越低。

图 4-17　醋酸酯化淀粉与原淀粉性能比较

4.7.4.5　乙酰化二淀粉磷酸酯

交联和乙酰化是常用的淀粉变性手段。淀粉颗粒与三氯氧磷在氢氧化钠溶液内先进行交联反应,生成磷酸酯交联淀粉,然后与乙酸酐在氢氧化钠溶液内进行乙酰化反应得到乙酰化二淀粉磷酸酯淀粉,见图 4-18。交联过程使淀粉在高温和较酸性条件下,仍保持淀粉的黏度稳定性和抗机械剪切的稳定性,但对淀粉糊的透明度有一定的影响。乙酰化使淀粉链上添加乙酰基团,降低了淀粉的糊化温度,提高冻融稳定性和淀粉糊的透明度等特点,但淀粉的耐热、耐酸和耐剪切的能力下降。因此,淀粉经交联和乙酰化的复合变性结合了两种变性的方式的优点。

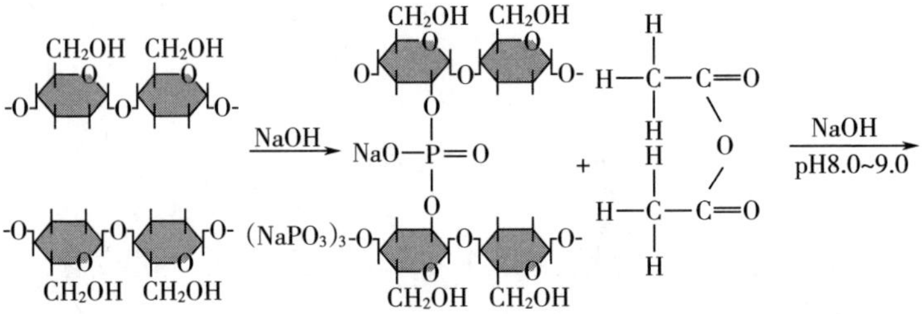

（a）交联反应

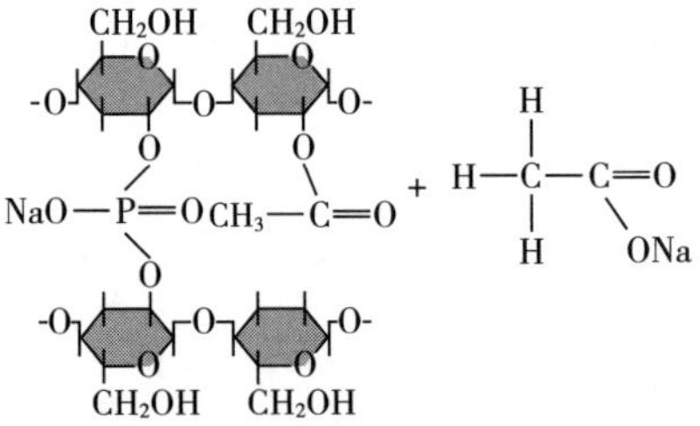

（b）乙酰反应

图4-18　乙酰化二淀粉磷酸酯反应方程式

4.7.4.6　不同变性淀粉的性质特点(表4-12)

表4-12　不同变性淀粉的性质特点

序号	变性途径	分类	性质特点
1	物理变性	预糊化淀粉	冷水可溶形成黏度,无须加热,使用方便
2	化学变性	醋酸酯化淀粉	糊化温度降低,黏度、透明度和保水稳定性提高
3		交联淀粉	耐受能力提高,糊丝短,体态细腻
4		氧化淀粉	黏度降低,成膜性好,凝胶能力增强
5		醚化淀粉	糊化温度降低,黏度升高,抗老化能力提高
6		磷酸酯淀粉	保水能力提高,具有一定的乳化性
7		羧甲基淀粉	强水溶性,溶于冷水,黏稠度高,透明度高
8		酸变性淀粉	热黏度降低,可配制高浓度淀粉糊
9	酶法变性	酶水解淀粉	其糊化、水解和黏度大为降低
10	两种及以上变性	复合变性淀粉	可以综合不同变性方式的优点

4.7.5　变性淀粉生产工艺流程

目前国内制备变性淀粉的生产工艺分为干法和湿法两种。湿法也称为浆法,即将原淀粉分散在水相或其他液相中,配成一定浓度的悬浮液,在一定温度条件下与化学试剂进行氧化、酸化、酯化、醚化、交联等反应而生成变性淀粉。干法指淀粉在少量水(通常在 20%左右)或有机溶剂中,直接与化学试剂混合发生反应生成变性淀粉的方法。

4.7.5.1　湿法工艺

将原淀粉调浆成一定浓度的淀粉乳,然后开始加热、调整 pH 值,并按生成品种要求顺序加入定量的各种化学试剂,用仪器分析测试反应终点以适时终止反应。原料及其浓度、物料比、反应温度、时间和混合搅拌的均匀程度都会影响反应的最终结果。反应结束后变性淀粉中会残留未反应的化学物质和反应副产物,这些杂质必须通过洗涤将其除去。洗涤以后的变性淀粉乳浓度为 34% ~ 38%,需要经过脱水以后才能干燥。与原淀粉相比,离心脱水以后的湿变性淀粉中含水量较高,干燥难度较大。根据工艺及产品类型的不同,常采用气流、流化床或真空干燥机进行干燥。湿法工艺流程见图 4-19。

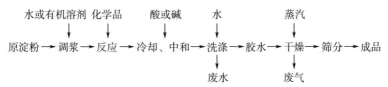

图 4-19　湿法工艺流程

4.7.5.2　干法工艺

传统干法生产变性淀粉流程为将化学试剂用水或有机溶剂稀释后,常温下与原淀粉在混合器内充分混合,混合后物料含水约 40%,然后进行预干燥,将体系水分含量降至 20%以下以防糊化,然后送入反应器进行反应。干法反应温度较高(140~180℃),一般反应 1~4 h。反应结束后,将产品快速冷却,此时物料含水量通常较低,在 1% ~ 3%,需对其进行加湿。干法反应后物料中会存在一些结块产品,经粉碎、筛分后,最终得到变性淀粉。干法工艺流程见图 4-20。

图 4-20　干法工艺流程

4.7.5.3　干法与湿法的比较

(1)湿法反应普遍,几乎任何品种的变性淀粉都可以采用湿法生产;干法则仅适用于少数几个品种,如糊精、酸降解淀粉等。

(2)湿法反应温度温和,常压下不高于60℃;干法反应温度高,通常为140~180℃,有的要在真空条件下进行反应。

(3)湿法反应时间较长,一般为24~48 h;干法反应时间较短,一般为1~4 h。

(4)湿法生产流程长,要经洗涤、脱水、干燥等几个工序;干法流程短,无须进行洗涤、脱水、干燥等工序。

(5)湿法收率低,一般为90%~95%;干法几乎没有损失,收率多在98%以上。

(6)湿法耗水,有污染,通常每吨变性淀粉可产生3~5 t废水;干法几乎不用水,也没有污染排放。

(7)湿法反应器结构简单,可用搪瓷、玻璃钢或钢衬玻璃钢做成,最大可达70 m^3,干法反应器结构复杂,需用特殊材料制成,反应器最大不超过10 m^3。

4.7.6　变性淀粉的来源

变性淀粉的来源主要有马铃薯、蜡质玉米/玉米、木薯、小麦4个种类。与原淀粉相比,大多数变性淀粉具有糊化温度低、透明度高、溶解度高、凝胶性强、冻融稳定性好、黏度高、抗热、抗剪切等特性。

4.7.6.1　马铃薯变性淀粉

马铃薯变性淀粉有很好的透明度、清淡的口感,不含谷物的腥味,口感清爽顺滑,不糊口,黏度比其他淀粉高,具有非常好的抗老化、抗冻、保水等性能。例如,瑞典 Lyckeby 的马铃薯变性淀粉,它的黏度很高,可降低5%~10%的用量而达到相同黏度效果。

4.7.6.2　蜡质玉米/玉米变性淀粉

蜡质玉米变性淀粉几乎不含直链淀粉,膨胀率和淀粉糊液的黏度明显高于普通的玉米淀粉,所以它的糊液稳定性很好,黏度高,不易老化,并且具有透明度高和耐高温等优点。该变性淀粉在调味品、酱料、乳制品等产业应用比较广泛,如调味品行业中的李锦记产品就常用到英国泰莱的蜡质玉米变性淀粉。

4.7.6.3　木薯变性淀粉

木薯变性淀粉广泛应用于各类食品中,包括罐头食品、冷冻食品、焙烤食品、汤料、香肠、奶制品和肉制品等。在生产中作为增稠剂、黏结剂和稳定剂,也是最佳的增量剂、甜味剂和膨润剂。

4.7.7　变性淀粉在肉制品中的应用

变性淀粉相对原淀粉具有耐热、耐酸和较好的黏着性、稳定性、凝胶性及淀粉糊的透明度等优良性质。在弹性、滋味和气味、组织状态及贮藏性方面明显优于普通淀粉，并具有较高的成品率和经济效益。可广泛应用于火腿、烤肉、红肠、肉丸等肉制品的生产。具体如下：

（1）增强产品的口感，减少了肉制品生产中食用胶的用量，使其切片外观光滑、有弹性。

（2）使肉制品在生产过程中的熟制温度降低，也可添加适量的淀粉，能达到肉嫩而且营养成分不被破坏的效果。

（3）抗老化性强，冻融稳定性好，不老化，不析水，可延长货架期。

（4）黏度稳定性好，耐高温，耐剪切，耐酸性强，与任何添加剂配合使用无不良副作用。

（5）乳化性能强，保油性能好，可提高脂肪利用率，代替部分大豆蛋白，降低成本。

（6）吸水性强，能提高新产品出品率，且保水性好，不变质。

4.7.8　变性淀粉状态性质一览表（表4-13）

表4-13　变性淀粉状态性质一览表

类别	名称	工艺	感官状态	耐性、稳定性										应用
				冷热	酸碱	剪切	持水	冻融	成膜	黏度	亲水	凝沉	糊化温度	
食品添加剂	羟丙基二淀粉磷酸酯	复合变性（醚化取代+交联）	糊体细腻、透明		较好	较好	好	较好			好		低	蚝油、色拉酱等；调味乳饮料等
	乙酰化二淀粉磷酸酯	复合变性（交联+乙酰化取代）	糊丝短，糊体细腻透明	好	较好	较好	好	较好	好					海鲜酱、蚝油等调味品；贡丸、鱼丸等速冻制品；高低温肉灌肠制品等
	醋酸酯淀粉	化学变性（乙酰化取代）	糊液透明，透亮度好	好			很好	好	好	高		低	低	速冻水饺、云吞、贡丸、鱼丸、春卷、面点等；即食水饺、云吞；高低温肉灌肠制品等

类别	名称	工艺	感官状态	耐性、稳定性										应用
				冷热	酸碱	剪切	持水	冻融	成膜	黏度	亲水	凝沉	糊化温度	
食品添加剂	乙酰化双淀粉己二酸酯	复合变性（乙酰化取代+乙酰化取代）	糊体细腻、透明，持水性好	稳定	好	好		好	很好				高	蚝油、海鲜酱、汤汁酱等调味品；鱼丸、关东煮等速冻制品；罐头、高低温肉灌肠制品等
	磷酸酯双淀粉	化学变性（取代）	糊细腻、透明		好	好	好	较好			良好			速冻水饺、鲜湿面；乳酸饮料；鱼糜制品；肉制品
	羟丙基淀粉	化学变性（取代）	黏度低、流动性好、透明度高	良好	良好			好	很好	高			低	酱油、脆皮炸鸡粉、起鳞炸鸡粉
	氧化淀粉	化学变性（氧化）	黏度低、流动性好、透明度高	耐酸	良好			好	好	高			低	酱油、脆皮炸鸡粉、起鳞炸鸡粉
	酸处理淀粉	化学变性	黏度低、流动性好、透明度极高		良好			好	低			弱	低	酱油、脆皮炸鸡粉、起鳞炸鸡粉
	氧化羟丙基淀粉	复合变性（取代+氧化）	黏度低、流动性好、透明度极高	耐酸				好	低			弱	低	酱油、脆皮炸鸡粉、起鳞炸鸡粉
辅料	预糊化淀粉	物理变性	冷水中溶胀溶解	好	好	好		好	良好					炸鸡粉、色拉酱、速冻食品等肉制品

4.8　防腐剂

　　食品中所含碳水化合物、蛋白质等营养物质比例相对平衡，有利于微生物的生长繁殖，易造成食品腐败。随着食品工业的发展，真空、罐装、气调等多种包装方法，高温、高压、辐照等新型杀菌技术应用于食品保藏，极大地改善了食品的保存效果，但上述杀菌新技术在控制微生物的同时，对食品的色、香、味会产生影响，限制了这些新技术的推广应用，而防腐剂的使用可以克服这些缺点。

防腐剂是指能防止由微生物所引起的食品腐败变质、提高食品保存性能,延长食品保存期的食品添加剂。它应具有显著的杀菌或抑菌作用,并应尽可能具有破坏病原性微生物的作用,但不应该阻碍肠道酶类作用,也不能影响肠道正常有益菌群的活动。

4.8.1　食品防腐剂的分类

按照来源和性质分类,可分为有机防腐剂、无机防腐剂、生物防腐剂。有机防腐剂包括苯甲酸及其盐类、山梨酸及其盐类、对羟基苯甲酸酯类、丙酸盐类等;无机防腐剂主要包括硝酸盐类、二氧化硫(SO_2)、亚硫酸及其盐类等;生物防腐剂主要指由微生物产生的具有防腐作用的物质,如乳酸链球菌素、纳他霉素。

4.8.2　GB 2760—2014 中允许用于肉制品的防腐剂

GB 2760—2014 中可用于食品中的防腐剂有 26 类,可以用于肉制品中的防腐剂有 11 类,详见表 4-14。

表 4-14　GB 2760—2014 中规定可以用于肉制品中的防腐剂

序号	防腐剂名称	CNS	INS	食品分类号	食品名称	最大使用量/(g/kg)	备注
1	单辛酸甘油酯	17.031	—	08.03.05	肉灌肠类	0.5	
2	ε-聚赖氨酸	17.037	—	08.03	熟肉制品	0.25	
3	ε-聚赖氨酸盐酸盐	17.038	—	08.0	肉及肉制品	0.30	
4	纳他霉素	17.030	235	08.03.01	酱卤肉制品类	0.30	表面使用,混悬液喷雾或浸泡,残留量<10 mg/kg
				08.03.02	熏、烧、烤肉类	0.3	
				08.03.03	油炸肉类	0.3	
				08.03.04	西式火腿类(熏烤、烟熏、蒸煮火腿)	0.3	
				08.03.05	肉灌制品(肉灌肠类)	0.3	
				08.03.06	发酵肉制品类	0.3	
5	乳酸链球菌素	17.019	234	08.02	预制肉制品	0.5	
				8.03	熟肉制品	0.5	
				9.04	熟制水产品(可直接食用)	0.5	

序号	防腐剂名称	CNS	INS	食品分类号	食品名称	最大使用量/（g/kg）	备注
6	山梨酸及其钾盐	17.003 17.004	200 202	8.03	熟肉制品	0.075	以山梨酸计
				08.03.05	肉灌肠类	1.5	
				9.03	预制水产品（半成品）	0.075	
				09.03.04	风干、烘干、压干等水产品	1.0	
				9.04	熟制水产品（可直接食用）	1.0	
				9.06	其他水产品及其制品	1.0	
7	双乙酸钠（又名二醋酸钠）	17.013	262ii	8.02	预制肉制品	3.0	
				8.03	熟肉制品	3.0	
				9.04	熟制水产品（可直接食用）	1.0	
8	脱氢乙酸及其钠盐（又名脱氢醋酸及其钠盐）	17.009(i) 17.009(ii)	265 266	8.02	预制肉制品	0.5	以脱氢乙酸计
				8.03	熟肉制品	0.5	
9	硝酸钠 硝酸钾	09.001 09.003	251 252	08.02.02	腌腊肉制品类（如咸肉、腊肉、板鸭、中式火腿、腊肠）	0.5	以亚硝酸钠（钾）计，残留量≤30 mg/kg
				08.03.01	酱卤肉制品类	0.5	
				08.03.02	熏、烧、烤肉类	0.5	
				08.03.03	油炸肉类	0.5	
				08.03.04	西式火腿类（熏烤、烟熏、蒸煮火腿）	0.5	
				08.03.05	肉灌肠类	0.5	
				08.03.06	发酵肉制品类	0.5	
10	亚硝酸钠 亚硝酸钾	09.002 09.004	250 249	08.02.02	腌腊肉制品类（如咸肉、腊肉、板鸭、中式火腿、腊肠）	0.15	以亚硝酸钠计，残留量≤30 mg/kg
				08.03.01	酱卤肉制品类	0.15	
				08.03.02	熏、烧、烤肉类	0.15	
				08.03.03	油炸肉类	0.15	
				08.03.04	西式火腿类（熏烤、烟熏、蒸煮火腿）	0.15	以亚硝酸钠计，残留量≤70 mg/kg
				08.03.05	肉灌肠类	0.15	以亚硝酸钠计，残留量≤30 mg/kg
				08.03.06	发酵肉制品类	0.15	
				08.03.08	肉罐头类	0.15	

序号	防腐剂名称	CNS	INS	食品分类号	食品名称	最大使用量/(g/kg)	备注
11	丙酸钙	—	—	08.02.01	调理肉制品（生肉添加调理料）	3	—
				08.03.02	熏、烧、烤肉类	3	

注　同一功能的食品添加剂(着色剂、防腐剂、抗氧化剂)在混合使用时,各自用量占其最大使用量的比例之和不应超过 1。

4.8.3　肉制品中常见微生物

肉的营养物质丰富,是微生物生长的良好培养基,如果控制不当很容易引起污染,导致腐败变质,从而缩短货架期。根据进化水平和各种性状上的差别,可把这些微生物粗略地分为细菌、真菌。

4.8.3.1　肉制品中常见的细菌

细菌(bacteria)是一类细胞细短(直径约 0.5 μm,长度 0.5~5 μm)、结构简单、细胞壁坚韧、多以二分裂繁殖和水生性较强的原核生物。已发现肉中的细菌主要是革兰氏阳性需氧菌,同时也有少量革兰氏阴性兼性厌氧菌(表 4-15)。

表 4-15　肉中常见的细菌

革兰氏阳性菌属		革兰氏阴性菌属	
芽孢杆菌属	*Bacillus*	假单胞菌属	*Pseudomonas*
梭菌属	*Clostridium*	埃希氏菌属	*Escherichia*
微球菌属	*Micrococcus*	沙门氏菌属	*Salmonella*
葡萄球菌属	*Staphylococcus*	变形杆菌属	*Proteus*
链球菌属	*Streptococcus*	肠杆菌属	*Enterobacter*
片球菌属	*Pediococcus*	弯曲杆菌属	*Campylobacter*
乳杆菌属	*Lactobacillus*	耶尔森氏菌属	*Yersinia*
明串球菌属	*Leuconostoc*	气单胞菌属	*Aeromonas*
李斯特氏菌属	*Listeria*	柠檬酸细菌属	*Citrobacter*
索丝菌属	*Brochothrix*	弧菌属	*Vibrio*
肠球菌属	*Enterococcus*	志贺氏菌	*Shigella*

(1)主要腐败性细菌:引起肉类腐败的细菌很多,主要包括假单胞菌属、不动杆菌属、莫拉氏菌属、气单胞菌属、肠杆菌属等。

（2）主要致病性细菌：这些细菌一般不会引起肉的腐败，但能传播疾病，造成食物中毒。肉中的致病性细菌主要包括金黄色葡萄球菌、沙门氏菌、单核细胞增生李斯特氏菌、耶尔森氏菌等。

4.8.3.2 肉制品中常见的真菌

真菌是真核微生物，个体较细菌大。细胞结构也比细菌发达，遗传物质被核膜与细胞质隔开。细胞壁的主要物质为甲壳质。所有的真菌都为化学异养型，需要依赖碳水化合物等有机物生存。

依据它们的繁殖方法、结构和生活方式，真菌主要分为酵母菌和霉菌。

（1）酵母菌：酵母是单细胞生物，直径一般为 $2\sim120~\mu m$，较细菌大，无鞭毛，不能游动，形状一般为球状或椭圆状，也有杆状结构。酵母菌生长所需的 A_W 较低，最适 pH 为 4.5~5.0，最适生长温度 20~30℃。在肉与肉制品中主要存在着 5 种酵母菌。

（2）霉菌：霉菌包括所有丝状真菌和接合菌。霉菌是复杂得多细胞生物，通常形成各种类型的孢子。霉菌既可以无性繁殖也可以有性繁殖，即使在同一菌体中两种繁殖方式也可以同时存在，但主要是无性繁殖。其中分生孢子繁殖是无性繁殖中最常见的一种。分生孢子不能运动，较轻，可以借助空气传播。肉中常见的霉菌及它们产生的毒素见表 4-16。

表 4-16 肉中常见的霉菌及它们产生的毒素

霉菌种类		毒素类型	
黄曲霉	*Aspergillus flavus*	黄曲霉毒素	*Aflatoxin*
鲜绿青霉	*Penicillium viridicatum*	赭曲毒素	*Ochratoxin*
禾秆镰孢菌	*Fusarium culorum*	单端孢霉烯	*Trichothecene*

4.8.4 肉制品中微生物生长的影响因素

4.8.4.1 pH 值

微生物需要在一定酸碱度下才能正常生长繁殖。pH 对微生物生命活动影响很大。pH 或者氢离子浓度能影响微生物细胞膜上的电荷性质，从而影响细胞正常物质代谢的进行。每种微生物都有自己的最适 pH 和一定的 pH 范围。大多数细菌的最适 pH 为 6.5~7.5。霉菌、酵母菌和少数细菌可在 pH 为 4.0 以下生长，具体见表 4-17。

表 4-17　几种重要微生物生长的 pH 范围

微生物	最低 pH	最高 pH	微生物	最低 pH	最高 pH
霉菌	1.0	11.0	沙门氏菌	4.2	9.0
酵母菌	1.8	8.4	大肠杆菌	4.3	9.4
乳酸菌	3.2	10.5	肉毒梭菌	4.6	8.3
金黄色葡萄球菌	4.0	9.7	产气荚膜梭菌	5.4	8.7
醋酸杆菌	4.0	9.1	蜡样芽孢杆菌	4.7	9.3
副溶血性弧菌	4.7	11.0	弯曲杆菌	5.8	9.1

4.8.4.2　水分活度(A_W)

水分是微生物生长繁殖必需的物质。一般来说,肉品水分含量越高,越易腐败。但微生物的生长繁殖并不取决于肉品的水分总含量,而取决于微生物能利用的有效水分,即 A_W 的大小。A_W 是指食品在密闭容器内的水的蒸汽压力与同温度下纯水的蒸汽压力之比,纯水的 A_W 是 1.0。细菌比霉菌和酵母菌所需的 A_W 高,大多数腐败细菌所需的 A_W 下限为 0.94,致腐酵母菌为 0.88,致腐霉菌为 0.8。降低水分活度的效应是延长微生物的延迟期,降低微生物生长速度。食物中重要微生物所需的最低水分活度见表 4-18。

表 4-18　食物中重要微生物所需的最低水分活度

微生物	A_W	微生物	A_W
肉毒梭状芽孢杆菌 E 型	0.97	乳酸链球菌	0.93
假单胞杆菌	0.97	灰葡萄孢霉	0.93
埃希氏大肠杆菌	0.96	金黄色葡萄球菌	0.86
产气肠杆菌	0.95	棒状青霉菌	0.81
枯草杆菌	0.95	灰绿曲霉	0.7
肉毒梭状芽孢杆菌 A、B 型	0.94	鲁氏酵母	0.62
副溶血性弧菌	0.94	双孢红曲霉	0.61

4.8.5　常用防腐剂及其抑菌机理

一般认为,食品防腐剂对微生物的抑制作用主要是通过影响细胞亚结构而实现,这些亚结构包括细胞壁、细胞膜、与代谢有关的酶、蛋白质合成系统及遗传物质。由于每个亚结构对于菌体而言都是必需的,因此,食品防腐剂只要作用于其中的一个亚结构便能达到杀菌或抑菌的目的。常用防腐剂的简介及作用机理如下。

4.8.5.1 山梨酸及其盐类

(1)理化性质简介:山梨酸(2,4-己二烯酸)是一种直链脂肪族酸,该物质在人体内与天然脂肪酸代谢完全一样,被视作食品安全成分。山梨酸的有效抑菌范围 pH 值≤6.5,活性随着 pH 降低而增强,pH 达到 3 时抑菌作用达到顶峰。解离和未解离形式的山梨酸都有抑菌性,但是未解离酸的抑菌效果是解离酸的10~600 倍。它能够阻止霉菌的生长,而且浓度高达 0.3%(按质量计)时也几乎无味道。

因为山梨酸的溶解度较小,所以食品行业经常使用溶解度较大的山梨酸钾。分子式 $C_6H_7O_2K$,结构简式 CH_3—CH═CH—CH═CH—$COOK$,分子量 150.22,是白色或者类白色的颗粒或者粉末,在空气中容易褐变。

(2)抑菌机理:一是影响微生物细胞中脱氢酶的功能,从而抑制真菌的新陈代谢和生长;二是山梨酸对巯基酶(包括富马酸酶、天冬氨酸酶、琥珀酸脱氢酶和乙酸脱氢酶)产生抑制作用,抑制微生物新陈代谢;三是山梨酸根降低细胞膜质子梯度,减弱甚至消除质子驱动力(PMF),从而抑制氨基酸的转运,最终对微生物的纤维素酶产生抑制,抑制菌体细胞壁形成。

(3)抑菌谱及使用注意:山梨酸钾是一种广谱抗菌剂,能有效地抑制真菌(霉菌、酵母)、好氧性菌、丝状菌的活性,还能抑制肉毒杆菌、葡萄球菌、沙门氏菌等有害微生物的生长繁殖,但对兼性芽孢菌与嗜酸乳杆菌等有益菌几乎无效。

4.8.5.2 乳酸链球菌素(Nisin)

(1)理化性质简介:乳酸链球菌素又称乳链菌肽,是一种由原核细菌乳酸链球菌以蛋白质为原料经发酵提取的一种多肽抗生素物质,由 34 种氨基酸构成的一种多肽物质,分子式 $C_{143}H_{230}N_{42}O_{37}S_7$,相对分子质量 3354.08。乳酸链球菌素在中性或碱性条件下溶解度较小,因此仅对酸性食品有防腐作用。

Nisin 是一种安全的天然食品防腐剂,是目前唯一被允许作为防腐剂在食品中使用的细菌素,可被蛋白水解酶所降解,安全性较高。

(2)抑菌机理:Nisin 是带正电荷的疏水多肽,在一定的膜电位存在下,吸附于敏感菌的细胞膜上,通过 C 末端的作用侵入膜内,形成一个离子性通透管道,导致小分子细胞质成分如钾离子、核苷酸等物质流出、膜电位下降、细胞能量代谢异常和中间代谢物缺乏,影响 RNA、DNA、蛋白质、多糖的合成,最终致使细胞死亡。

一般情况下它不能杀死芽孢,但孢子发芽膨胀时,Nisin 可使细胞质膜中巯基失活,使细胞质如三磷酸腺苷渗出,导致细胞溶解致死。

（3）抑菌谱及局限性：抑制革兰氏阳性菌（葡萄球菌属、芽孢杆菌属、链球菌属等），尤其对产芽孢的细菌如杆菌、肉毒梭菌有强的抑制作用,但对真菌和革兰氏阴性菌基本没有作用,因而只适用于革兰氏阳性菌引起的食品腐败的防腐。Nisin 的作用范围相对较窄,需与其他防腐剂搭配使用。

4.8.5.3　双乙酸钠（Sodium diacetate）

（1）理化性质简介：它是乙酸钠和乙酸分子之间以短氢键相螯合的分子复合物,分子式 $CH_3COONa \cdot CH_3COOH \cdot H_2O$,白色晶体,具有吸湿性及乙酸气味。双乙酸钠主要用作真菌和霉菌抑制剂。在肉类中添加 0.01%~0.04% 的双乙酸钠,可使保存期延长两周以上。

（2）抑菌机理：双乙酸钠含有分子状态的乙酸,可降低产品的 pH。乙酸分子与类酯化合物互溶性较好,可以更有效地穿透微生物的细胞壁,干扰细胞间酶的相互作用,使细胞内蛋白质变性,从而起到抗菌作用。

（3）抑菌图谱及局限性：双乙酸钠是一种广谱、高效、无毒的防腐剂。由于它安全、无毒、无残留、无致癌、无致畸变,被列为国际组织开发的食品防霉保鲜剂。需要注意的是双乙酸钠在自然状态下会缓慢地放出乙酸,可降低产品的 pH 值。

4.8.5.4　单辛酸甘油酯（Monooctyl glyerate）

（1）理化性质简介：单辛酸甘油酯即 C_8MG,是由直链饱和辛酸与甘油 1∶1 作用形成的酯,相对分子质量 218.29,常温下呈液态。它在体内和脂肪一样能代谢分解,无任何不良反应。单辛酸甘油酯在肉制品中添加浓度 0.05%~0.06% 时,对细菌、霉菌、酵母完全抑制,肉灌肠中最大使用量为 0.5 g/kg。

（2）抑菌机理：目前主要有"脂肪酸及其酯类与微生物膜的关系假说""培养基与微生物细胞之间防腐剂的移动平衡"两种假说。总之,它主要是通过抑制细胞对氨基酸、有机酸、磷酸盐等物质的吸收来抑制微生物的生长繁殖。

（3）抑菌谱及局限性：单辛酸甘油酯是一种新型无毒高效广谱防腐剂,对革兰氏菌、霉菌、酵母均有抑制作用。

4.8.5.5　脱氢乙酸及其钠盐

（1）理化性质简介：脱氢乙酸又称脱氢醋酸,简称 DHA,分子式 $C_8H_8O_4$,相对分子质量 168.15,是一种抗菌谱很广的特殊酸。脱氢乙酸对热稳定,在 120℃ 条件下,加热 20 min 其抗菌能力不下降。脱氢乙酸对腐败菌、病原菌都起作用,其抑制霉菌、酵母菌的作用强于对细菌的抑制作用,尤其对霉菌作用最强,是广谱高效的防霉防腐剂。

极低的游离酸含量使其在较广的 pH 范围内有效地抑制微生物,抗菌力随 pH 而变化,不受其他因素影响。用酿酒酵母、产气杆菌、乳杆菌来比较脱氢乙酸及其钠盐的抑菌活性发现,脱氢乙酸钠对同一菌种的抑制效果是脱氢乙酸的 2 倍。在 pH<5.0 时,脱氢乙酸钠对酿酒酵母的抑制效果是苯甲酸钠的 2 倍;对青霉和黑曲霉的抑制效果则在 25 倍以上。

(2)抑菌机理:脱氢乙酸利用离子破壁原理,使离子有效渗透到细胞体内,抑制微生物的呼吸作用。

(3)抑菌谱及局限性:脱氢乙酸是一种广谱的抗菌剂,对酵母菌、霉菌和细菌发育具有较强的抑制作用,尤其是防霉作用不受酸碱度和加热的影响。另外,双乙酸钠对黑曲霉、黑根霉、黄曲霉、绿色木霉的抑制效果优于山梨酸钾,安全性也优于山梨酸钾。

脱氢乙酸及其钠盐对革兰氏阳性菌抗菌效果差。因脱氢乙酸及其钠盐为酸性食品防腐剂,所以对中性食品基本无效。

4.8.5.6 纳他霉素(Natamycin)

(1)理化性质简介:纳他霉素也称游链霉素,是多烯大环内酯类抗真菌剂。分子式 $C_{33}H_{47}O_{13}N$,相对分子质量665.75,熔点280℃,等电点6.5,近白色至奶油黄色结晶粉末,几乎无臭无味。它是一类两性物质,分子中有一个碱性基团和一个酸性基团,在水和极性有机溶剂中溶解度较低,不溶于非极性溶剂,易溶于碱性和酸性水溶液,其转变为胆酸盐后溶解度迅速增加。

纳他霉素对霉菌和酵母菌表现出非常明显的抑制作用,可阻止丝状真菌中黄曲霉毒素的形成,最小抑菌浓度均为 0.001 g/L。

(2)抑菌机理:纳他霉素与细胞膜中的胆固醇,特别是麦角固醇这样的固醇类形成复杂的复合物,从而改变细胞渗透性,抑制菌体的生长。

(3)抑菌谱及局限性:已有研究显示,纳他霉素对几乎所有的真菌和酵母都具有抗性,但对细菌和病毒则无效。纳他霉素的低水溶性不利于其抑菌效果,它必须经溶解后扩散到目标物的活性部位,并且和目标物结合才能发挥作用。因此,它很少用于食品内部,常喷洒于食品表面抗菌。

4.8.5.7 月桂酸单甘油酯(Glycerol Monolaurate,GML)

(1)理化性质简介:月桂酸单甘油酯又名十二酸单甘油酯、2,3-二羟基丙醇十二酸酯,分子式 $C_{15}H_{30}O_4$,分子量274.21,外观为鳞片状或者油状、白色或浅黄色的细粒状结晶。它是一种亲脂性的非离子型表面活性剂,是天然存在于母乳和一些植物中的化合物,是一种世界公认的优良食品乳化剂,也是一种安全、高效、广谱的抑菌剂,同时具有良好的抗病毒功能。

GML 具有非 pH 值依赖性,在肠道内不会解离,所以能够在被肝脏降解前发挥抗菌抗病毒的功效。

(2)抑菌机理:GML 具有亲水基团和易溶于生物膜的疏水基团,通过影响细胞壁、细胞膜的通透性和流动性,导致细胞自溶,同时还可以通过抑制酶系活力以及氧的摄入来抑制细胞的呼吸作用、氨基酸进入细胞以及生物大分子的合成来实现。GML 主要通过作用于某些芽孢杆菌的芽孢壁,降低芽孢对热的抗性,抑制芽孢杆菌芽孢萌发,进而抑制芽孢杆菌的活性,提高芽孢杆菌的失活率。

(3)抑菌谱及局限性:GML 对食品中常见的细菌、酵母菌和霉菌均具有较强作用。对细胞壁肽聚糖交联程度高的 G^+ 菌(链球菌属、金黄葡萄球菌、肉毒芽孢杆菌、枯草芽孢杆菌等)、细胞壁由脂寡糖(LOS)组成的幽门 G^- 菌(幽门螺杆菌、嗜血杆菌、沙门氏菌、大肠杆菌等)以及黑曲霉、青霉等真菌和酵母都有较好的抑制作用。GML 缺点是不溶于水,限制了其应用。

4.8.6 各种防腐剂抑菌机理简介、汇总(表4-19)

表4-19 各种防腐剂抑菌机理简介、汇总

序号	防腐剂	抑菌机理	抑菌谱
1	单辛酸甘油酯	抑制细胞对氨基酸、有机酸、磷酸盐等物质的吸收	对细菌、霉菌、酵母菌都有较好的抑制作用
2	山梨酸及其钾盐	阻碍细胞中脱氢酶功能;抑制细胞膜上巯基酶作用;降低胞膜质子梯度	抑制霉菌、酵母、好氧性菌、丝状菌的活性以及肉毒杆菌、葡萄球菌、沙门氏菌等有害微生物的生长繁殖
3	乳酸链球菌素	通过在膜上形成通道,降低膜电位和梯度,导致细胞 内溶物外泄而抑菌	能杀死或抑制 G+菌(葡萄球菌属、芽孢杆菌属、链球菌属等),尤其对产芽孢的细菌有强的抑制作用;对真菌和革兰氏阴性菌基本没有作用
4	双乙酸及其钠盐	降低产品的 pH;乙酸分子干扰细胞间酶的相互作用,导致细胞内蛋白质变性	对霉菌、革兰氏阴性菌有抑制作用
5	脱氢乙酸及其钠盐	利用离子破壁原理,使离子有效渗透到细胞体内,抑制微生物的呼吸作用	对细菌、霉菌、酵母菌都有较好的抑制作用
6	月桂酸单甘油酯	通过影响胞壁、胞膜的通透性和流动性,导致细胞自溶	食品中常见的革兰氏菌、霉菌和真菌均有抑制作用
7	纳他霉素	与胞膜中的胆固醇形成复杂复合物,改变细胞渗透性,抑制菌体生长	对霉菌和酵母菌表现出非常明显的抑制作用,但对细菌无效

4.8.7 防腐剂的应用原则

同一种防腐剂,特别是抑菌效果中等的防腐剂,不仅对不同种的细菌抑制效果不同,而且对于同种不同株的细菌,其抑菌效果也不尽相同,甚至相差很大。对于肉制品研发来说,肉制品营养价值高,容易滋生多种微生物、引起腐败变质。为达到较好的防腐效果,我们需要把不同的防腐剂搭配使用以扩大抑菌谱、增强抗菌效果,基本原则如下:

(1)不超标使用:国家标准限量限范围使用的,避免超标使用,复配防腐剂要符合所有品种限量比例之和小于1。

(2)协同作用:选择同类型防腐剂复配使用,可协同增效、扩宽抑菌谱,避免拮抗作用。

(3)考虑初始菌:结合产品熟制、杀菌工艺和初始菌落情况,合理选择防腐剂复配比例。

(4)考虑产品类型和肠衣材质:根据不同产品包装材质阻隔性不同,合理选择防腐剂复配比例。

4.8.8 几类肉制品中防腐剂的选择

(1)高温 PVDC 肠衣类产品:首选山梨酸钾,在杀菌参数低于 108℃ 时,再考虑添加乳酸钠或者乳酸链球菌素。

(2)低温熏煮火腿类:选乳酸链球菌素、脱氢乙酸钠混合使用。

(3)低温熏煮香肠类:选山梨酸钾、乳酸链球菌素复配使用,在乳化香肠类产品中可以添加适量 GDL。

(4)麦芽糖浆、乳酸钠可以根据使用量添加,常温流通产品中必须添加,常用添加比例:麦芽糖浆 3.2%,乳酸钠 1.8%。

4.8.9 几类常见肉制品中防腐剂的复配比例(表 4-20)

表 4-20 防腐剂的复配比例

产品属性	产品类型	防腐剂复配	比例/%
低温产品	熏煮香肠类	麦芽糖	1.8~4.3
		乳酸钠	0.44~2.4

续表

产品属性	产品类型	防腐剂复配	比例/%
低温产品	熏煮香肠类	葡萄糖酸-δ-内酯	0~0.1
		山梨酸钾	0.09~0.13
		乳酸链球菌素	0.01~0.02
高温产品	熏煮香肠类	山梨酸钾	0.1~0.13
		亚硝酸钠	0.003
	火腿肠类	山梨酸钾	0.13~0.15
		乳酸链球菌素	0~0.01
		亚硝酸钠	0.004

4.9　抗氧化剂

4.9.1　肉制品中添加的抗氧化剂的意义

肉制品中色素和脂质的降解反应,不仅会影响风味,造成营养价值损失,而且会导致食品变质,对人体健康造成危害。对于熟肉制品,热加工会破坏细胞膜而促进脂肪氧化并释放促氧化剂,在冷藏及再加热过程中产生异味及造成营养价值的损失。因而在肉制品生产中,适当地控制氧化是非常必要的,最有效的方法之一是添加食品抗氧化剂。

4.9.2　抗氧化剂的定义

抗氧化剂是一类能防止或延缓油脂或食品成分氧化分解、变质,提高食品稳定性的食品添加剂,在食品加工和贮存过程中添加适量的抗氧化剂可有效地防止食品的氧化变质。

4.9.3　GB 2760—2014 中允许在肉制品中添加的抗氧化剂

GB 2760—2014 中规定食品中可以使用的抗氧化剂一共是 26 种,肉制品中可以使用的抗氧化剂有 15 种,其中需要限量的有 10 种,详细见表 4-21。

表 4-21　GB 2760—2014 中允许在肉制品中添加的抗氧化剂

序号	食品添加剂	食品分类号	食品名称	最大使用量/（g/kg）	备注
1	茶多酚（又名维多酚）	08.02.02	腌腊肉制品类（如咸肉、腊肉、板鸭、中式火腿、腊肠）	0.4	以油脂中儿茶素计
		08.03.01	酱卤肉制品类	0.3	以油脂中儿茶素计
		08.03.02	熏、烧、烤肉类	0.3	以油脂中儿茶素计
		08.03.03	油炸肉类	0.3	以油脂中儿茶素计
		08.03.04	西式火腿类（熏烤、烟熏、蒸煮火腿）	0.3	以油脂中儿茶素计
		08.03.05	肉灌肠类	0.3	以油脂中儿茶素计
		08.03.06	发酵肉制品类	0.3	以油脂中儿茶素计
2	丁基羟基茴香醚（BHA）	08.02.02	腌腊肉制品类（如咸肉、腊肉、板鸭、中式火腿、腊肠）	0.2	以油脂中的含量计
3	二丁基羟基甲苯（BHT）	08.02.02	腌腊肉制品类（如咸肉、腊肉、板鸭、中式火腿、腊肠）	0.2	以油脂中的含量计
4	甘草抗氧化物	08.02.02	腌腊肉制品类（如咸肉、腊肉、板鸭、中式火腿、腊肠）	0.2	以甘草酸计
		08.03.01	酱卤肉制品类	0.2	以甘草酸计
		08.03.02	熏、烧、烤肉类	0.2	以甘草酸计
		08.03.03	油炸肉类	0.2	以甘草酸计
		08.03.04	西式火腿类（熏烤、烟熏、蒸煮火腿）	0.2	以甘草酸计
		08.03.05	肉灌肠类	0.2	以甘草酸计
		08.03.06	发酵肉制品类	0.2	以甘草酸计
5	没食子酸丙酯（PG）	08.02.02	腌腊肉制品类（如咸肉、腊肉、板鸭、中式火腿、腊肠）	0.1	以油脂中的含量计
6	迷迭香提取物及迷迭香提取物（超临界二氧化碳萃取法）	08.02	预制肉制品	0.3	
		08.03.01	酱卤肉制品类	0.3	
		08.03.02	熏、烧、烤肉类	0.3	
		08.03.03	油炸肉类	0.3	
		08.03.04	西式火腿类（熏烤、烟熏、蒸煮火腿）	0.3	
		08.03.05	肉灌肠类	0.3	
		08.03.06	发酵肉制品类	0.3	

序号	食品添加剂	食品分类号	食品名称	最大使用量/(g/kg)	备注
7	特丁基对苯二酚(TBHQ)	08.02.02	腌腊肉制品类(如咸肉、腊肉、板鸭、中式火腿、腊肠)	0.2	以油脂中的含量计
8	植酸(又名肌醇六磷酸),植酸钠	08.02.02	腌腊肉制品类(如咸肉、腊肉、板鸭、中式火腿、腊肠)	0.2	
		08.03.01	酱卤肉制品类	0.2	
		08.03.02	熏、烧、烤肉类	0.2	
		08.03.03	油炸肉类	0.2	
		08.03.04	西式火腿类(熏烤、烟熏、蒸煮火腿)	0.2	
		08.03.05	肉灌肠类	0.2	
		08.03.06	发酵肉制品类	0.2	
9	竹叶抗氧化物	08.02.02	腌腊肉制品类(如咸肉、腊肉、板鸭、中式火腿、腊肠)	0.5	
		08.03.01	酱卤肉制品类	0.5	
		08.03.02	熏、烧、烤肉类	0.5	
		08.03.03	油炸肉类	0.5	
		08.03.04	西式火腿类(熏烤、烟熏、蒸煮火腿)	0.5	
		08.03.05	肉灌肠类	0.5	
		08.03.06	发酵肉制品类	0.5	
10	茶黄素	08.02	预制肉制品	0.3	
		08.03	熟肉制品	0.3	
11	D-异抗坏血酸及其钠盐				可在各类食品中按生产需要适量添加
12	抗坏血酸(又名维生素 C)				
13	抗坏血酸钠				
14	抗坏血酸钙				
15	磷脂				

4.9.4　抗氧化剂作用机理

根据抗氧化剂的作用类型,抗氧化机理可以概括为以下四种:

(1)抗氧化剂发生自身氧化,空气中的氧与抗氧化剂先结合,消耗了食品内部和周围环境中的氧,从而防止食品氧化。此类抗氧化剂有抗坏血酸、异抗坏酸钠等。

（2）抗氧化剂释放出氢原子，与油脂自动氧化反应产生的过氧化物结合，中断连锁反应，阻止氧化过程的继续进行。很多抗氧化剂都属于这一类型，如BHA、BHT、PG、TBHQ、迷迭香提取物、竹叶抗氧化物、甘草抗氧化物、茶多酚等。

（3）通过抑制氧化酶的活性防止食品氧化变质：有些抗氧化剂可以抑制和破坏酶的活性，排除氧的影响，阻止食品因氧化而产生的酶促褐变，减轻食品因此造成的损失。

（4）将能催化、引起氧化反应的物质络合，如抗氧化增效剂能络合催化氧化反应的金属离子等，此类抗氧化剂有植酸等。

4.9.5　抗氧化剂分类

食品的抗氧化剂的分类一般按照溶解性、来源、作用机理、结构进行分类。

（1）按照溶解性分类可分为油溶性抗氧化剂与水溶性抗氧化剂。油溶性抗氧化剂可溶于油脂，对油脂和含油脂的食品具有很好的抗氧化作用，如BHA、BHT、PG、TBHQ。水溶性抗氧化剂可溶于水，用于一般食品的抗氧化作用，如抗坏血酸及其盐类、异抗坏血酸及其盐类、茶多酚、植酸等。

（2）按照来源分类可分为天然抗氧化剂与合成抗氧化剂。天然抗氧化剂指从天然动、植物体或其代谢产物中提取的具有抗氧化能力的物质，如竹叶抗氧化物、甘草抗氧化物、茶多酚、迷迭香提取物、植酸。合成抗氧化剂指经人工合成具有抗氧化能力的物质，如BHA、BHT、PG、TBHQ、抗坏血酸、异抗坏血酸钠。

（3）按照作用机理可分为自由基吸收剂（如TBHQ）、金属离子螯合剂（如植酸）、氧清除剂（如抗坏血酸）、单线态氧淬灭剂（如迷迭香提取物）等抗氧化剂。

4.9.6　肉制品中常用的抗氧化剂

4.9.6.1　抗坏血酸

（1）结构及性质：抗坏血酸分子式 $C_6H_8O_6$，相对分子质量为176.13，白色或略带黄色的结晶或粉末，无臭、味酸；熔点约190℃，极易溶于水（水溶性抗氧化剂），溶于乙醇，呈强还原性。抗坏血酸的稳定性与温度，pH，铜离子和铁离子的含量以及和氧气接触的程度有关，干燥状态下在空气中相当稳定，在 pH 3.4～4.5 时较稳定。

（2）作用机理：抗坏血酸能够还原亚硝酸形成脱氢抗坏血酸，并生成 NO。NO 与肌红蛋白形成亚硝基肌红蛋白（NO-Mb），反应使腌制品呈红色。在肉制品腌制中可以作为一种发色助剂,加速形成均匀、稳定的色泽。

抗坏血酸能够与亚硝酸化学方程式如下:

$$2HNO_3+C_6H_8O_6 \rightarrow 2NO+2H_2O+C_6H_6O_6(脱氢抗坏血酸)$$

(3)应用:

①抗坏血酸应用于肉制品中最重要的特点是与亚硝酸盐共同作用抑制腌制肉中的肉毒杆菌。

②应用于腌制肉制品,抗坏血酸作为发色助剂,0.02%~0.05%的添加量可有效地促进肉红色的亚硝基肌红蛋白的产生,防止肉制品的褪色。

③抑制致癌物质亚硝胺的生成。

④在腌制腊肠的过程中亚硝酸钠与抗坏血酸盐可有效抑制亚硝基二甲胺(NDMA,一种诱导有机体突变的物质)的形成。

4.9.6.2　D-异抗坏血酸及其钠盐

(1)结构及性质:D-异抗坏血酸为抗坏血酸光学异构体,化学性质与维生素C相似,分子式 $C_6H_8O_6$,相对分子质量176.13。D-异抗坏血酸钠,分子式 $C_6H_7NaO_6 \cdot H_2O$,相对分子质量216.12。D-异抗坏血酸钠易溶于水,几乎不溶于乙醇,2%水溶液的pH为6.15~8.0。微量的金属离子、热、光均可以加速其氧化。异抗坏血酸比抗坏血酸耐热性差,但其抗氧化能力约为抗坏血酸的20倍。

(2)作用机理:异抗坏血酸钠可以将三价肌红蛋白还原成二价肌红蛋白,同时将 $NaNO_2$ 还原为 HNO_2,继而产生NO。原料肉中的肌红蛋白能与亚硝酸降解形成的NO结合,生成亚硝基肌红蛋白,因而呈现出鲜红色。通过添加异抗坏血酸钠可使肉制品中亚硝酸盐的使用量及残留量减少,有效地降低亚硝胺的形成。

(3)应用:抗坏血酸和异抗坏血酸能结合肉制品中的氧,同时可钝化金属离子,使食品中的氧化还原电位下降,减少不良氧化物的产生,在肉制品中常用来协助增强亚硝酸盐的护色和防腐效果。在肉制品配方设计中,D-异抗坏血酸钠经验添加量是0.05%。

4.9.6.3　迷迭香提取物

(1)结构及性质:迷迭香,别名艾菊,系唇形科迷迭香属植物。迷迭香提取物又称香草酚酸油胺,为淡黄色、黄褐色粉末或膏状液体,有特殊香味,不易挥发,具有良好的热稳定性。迷迭香抗氧化成分主要为萜类、酚类和酸类物质。在欧洲迷迭香作为食品香料有悠久的历史,现有研究表明迷迭香在防止油脂氧化、保持肉类风味等方面具有明显效果。

(2)作用机理:迷迭香提取物含有多种抗氧化有效成分,因此迷迭香具有广泛、高效的抗氧化性。迷迭香抗氧化机理主要在于其能淬灭单线态氧,清除自由基,切断类脂自动氧化的连锁反应,螯合金属离子和有机酸的协同增效等。

(3)应用:

①添加迷迭香粉末、提取物或精油均能够有效抑制肉和肉制品在贮藏过程中硫代巴比妥酸反应物(TBARS)、己醛等脂质氧化产物的生成。

②有效抑制蛋白质氧化,并较好地保持产品的感官品质,具有良好的护色效果。

③添加迷迭香或其提取物能够有效抑制贮藏过程中肉制品表面致病菌和致腐菌的生长繁殖。国外迷迭香一般在猪肉香肠、法兰克福香肠、萨拉米香肠、肉丸、生鲜肉中使用较为普遍。

4.9.7 抗氧化剂的应用

4.9.7.1 抗氧化剂使用基本原则

(1)本身及分解产物都无毒无害、稳定性好,与食品可以共存,对食品的感官性质(包括色、香、味等)没有影响。

(2)应减少外源性氧化促进剂进入产品,应尽量低温或冷藏保存,防止不必要的光照,尤其是紫外线辐射。

(3)去除产品中内源性的氧化促进剂,避免或减少痕量金属,尤其是铜、铁、植物色素或过氧化物的存在,尽量选用优质原料进行食品加工和制作。

4.9.7.2 抗氧化剂使用的注意事项

每种抗氧化剂都有特殊的化学结构和理化性质,不同的肉制品有不同的性质,所以在使用抗氧化剂时必须进行综合考虑和分析。

(1)充分了解抗氧化剂的性能:由于不同的抗氧化剂对产品的抗氧化效果不同,应充分了解抗氧化剂的性能。如选择人工抗氧化剂简单、易得、含量高、抗氧化能力强,但是天然抗氧化剂更健康。

(2)正确掌握抗氧化剂的添加时机:抗氧化剂只能阻碍氧化作用,延缓食品开始氧化酸败的时间,不能改变已经酸败的结果。因此抗氧化剂应在食品处于新鲜状态和未发生氧化变质之前使用。若添加过迟,在油脂已经反应生成过氧化物后添加,即使抗氧化剂添加量再多,也不能阻断油脂的氧化链式反应,而且被氧化了的抗氧化剂反而能促进油脂的氧化。

4.9.7.3 选择合适的添加量

使用抗氧化剂的浓度要适当,虽然抗氧化剂浓度较大时,抗氧化效果较好,但两者之间并不成正比。由于抗氧化剂的溶解度、毒性等问题,如果添加量过大不仅会造成使用困难,还会引起不良作用。另外如果抗氧化剂使用的剂量较少,在使用时必须要均匀地分散在食品中,才能充分发挥其抗氧化作用。

4.9.7.4　抗氧化剂及增效剂的复配使用

两种或两种以上的抗氧化剂复配,或抗氧化剂与增效剂复配,其抗氧化效果较单独使用某一种抗氧化剂要好得多。使用抗氧化剂的同时复配某些酸性物质,如柠檬酸、磷酸等,能显著提高抗氧化剂的作用效果。这是因为酸性物质对金属离子有螯合作用,使能促进氧化的微金属离子钝化,从而降低氧化作用。

4.10　食品加工助剂

4.10.1　食品加工助剂的定义

食品加工助剂是指有助于食品加工能顺利进行的各种物质,与食品本身无关,如助滤、澄清、吸附、润滑、脱模、脱色、脱皮、提取溶剂,发酵用营养物质等。

4.10.2　使用原则

(1)应在食品加工过程中使用,使用时应具有工艺必要性,在达到预期目的前提下应尽可能降低使用量。

(2)一般应在制成最后成品之前除去,有规定食品中残留量的除外。食品中残留的加工助剂不应对健康产生危害,不应在最终食品中发挥功能作用。

(3)食品加工助剂应符合相应的质量规范要求。如果使用的加工助剂不符合规范要求,或者使用一般的化工产品,往往引起一些有害物(如重金属等)残留。

4.10.3　分类

食品加工助剂分为酶制剂和其他食品工业用加工助剂。酶制剂是指由动物或植物的可食或非可食部分直接提取,或由传统或通过基因修饰的微生物(包括但不限于细菌、放线菌、真菌菌种)发酵、提取制得,用于食品加工、具有特殊催化功能的生物制品。

4.10.3.1　酶制剂

(1)以碳水化合物为底物的酶制剂,包括淀粉酶、果胶酶、纤维素酶等。

（2）以蛋白质类为底物的酶制剂，包括木瓜蛋白酶、氨基肽酶、谷氨酰胺转氨酶等。

（3）以脂肪类为底物的酶制剂，包括脂肪酶、酯酶等。

（4）以其他为底物的酶制剂，包括过氧化氢酶、植酸酶等。

4.10.3.2　其他食品工业用加工助剂

食品工业中还涉及除酶制剂外的其他加工助剂，如澄清剂、螯合剂等。

4.10.4　酶制剂在肉制品加工中的作用

酶在肉制品加工中主要用于嫩化肉类。蛋白酶嫩化肉类的主要作用是分解肉结缔组织的胶原蛋白，促进嫩化。工业上软化肉的方式有两种：一是将酶涂抹在肉的表面或用酶液浸肉，另一种是肌肉注射。酶的软化作用发生在烹煮加热时。此外，蛋白酶还可用于生产牛肉汁、鸡汁等以提高产品回收率。

谷氨酰胺转氨酶是肉制品中应用较为广泛的酶制剂。用于食品工业的谷氨酰胺转氨酶来源于茂原链轮丝菌，为白色至深褐色粉末、颗粒或液体，溶于水，不溶于乙醇。谷氨酰胺转氨酶可以催化蛋白质的交联反应，使蛋白质变性，改善其持水性、水溶性等，广泛用于面制品、肉制品、植物蛋白及水产品等的加工。

4.11　食品用香精、香料

4.11.1　食品香料

（1）食用香料的分类：根据来源可分为天然香料、合成香料两类。

（2）食用香料的特点：

①品种繁多，天然存在于供人类消费的食品中。

②用量极低。

③食用香料是一种自我限量的食品添加剂，消费者接受风味浓淡适度的食品，过量使用香精的食品将无人消费。

4.11.2　食品用香精

食品用香精指赋予食品香味的产品，含有几种甚至上百种食用香料，与一定的溶剂、载体及其他某些食品添加剂混合而成。食品用香精的分类见表4-22。

（1）按剂型分：液体香精、固体香精、膏体香精。

（2）按性能分：水溶性香精、油溶性香精、乳化香精、粉末香精。

（3）按香型分：水果香型、奶香型、肉香型、海鲜香型等。

（4）按组成属性分：天然香精、天然等同香精、人造香精。

（5）按用途分类：饮料香精、糖果香精、焙烤食品香精、肉制品香精、冰品香精、酒用香精等。

表 4-22　香气类型的分类

香型	代表物	香型	代表物
水果香型	甜橙、柠檬、草莓等	肉香型	牛肉、羊肉、鸡肉等
奶香型	奶油、奶酪等	辛香型	桂皮、茴香、胡椒等
坚果香型	核桃、榛子、咖啡等	海鲜香型	鱼、虾、蟹等
花香型	玫瑰、桂花、茉莉花等	其他香型	可乐、雪碧等
蔬菜香型	番茄、黄瓜、芹菜等		

4.11.3　食品用香精对食品的影响

（1）替代作用：直接使用天然原料作为香味来源有困难时，可用香精进行替代。上述情形包括货源短缺、价格居高不下、不符合实际生产工艺。

（2）辅助作用：某些产品虽然本身已具有很好的香气，但由于香气强度不足而需要选用香气与产品相一致的食品用香精来辅助增香，如天然果汁。

（3）赋香作用：有些食品本身没有香气和风味，往往通过香精对食品进行赋香，使其具有一定的香型和香味来迎合消费者或引导消费者，如焦基糖果、冰棍等。

（4）矫味作用：某些食品原料因其特有的异味需要香精来进行成品矫味，便于消费者接受，如鱼腥味、肉膻味、大豆蛋白臭味等。

（5）补充作用：产品的香气由于加工而造成原有香气的损失，添加香精将对产品香气起到一定的补充作用，如果脯、果酱等。

（6）稳定作用：天然产品的香气往往受地理条件、气候环境及人为因素的影响而有所变化，添加香精可以对产品香气标准化，以适应消费者既有的香气印象或先入为主的香气概念，还可以延长产品的货架期。

4.11.4 食品用香精的应用标准

(1)消费者喜好。

(2)符合法规和消费习俗。

(3)香精质量能经受食品加工条件的挑战。

4.11.5 食品用香精应用注意事项

(1)温度和时间:食品用香精都具有一定的挥发性,对必须受热处理的食品,应尽可能在加热或冷却时,或在加工处理的后期添加,尽量减少挥发和热处理带来的损失。

(2)添加顺序:挥发度低的香精先添加,挥发度高的香精后添加,味淡的先添加,味浓的后添加。

(3)体系的pH:食品用香精的理化稳定性与其香原料的组成有关,而香料又根据官能团的不同而具有不同的pH稳定性。对于直接在食品中应用的香料如香兰素和碳酸氢钠接触会变成红棕色并失去香味。

(4)工序的压力参数:无论是加压还是减压,都会改变食品体系的气液平衡,改变香精的浓度,使香气发生变化。

(5)系统的封闭性:在食品加工过程中,香气在开放系统的损失远比密闭系统大,所以应尽量避免食品暴露于开放式环境中,或者避开此工序添加香精。

4.12 常用食品添加剂执行标准

常用的食品添加剂含发(护)色剂、着色剂、水分保持剂、增稠剂、防腐剂、抗氧化剂、食品加工助剂、香精等共14类,合计100多种。表4-23列举了常用的104种食品添加剂的分类和执行标准。

表4-23 常用的104种食品添加剂分类及执行标准

序号	功能分类	添加剂	执行标准
1	发(护)色剂	亚硝酸钾	GB 1886.94—2016 食品安全国家标准 食品添加剂 亚硝酸钾
		亚硝酸钠	GB 1886.11—2016 食品安全国家标准 食品添加剂 亚硝酸钠
		硝酸钾	GB 29213—2012 食品安全国家标准 食品添加剂 硝酸钾
		硝酸钠	GB 1886.5—2015 食品安全国家标准 食品添加剂 硝酸钠
		葡萄糖酸-δ-内酯	GB 7657—2020 食品安全国家标准 食品添加剂 葡萄糖酸-δ-内酯

续表

序号	功能分类	添加剂	执行标准
3	着色剂	赤藓红	GB 17512.1—2010 食品安全国家标准 食品添加剂 赤藓红
		β-胡萝卜素	SN/T 2360.9—2009 进出口食品添加剂检验规程 第 9 部分:着色剂
		诱惑红	GB 1886.222—2016 食品安全国家标准 食品添加剂 诱惑红
		胭脂红	GB 1886.220—2016 食品安全国家标准 食品添加剂 胭脂红
		胭脂红铝色淀	GB 1886.221—2016 食品安全国家标准 食品添加剂胭脂红铝色淀
		高粱红	GB 1886.32—2015 食品安全国家标准 食品添加剂 高粱红
		辣椒橙	GB 1886.105—2016 食品安全国家标准 食品添加剂 辣椒橙
		辣椒红	GB 1886.34—2015 食品安全国家标准 食品添加剂 辣椒红
		胭脂树橙(水溶性)	SN/T 2360.9—2009 进出口食品添加剂检验规程 第 9 部分:着色剂
		栀子黄	GB 7912—2010 食品安全国家标准 食品添加剂 栀子黄
		红曲黄色素	GB 1886.66—2015 食品安全国家标准 食品添加剂 红曲黄色素
		红曲米	GB 1886.19—2015 食品安全国家标准 食品添加剂 红曲米
		红曲红	GB 1886.181—2016 食品安全国家标准 食品添加剂 红曲红(含第 1 号修改单)
		胭脂虫红	SN/T 2360.9—2009 进出口食品添加剂检验规程 第 9 部分:着色剂
		红花黄	GB 1886.61—2015 食品安全国家标准 食品添加剂 红花黄
		焦糖色	GB 1886.64—2015 食品安全国家标准 食品添加剂 焦糖色
		甜菜红	GB 1886.111—2015 食品安全国家标准 食品添加剂 甜菜红
3	水分保持剂	三聚磷酸钠	GB 1886.335—2021 食品安全国家标准 食品添加剂 三聚磷酸钠
		焦磷酸钠	GB 1886.339—2021 食品安全国家标准 食品添加剂 焦磷酸钠
		六偏磷酸钠	GB 1886.4—2020 食品安全国家标准 食品添加剂 六偏磷酸钠
		磷酸	GB 1886.15—2015 食品安全国家标准 食品添加剂 磷酸
		磷酸三钾	GB 1886.337—2021 食品安全国家标准 食品添加剂 磷酸三钾
		磷酸三钙	GB 1886.332—2021 食品安全国家标准 食品添加剂 磷酸三钙
		磷酸三钠	GB 1886.338—2021 食品安全国家标准 食品添加剂 磷酸三钠
		磷酸氢二钾	GB 1886.334—2021 食品安全国家标准 食品添加剂 磷酸氢二钾
		磷酸氢二铵	GB 1886.331—2021 食品安全国家标准 食品添加剂 磷酸氢二铵
		磷酸氢二钠	GB 1886.329—2021 食品安全国家标准 食品添加剂 磷酸氢二钠
		磷酸二氢钙	GB 1886.333—2021 食品安全国家标准 食品添加剂 磷酸二氢钙
		磷酸二氢钾	GB 1886.337—2021 食品安全国家标准 食品添加剂 磷酸二氢钾
		磷酸二氢钠	GB 1886.336—2021 食品安全国家标准 食品添加剂 磷酸二氢钠
		磷酸氢钙	GB 1886.3—2021 食品安全国家标准 食品添加剂 磷酸氢钙
		焦磷酸四钾	GB 1886.340—2021 食品安全国家标准 食品添加剂 焦磷酸四钾

序号	功能分类	添加剂	执行标准
3	水分保持剂	焦磷酸二氢二钠	GB 1886.328—2021　食品安全国家标准　食品添加剂　焦磷酸二氢二钠
		乳酸钠	GB 25537—2010　食品安全国家标准　食品添加剂　乳酸钠(溶液)
4	增稠剂	明胶	GB 6783—2013　食品安全国家标准　食品添加剂　明胶
		刺云实胶	GB 1886.86—2015　食品安全国家标准　食品添加剂　刺云实胶
		瓜尔胶	GB 28403—2012　食品安全国家标准　食品添加剂　瓜尔胶
		槐豆胶(刺槐豆胶)	GB 29945—2013　食品安全国家标准　食品添加剂　槐豆胶(刺槐豆胶)
		可得然胶	GB 28304—2012　食品安全国家标准　食品添加剂　可得然胶
		黄原胶	GB 1886.41—2015　食品安全国家标准　食品添加剂　黄原胶
		海藻酸钠	GB 1886.243—2016　食品安全国家标准　食品添加剂　海藻酸钠(又名褐藻酸钠)
		卡拉胶	GB 1886.169—2016　食品安全国家标准　食品添加剂　卡拉胶(含第1号修改单)
		甲基纤维素	GB 1886.256—2016　食品安全国家标准　食品添加剂　甲基纤维素
		羧甲基纤维素钠	GB 1886.232—2016　食品安全国家标准　食品添加剂　羧甲基纤维素钠
		阿拉伯胶	GB 29949—2013　食品安全国家标准　食品添加剂　阿拉伯胶
		羟丙基二淀粉磷酸酯	GB 29931—2013　食品安全国家标准　食品添加剂　羟丙基二淀粉磷酸酯
		乙酰化二淀粉磷酸酯	GB 29929—2013　食品安全国家标准　食品添加剂　乙酰化二淀粉磷酸酯
		醋酸酯淀粉	GB 29925—2013　食品安全国家标准　食品添加剂　醋酸酯淀粉
		乙酰化双淀粉己二酸酯	GB 29932—2013　食品安全国家标准　食品添加剂　乙酰化双淀粉己二酸酯
		磷酸酯双淀粉	GB 29926—2013　食品安全国家标准　食品添加剂　磷酸酯双淀粉
		羟丙基淀粉	GB 29930—2013　食品安全国家标准　食品添加剂　羟丙基淀粉
		氧化淀粉	GB 29927—2013　食品安全国家标准　食品添加剂　氧化淀粉
		酸处理淀粉	GB 29928—2013　食品安全国家标准　食品添加剂　酸处理淀粉
		氧化羟丙基淀粉	GB 29933—2013　食品安全国家标准　食品添加剂　氧化羟丙基淀粉
		β-环状糊精	GB 1886.180—2016　食品安全国家标准　食品添加剂　β-环状糊精
		预糊化淀粉	GB 38573—2020　预糊化淀粉
5	防腐剂	山梨酸钾	GB 1886.39—2015　食品安全国家标准　食品添加剂　山梨酸钾
		乳酸链球菌素	GB 1886.231—2023　食品安全国家标准　食品添加剂　乳酸链球菌素
		双乙酸钠	GB 25538—2010　食品安全国家标准　食品添加剂　双乙酸钠

序号	功能分类	添加剂	执行标准
5	防腐剂	单辛酸甘油酯	GB 1886.57—2016 食品安全国家标准 食品添加剂 单辛酸甘油酯
		脱氢乙酸钠	GB 25547—2010 食品安全国家标准 食品添加剂 脱氢乙酸钠
		纳他霉素	GB 25532—2010 食品安全国家标准 食品添加剂 纳他霉素
6	抗氧化剂	茶多酚(维多酚)	GB 1886.211—2016 食品安全国家标准 食品添加剂 茶多酚(又名维多酚)
		丁基羟基茴香醚(BHA)	GB 1886.12—2015 食品安全国家标准 食品添加剂 丁基羟基茴香醚(BHA)
		二丁基羟基甲苯(BHT)	GB 1900—2010 食品安全国家标准 食品添加剂 二丁基羟基甲苯(BHT)
		甘草抗氧化物	GB 1886.89—2015 食品安全国家标准 食品添加剂 甘草抗氧化物
		没食子酸丙酯	GB 1886.14—2015 食品安全国家标准 食品添加剂 没食子酸丙酯
		迷迭香提取物	GB 1886.172—2016 食品安全国家标准 食品添加剂 迷迭香提取物
		特丁基对苯二酚(TBHQ)	GB 26403—2011 食品安全国家标准 食品添加剂 特丁基对苯二酚
		植酸(肌醇六磷酸)	GB 1886.237—2016 食品安全国家标准 食品添加剂 植酸(又名肌醇六磷酸)
		竹叶抗氧化物	GB 30615—2014 食品安全国家标准 食品添加剂 竹叶抗氧化物
		茶黄素	GB/T 31740.3—2015 茶制品 第3部分:茶黄素
		D-异抗坏血酸钠	GB 1886.28—2016 食品安全国家标准 食品添加剂 D-异抗坏血酸钠
		抗坏血酸	GB 14754—2010 食品安全国家标准 食品添加剂 维生素C(抗坏血酸)
		抗坏血酸钠	GB 1886.44—2016 食品安全国家标准 食品添加剂 抗坏血酸钠
		磷脂	GB 28401—2012 食品安全国家标准 食品添加剂 磷脂
		维生素E	GB 1886.233—2016 食品安全国家标准 食品添加剂 维生素E
7	加工助剂	谷氨酰胺转氨酶(稀释品)	GB 1886.174—2024 食品安全国家标准 食品添加剂 食品工业用酶制剂
		盐酸	GB 1886.9—2016 食品安全国家标准 食品添加剂 盐酸
		氢氧化钠	GB 1886.20—2016 食品安全国家标准 食品添加剂 氢氧化钠
		松香甘油酯和氢化松香甘油酯	GB 10287—2012 食品安全国家标准 食品添加剂 松香甘油酯和氢化松香甘油酯
		碳酸钠	GB 1886.1—2021 食品安全国家标准 食品添加剂 碳酸钠
		氯化钾	GB 25585—2010 食品安全国家标准 食品添加剂 氯化钾
		氯化钙	GB 1886.45—2016 食品安全国家标准 食品添加剂 氯化钙
8	食用香料	食品用香精	GB 30616—2020 食品安全国家标准 食品用香精

续表

序号	功能分类	添加剂	执行标准
9	乳化剂	单、双硬脂酸甘油酯(油酸、亚油酸、亚麻酸、棕榈酸、硬脂酸、月桂酸)	GB 1886.65—2015 食品安全国家标准 食品添加剂 单,双甘油脂肪酸酯
		蒸馏单硬脂酸甘油酯	GB 15612—1995 食品添加剂 蒸馏单硬脂酸甘油酯
		酪蛋白酸钠(酪朊酸钠)	GB 1886.212—2016 食品安全国家标准 食品添加剂 酪蛋白酸钠(又名酪朊酸钠)
10	酸度调节剂	冰乙酸(冰醋酸)	GB 1886.10—2015 食品安全国家标准 食品添加剂 冰乙酸(又名冰醋酸)
		柠檬酸	GB 1886.235—2016 食品安全国家标准 食品添加剂 柠檬酸
		乳酸	GB 1886.173—2016 食品安全国家标准 食品添加剂 乳酸
		磷酸	GB 1886.15—2015 食品安全国家标准 食品添加剂 磷酸
		柠檬酸钠	GB 1886.25—2016 食品安全国家标准 食品添加剂 柠檬酸钠
11	抗结剂	二氧化硅	GB 25576—2020 食品安全国家标准 食品添加剂 二氧化硅
12	膨松剂	碳酸氢钠	GB 1886.2—2015 食品安全国家标准 食品添加剂 碳酸氢钠
13	甜味剂	木糖醇	GB 1886.234—2016 食品安全国家标准 食品添加剂 木糖醇
		罗汉果甜苷	GB 1886.77—2016 食品安全国家标准 食品添加剂 罗汉果甜苷
14	增味剂	5′-呈味核苷酸二钠	GB 1886.171—2016 食品安全国家标准 食品添加剂 5′-呈味核苷酸二钠
		甘氨酸(氨基乙酸)	GB 25542—2010 食品安全国家标准 食品添加剂 甘氨酸(氨基乙酸)

参考文献

[1]周光宏.肉品加工学[M].北京:中国农业出版社,2008.

[2]高彦祥.食品添加剂[M].北京:中国轻工业出版社,2010.

[3]阚建全.食品化学[M].北京:中国农业大学出版社,2016.

[4]高坂和久.[M].北京:中国轻工业出版社,1990.

[5]李银聪.食品抗氧化剂作用机理及天然抗氧化剂[J].中国食物与营养,2011.

[6]刘胜男.迷迭香及其提取物在食品保鲜中的应用研究进展[J].中国调味品,2019.

[7]张春晖. 食品防腐剂和抗氧化剂在肉制品中的应用[J]. 中国食品添加剂专论综述,2011.

[8]宋忠祥. 异抗坏血酸钠在肉制品中的应用研究[J]. 农产品加工(学刊),2014.

[9]王盼盼. 肉制品加工中使用的辅料——抗氧化剂[J]. 肉类研究,2011.25(3).

[10]邵珠刚. 高端复合磷酸盐的功能与区别[J]. 肉类工业,2015(1):54-55.

[11]郝为民. "磷酸盐"在肉制品中的作用[J]. 黑龙江农业科学,2008(4):101-102.

[12]闫家荫,刘瑞英,康明丽. 复合磷酸盐在肉制品中的应用及研究进展[J]. 农产加工,2020(2):82-84.

[13]BIRLA(博拉)关于实验室鉴定复合磷酸盐质量的方法[J]. 肉类工业,2016(1):39-40.

[14]邵珠刚. 西式低温肉制品加工过程中复合磷酸盐使用要点[J]. 肉类工业,2015(6):40,45.

[15]王未未. 狮子头加工工艺的优化及其乳化凝胶特性的研究[D]. 扬州大学,2017.

[16]周明超. 三种磷酸盐对西式蒸煮火腿质构影响研究[D]. 西北农林科技学,2007.

[17]王令建,张亚佳,孟庆阳,李忠海. 食品中磷酸盐的分布及使用研究进展[J]. 肉类工业,2019(10):43-46.

[18]李维,范佳利,张亚娟,屈云. 食品级磷酸盐的应用研究进展及趋势[J]. 安徽农业科学,2015,43(34):95-96,153.

[19]郭廷. 乳酸钠的生产与应用探讨[C]. 中国食品添加剂生产应用工业协会. 第十一届中国国际食品添加剂和配料展览会学术论文集. 中国食品添加剂生产应用工业协会:中国食品添加剂生产应用工业协会,2007:292-293.

[20]王卫. 乳酸钠及其在肉品生产中的应用[J]. 食品科学,1993(11):13-16.

[21]白炽明,张占超. 乳酸钠在肉类工业中的应用[J]. 肉类工业,1998(10):20-21.

［22］翟海港，王素梅．肉制品水分活度控制［J］．肉类工业，2014（8）：21-23.

［23］胡国华．食品胶的功能性及其选择［J］．中国食品添加剂（增刊），2004.

［24］胡国华．食品胶的复配性能及其在食品工业中的应用［J］．中国食品添加剂（增刊），2003.

［25］杨琴，胡国华．海藻酸钠的复配及在低温肉制品中应用研究［J］．中国食品添加剂，2013（4）:145-148.

第5章 研发涉及的加工工艺

5.1 腌制

5.1.1 腌制定义

腌制是用食盐或食盐为主,添加硝酸钠(或钾)、亚硝酸钠(或钾)、磷酸盐、糖、各种调料以及其他辅料对原料肉进行处理的过程。

5.1.2 腌制的方法(表5-1)

表5-1 不同腌制方法对比

分类	定义	优点	缺点	适用对象
干腌法	将腌制剂涂抹在肉表面或与肉直接混合	操作简单,营养流失少,而且肉块周围盐及发色剂浓度高,易于长时间保存	脂肪易被氧化,腌制周期长	中式火腿、干肠、中式腊肠
湿腌法	预先在容器中配好一定浓度的腌制剂溶液,让腌制剂渗透到肉的内部,直到它的浓度最后和盐溶液的浓度相同的腌制方法	较好地促进肉的成熟,特别是绞后的肉	腌制时间长,微生物的繁殖会导致产品酸败、发酵等	腌制分割肉、肋部肉等
混合腌制法	制剂在少量的水中溶解后与肉混合搅拌均匀的腌制方法	结合了干腌法和湿腌法的优点	—	南京板鸭、西式培根、香肠等
注射腌制法	注射腌制法是在湿腌法的基础上进行腌制,就是预先配制腌制盐水,再利用注射机对肉进行注射,然后静置或滚揉的腌制方法	腌制液分散快,腌制周期短,效率高	成品质量不及干腌制品,风味略差	西式火腿类产品、带骨禽类产品、中式软包装肉制品等块状肉类制品以及含有小肉块的灌肠类制品

5.1.3 腌制的成分及作用(表5-2)

表5-2 腌制的成分及其作用

组分	作用
食用盐	①突出鲜味,肉制品中含有蛋白等具有鲜味的成分,咸、鲜结合才能呈现 ②防腐作用,盐可以通过脱水和渗透压的作用,抑制微生物的生长 ③食盐促进硝酸盐、亚硝酸盐向肌肉深层渗透
硝酸盐和亚硝酸盐	①呈色作用 ②抗氧化作用,延缓腌肉腐败 ③抑制肉毒梭状芽孢杆菌的生成,同时具有抑制其他类型腐败菌的作用 ④改善肉的风味,腌肉形成的风味物质主要为羰基化合物、挥发性脂肪酸、游离氨基酸等
磷酸盐	提高肉的保水性,减少营养损失,增加出品率
抗坏血酸(盐)等	抗氧化作用,减少脂肪氧化
水	作为分散剂使腌制配料分散到肉或肉制品中,补偿热加工的水分损失

5.1.4 腌制过程中的质量控制

(1)食盐的纯度:食盐除氯化钠外还有镁盐和钙盐等杂质,杂质会对终产品的风味、品质有一定的影响,为保证腌制效果,需选用高纯度(NaCl 含量≥97%)食盐。

(2)食盐用量或盐水浓度:根据扩散渗透原理,扩散渗透速度随盐分浓度而异,即干腌时用盐量越多或湿腌时盐水浓度越大,则食盐内渗量越大。食盐渗透到肉表面的量为 $A(mg/cm^2)$,t 为时间,c 为浓度,V 为腌泡液浸泡肉块表面每平方厘米(cm^2)面积的溶液量,在 3℃ 的条件下则有 $logA = 0.4logt + logc + log(2V + 40) - 2.55$ 的定量关系成立。

(3)温度的控制:根据扩散渗透理论,温度越高,扩散渗透越迅速,但是温度升高存在微生物大量繁殖的风险,因此建议腌制温度控制在 0~4℃ 为宜。

(4)空气与光线的控制:

①肉类腌制时,保持缺氧环境,隔离光线有利于 NO 的生成。

②当肉中无还原物质存在时,在 O_2 作用下,肌肉色素就会发生氧化,使肌肉出现褪色现象。

③光线能促进肌肉色素的氧化反应,加速褪色。

因此腌制时对容器内的肉要压实,肉表面应有东西覆盖,腌制间门窗应紧闭,尽量避免空气与光线直接作用在肉面上。

5.2　斩拌

5.2.1　斩拌定义

斩拌是将腌制或未腌制的原料肉配以各种辅料,切割并混合成颗粒细腻、乳化良好的肉糜的过程,制成的肉糜也称肉馅。

5.2.2　斩拌机理

肉中的肌动蛋白和肌球蛋白是嵌在肌肉细胞中的丝状体,肌肉细胞被一层结缔组织所包裹。只要这层膜保持完整,肌动蛋白和肌球蛋白仍被包裹在膜中,就只能结合本身水分,而不能同脂肪、外界添加水相结合,所以必须通过斩拌切开这层膜,以利于结构蛋白碎片游离出来,吸收外加的冰水,并通过吸收水分膨胀形成蛋白凝胶网络,从而包容脂肪,并防止加热时脂肪粒聚集。

5.2.3　斩拌相关环节温度要求(表5-3)

表5-3　斩拌相关环节温度要求

项目	温度要求	备注
原料肉	−2~4℃	斩拌温度过高,就会影响肉馅的弹性,持油持水性能降低,进而导致产品口感发散、析油、析水,最终使产品品质受到影响
辅料	15℃以下	
斩拌环境	15℃以下	
肉馅出锅	8~12℃	

5.2.4　斩拌分类

5.2.4.1　全混合料斩拌

流程如下:

原料、1/3~1/2 冰水　剩余冰水　　　淀粉等其他辅料
　　↓　　　　　　　↓　　　　　　　↓
———高速———肉馅10℃时———出锅

全混合料斩拌是将所有的原料都在斩拌机内用最快刀速进行斩拌,在斩拌

开始时加入 1/3~1/2 的冰水,余下的冰水则在斩拌到肉馅温度 10℃ 左右时缓慢加入,在斩拌过程快要结束时加入淀粉等辅料。

5.2.4.2 分阶段斩拌

流程如下:

备注:干斩拌就是在斩拌开始阶段不加水将腌制好的原料肉进行斩拌。

5.2.5 斩拌时间

5.2.5.1 斩拌时间对产品的影响(表 5-4)

表 5-4 斩拌时间对产品的影响

斩拌时间	影响
时间过短	瘦肉的斩拌时间或斩拌总时间太短,则从肌细胞中释放的盐溶蛋白太少或脂肪分布不均匀,这样会导致产品结构较差,颗粒不匀,系水力下降,制成的肉馅较为粗糙
时间过长	导致固态脂肪质构破坏大,促进脂肪游离外溢,需要更多的封闭式网状结构去包埋它,加热时易产生胶冻和脂肪沉积,导致产品析油

5.2.5.2 工艺斩拌时间的设定

以热狗肠的斩拌为例进行说明:

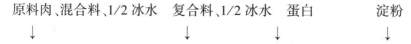

第一步斩拌时间确定的依据是肉馅斩至没有明显的肉颗粒,肉馅颜色呈现淡淡肉红色,温度在 3~5℃,一般以高速为主;

第二步斩拌时间确定以复合料混合均匀为标准,一般以中速为主;

第三步斩拌时间确定以大豆蛋白与肉馅中多余的水分和脂肪充分乳化为标准,肉馅状态细腻有光泽、富有弹性;

第四步斩拌时间确定以淀粉充分混合开为宜,一般使用中低速。

斩拌结束后的肉馅温度在 8~12℃,肉馅细腻有光泽,有弹性,有张力。高速指斩拌刀刀速在 3800 r/min 以上,中速斩拌要求刀速 1500~2500 r/min,低速斩拌刀速要求 500~1000 r/min。

5.2.6　斩拌注意事项

5.2.6.1　斩拌机方面

在生产中应用的斩拌机及斩拌刀在开始工作之前应该检查是否运行正常,部件是否安装正确,刀是否锋利,温度检测设备是否到位,其他机器设备是否保持良好状态。整个斩拌机要保证在安全、卫生状态下运行。

5.2.6.2　原料肉的 pH 值

肉的 pH 值影响肌肉蛋白的持水性。在 pH 值接近肌动球蛋白的等电点 5.4 时,即肌动蛋白中的正电荷被肌肉因死亡而僵直产生的负电荷中和,仅有多余正电荷来保持水分子,此时肌肉的持水性,泡胀性最小。选择 pH 值小于 5.6 的肉为原料会影响肉的黏结性和持水性,直接影响斩拌效果,原料肉 pH 在 5.6~6.0 最佳。因此在斩拌过程中要检测肉馅的 pH 值,以评价肉馅持水性。

5.2.6.3　温度控制

原料肉、辅料温度过高或过低,容易使工作人员误判斩拌程度,实际操作中严格控制,必须分批加入冰水。尤其是在肉馅即将斩拌成形时,再一次性大量加水,是斩拌的大忌。

5.2.6.4　周转

肉糜温度升高至 12℃以上后,环境适宜微生物繁殖,不仅给后面灭菌带来困难,而且微生物大量增殖对产品的流通和保质期带来很大的挑战。

5.3　搅拌

5.3.1　搅拌在肉制品中的作用

搅拌是肉制品中常用的一种加工方式,主要通过控制桨叶转动,使原料肉、辅料和水充分混合,一定时间内使肉馅达到一定的黏稠度,主要适用于颗粒型产品的加工。

5.3.2　肉制品工业生产常用搅拌机

目前肉制品中常用的搅拌机有苏州惠德食品机械有限公司生产的 ZJB-1200L 型和 ZJB-3000L 型,苏州市金星不锈钢制品有限公司生产的 JB1200L 型和 JB3000L 型,嘉兴凯斯不锈钢机械设备有限公司生产的 KJB-1200L 型(图 5-1、图 5-2)和 KJB-3000L 型。

以苏州惠德食品机械有限公司生产的搅拌机为例,搅拌机又分为不带真空和带真空两种。肉制品中常设计的一次搅拌通常不需要抽真空,但二次搅拌需要抽真空,因此肉制品生产中为达到一锅两用,产能最大化,一般选用的都是带真空的搅拌机。真空型搅拌机主要构造包括锅体、锅盖、操作屏、排料口、搅笼(共两个,可以控制搅拌方向)和真空泵。

ZJB1200

图 5-1　搅拌机型号 ZJB-1200L 型

图 5-2　搅拌机内部构造

5.3.3　搅拌注意事项(以 ZJB 型搅拌机为例)

5.3.3.1　搅拌量

生产过程中为保证肉馅的搅拌质量,一般要求肉馅总量不超过搅拌机总容量的 75%,且肉馅不能超过搅拌桨 5 cm。

5.3.3.2　搅拌温度

为控制微生物繁殖和成品出油,肉制品加工对搅拌环境、原料肉、盐水、肉馅等温度都会进行严格控制。搅拌环境要求控制在 12℃ 以下,SB/T 10360—2008 安全肉制品质量认证评审准则中也进行了明确规定。原料肉入锅前温度一般控制在-2~4℃,为控制脂肪颗粒性,低温香肠一般要求鸡皮、肥膘等脂肪物质温度控制在-2~2℃;高温盐水入锅前温度控制在 12℃ 以下,低温注射型盐水控制在 0~4℃;肉馅出锅温度一般控制在 12℃ 以下,肉制品加工中考虑到肉馅周转,通常要求控制在 8℃ 以下。

5.3.3.3　搅拌方向和搅拌速度

搅拌机共有两个搅笼,搅拌方向包括正转、反转、对转、背转。肉制品加工中为保证肉馅混合均匀,一般设计每两分钟变换一次搅拌方向,搅拌速度一般统一设计为 32 r/min。

5.3.3.4　加料时间和加料顺序

为控制肉的颗粒性和肉感强度,防止肉馅过度搅拌,加料时间一般控制在 5 min 以内。加料顺序包括一次搅拌和二次搅拌过程中加料,一次搅拌先加原料肉,再加入腌制混合料和冰水;二次搅拌先加入腌制肉馅,再加入盐水,最后加入蛋白、白砂糖和淀粉。为防止肉馅出现蛋白团和淀粉团,先将三者混合均匀,再进行添加。

5.3.3.5　肉馅真空度控制

为保证肉馅的致密性和充填性,防止成品中有气泡产生,一般会在加完所有料后设置真空度不低于 85%,搅拌 5~20 min 后出锅。

5.3.3.6　搅拌时间

搅拌时间会根据肉制品开发需求进行设定,也会根据搅拌机的大小进行判定。以 ZJB 型搅拌机为例,具体搅拌时间见表 5-5。

表 5-5　不同搅拌机搅拌时间

产品类型	搅拌机容量/L	一次搅拌时间/min	二次搅拌时间/min
高温火腿肠类	1200	10~20	25~35
	3000	15~25	35~45
低温香肠类	1200	8~15	15~25
低温火腿类	1200	20~25(经典形式为一次型搅拌,经腌制后直接灌装)	

从表中数据基本可以看出高温火腿肠类总搅拌时间比低温类产品总搅拌时间要长 15 min 左右,主要是因为高温产品经高温杀菌后容易出油,所以肉馅要保证充分搅拌,将肉馅中水分和油分牢牢锁住。而低温产品对产品的肉感要求比较严,搅拌时间偏长容易破坏肉颗粒的明显度,大锅搅拌时间长,因此一般不选用大锅搅拌。

5.3.4　搅拌良好的判定标准

5.3.4.1　肉馅的黏稠度

用手触摸肉馅,能感觉到肉馅有明显黏稠感,且肉馅黏稠一致为好。

5.3.4.2　肉馅均匀度

肉馅从外观上看整体状态和色泽要保持均匀一致性,不得有淀粉团、蛋白团、色素点等现象存在。

5.3.4.3　肉馅温度

前面讲到为防止微生物滋生和成品出油,肉馅出锅温度要尽量控制在 8℃以下。当肉馅温度高于12℃时,应转至低温环境(一般为0~4℃)进行降温处理,降温时间要控制在4 h以内。

5.4 注射

5.4.1 盐水成分及注射量

注射所用的盐水主要组成成分包括食盐、亚硝酸钠、糖、磷酸盐、抗坏血酸钠及防腐剂、色素、香辛调味料等。按照配方要求,将上述添加剂用0~4℃的软化水充分地溶解并过滤,配制成注射盐水。

盐水的组成和注射量是相互关联的两个因素。在一定量的肉块中注入不同浓度和注射量的盐水,所得制品的产率和制品中各种添加剂的浓度是不同的。盐水的注射量越大,盐水中各种添加剂的浓度应越低,反之,盐水的注射量越小,盐水中各种添加剂的浓度应越大。

5.4.2 注射率影响因素

产品的出品率是肉制品生产管理中的一个重要的指标,也是衡量一个产品生产过程成功与否的重要指标。如果一个产品的成品率高于或低于所设计的预期值,将对最终产品的化学组成和食用品质造成一定程度的伤害。较低的成品率可能是由下述原因造成的:①选用的原料肉品质低劣;②添加的非肉组分的数量有误;③工序间转送的损耗过大;④产品熟制过度;⑤包装前的冷却时间过长等原因。

利用盐水注射机将上述盐水均匀地注射到经修整的肌肉组织中时,所需的盐水量采取一次或两次注射,以多大压力、多快的速度和怎样的顺序进行注射,取决于使用的盐水注射机的类型。盐水注射的关键是要确保按照配方要求,将所有的添加剂均匀、准确地注射到肌肉中。

5.4.3 盐水注射量的计算

在产品生产以前,应当核查几个关键因素,包括设定的盐水注射量、配方中非肉组分的比例和数量、工序转送过程中可能的损耗等。产品生产过程中的配方计算是一个关键的技术过程,有关的计算方法如下。

例如,我们要生产一种含有各种非肉必需组分的、经过盐水注射的熏煮火腿。已知相似产品的蒸煮损失为 15%,冷却损失为 2%。按照有关规定和消费者的接受嗜好,最终产品中的食盐含量为 1.4%,糖含量为 1.5%,水含量为 8.0%;同时,原料肉中磷酸盐的添加量为 0.4%,亚硝酸钠的添加量为 150 mg/kg,异抗坏血酸钠的添加量为 450 mg/kg。

在最终产品中,食盐、糖、和添加水的比例:1.4%+1.5%+8.0%=10.9%。

按照原料肉的重量加入的添加剂的添加量:0.4%+0.015%+0.045%=0.46%。

在最终产品中,上述添加剂所占的比例:(100-10.9)%/(100/0.46+1)=0.408%。

在最终产品中添加组分的比例=10.9%+0.408%=11.308%。

产品出品率为 100/(100-11.308)=112.75。

产品的出品率,每 100 kg 原料肉中应添加的辅料:

食盐:　　　　1.4%×112.75=1.579

糖:　　　　　1.5%×112.75=1.691

磷酸盐:　　　0.4

亚硝酸钠:　　0.015

异抗坏血酸钠:0.045　　　　　　　　合计:3.73

注射量为:112.75/[(1-蒸煮损失)×(1-冷却损失)]-100=35.35

其中水的量为:35.35-3.73=31.62

现在可以计算出盐水中各种成分的量:

水:　　　　　31.62/0.3535=89.448

食盐:　　　　1.579/0.3535=4.467

糖:　　　　　1.691/0.3535=4.784

磷酸盐:　　　0.4/0.3535=1.132

亚硝酸钠:　　0.015/0.3535=0.042

异抗坏血酸钠:0.045/0.3535=0.127　　　　合计:100

按照产品的要求,熏煮火腿中盐水的注射量在 10%~40% 之间。

5.5　滚揉

5.5.1　滚揉机理

滚揉机利用物理性冲击的原理,通过滚揉机里的叶片将原料肉带往高处,然后落下,对肉进行摔打、按摩,使肉的组织结构受到破坏,肉质松弛、纤维断裂从而提升腌制液的渗透速度,使注入的腌制液在肉内均匀分布,从而吸收大量的盐水。滚揉时由于肉块间互相摩擦、撞击和挤压,盐溶性蛋白从原料肉的细胞内析出,并提高肉的黏结性。

(1)物理作用:它是肉块中的能量转化过程,促进了液体介质(盐水)的分布,改善了肉的嫩度,提高了盐溶性蛋白质的提取和向肉块表面的移动,使原来僵硬的肉块软化、肌肉组织松弛、盐水容易渗透和扩散、肉发色均匀,同时起到拌和作用。

(2)化学作用:由于不断滚揉和相互挤压,肌肉里的蛋白质与未被吸收的盐水组成胶体物质。一经加热,此部分蛋白质先凝固,阻止里面的汁液外渗、流失,提高了制品的保水性、黏着性、切片性,改善了产品的品质,也提高了出品率。

5.5.2　滚揉锅分类

滚揉锅分为立式滚揉锅和卧式滚揉锅两种,考虑生产劳效,常用的滚揉锅为卧式滚揉锅,生产厂家多为瑞典高乐、美国挑战者、CFS 等公司。滚揉锅按容量可分为 2600 L、3900 L、7500 L 的滚揉锅;按压力不同又可分为加压滚揉(真空)、变压滚揉、充气(N_2、CO_2)滚揉,真空滚揉较为常用。

5.5.3　滚揉的作用

(1)破坏肉的组织结构,使肉质松软:腌制后、滚揉前的肉块特征为质地较硬(比腌制前还要硬),可塑性差,肉块间有间隙,黏结不牢。滚揉后,原组织结构受破坏,部分纤维断裂,肌肉松弛,质地柔软,可塑性强,肉块间结合紧密。

(2)加速盐水渗透:滚揉前肌肉质地较硬,在低温下很难达到盐水的均匀渗透,通过滚揉,肌肉组织破坏,利于盐水的渗透。

(3)加速蛋白质的提取和溶解:盐溶性蛋白的提取是滚揉的最重要目的。肌肉纤维中的蛋白质—盐溶性蛋白(主要指肌球蛋白)具有很强的保水性和黏结性,只有将它们提取出来,才能发挥作用。尽管我们在盐水中加入很多盐类,提供了一定离子强度,但只是极少数的小分子蛋白溶出,而多数蛋白分子只是在纤维中溶解,不会自动渗透肉体,通过滚揉才能快速将盐溶性蛋白提取出来。

5.5.4　滚揉工艺类型

5.5.4.1　纯滚揉工艺

在加工肉馅过程中只经滚揉设备来促进盐水在肉与肉之间的分布,改善了肉的嫩度,提高盐溶性蛋白的提取和向肉块表面的移动。其特点是增强保水性,改善产品的内部结构,但滚揉耗时长。

5.5.4.2 腌制—滚揉工艺

腌制可使肉呈现良好的色泽,提高肉的保水能力和结合力,改善产品香味、结构,增强肉类风味。将腌制与滚揉工艺结合,有效缩短滚揉时间,稳定肉色,保留风味,提高产品货架期。实际生产中大部分产品采用腌制—滚揉工艺,提高生产劳效。

5.5.4.3 注射—滚揉工艺

通过机械注射可加快腌制液的渗透,促使其分散均匀,再经过滚揉使肌肉组织结构松软,盐溶性蛋白渗出,增加产品出品率,提高产品的嫩度,改善产品的颜色、质构、口感。相比纯滚揉工艺,其优点是腌制液迅速渗入肉的深处,不破坏组织的完整性,能够快速使盐水渗透,提高产品出品率,缩短滚揉时间,为实际生产操作节省劳力。一般低出品率的高档产品采用此工艺。

5.5.5 判断滚揉好的肉馅标准

(1)肉的柔软度:手压肉的各个部位无弹性,手拿肉条一端不能将肉条竖起,上端会自动倒垂下来。

(2)肉块表面被凝胶物均匀包裹,肉块形状和色泽清晰可见。肌纤维破坏,明显有"糊"状感觉,但糊而不烂。

(3)肉块表面很黏,将两小块肉条粘在一起,提起一块,另一块不会瞬间掉下来。

(4)刀切任何一块肉,里外颜色一致。

5.5.6 滚揉过度与滚揉不足

(1)滚揉不足:滚揉时间短,肉块内部肌肉还没有松弛,盐水还没有被充分吸收,蛋白质萃取少,以致肉块里外颜色不均匀,结构不一致,黏合力、保水性和切片性都差。

(2)滚揉过度:滚揉时间太长,被萃取的可溶性蛋白出来太多,在肉块与肉块之间形成一种黄色的蛋白胨。滚揉过度会影响产品整体色泽,使肉块黏结性、保水性变差。黄色的蛋白胨是变质的蛋白质。肉块过于软化可能出现渗水现象,不利于后续加工。

5.5.7 滚揉的技术参数

(1)滚揉时间:滚揉时间并非所有产品都是一样的,要根据肉块大小,滚揉前肉的处理情况,滚揉机的具体情况分析再制定。下面介绍一般滚揉时间计算方式:

$$L = U \times N \times T \quad 即 \quad T = L/(U \times N)$$

式中:U——滚揉锅的周长,$U = \pi R$,R:滚揉锅最大直径,m;

N——转速,r/min;

L——滚揉筒转动的总距离,L 一般为 10~12 km。猪后腿肉滚揉腌制里程一般设置在 6 km 左右;猪肉原料占比高的产品滚揉里程数较鸡肉原料占比高的产品长。

(2)载荷:适当的负荷对达到最佳的滚揉效果是最基本的要求。如果滚筒装载负荷太多,肉块的下落和运动受到限制,在规定的时间达不到预期的效果;装载太少,则肉块下落过多会被撕裂,导致滚揉过度,肉块太软和肉蛋白质的变性,从而影响成品的质量。一般建议按容量的 60% 装载肉馅。滚揉锅装载量越大,滚揉里程数越短,一般以 3 t 锅做界限,里程数相差 5~7 km。

(3)间歇式滚揉:滚揉机的运转不要连续进行,一般的方法是采取间歇滚揉的工艺,即运转 30 min,停止 10 min,直至达到预期的滚揉效果。设备若有反转功能,可采取"正—反—停"间歇滚揉的工艺进行,避免由于摩擦而引起肉温上升,同时也使肉组织不容易受到破坏。

(4)滚揉转速:滚揉速度控制肉块在滚揉机内的下落能力,一般控制在 12~14 r/min。另外,滚揉机应柔和地推挤、按摩、提升和摔落肉块,以达到较好的滚揉效果。

(5)滚揉方向:滚揉机一般都有正、反转功能。滚揉机在卸料前 5 min 反转,以清理出滚筒翅片背部的肉块和蛋白质。

(6)滚揉真空:"真空"状态可促进盐水的渗透,有助于清除肉块中的气泡和针孔,这样在以后的热加工中不致产生热膨现象,破坏产品的结构。但真空度也不宜太高,否则在高真空度下肉块中的水分极易被抽出来。一般真空度要求在 60.8~81.0 kPa。

(7)温度控制:在滚揉过程中,由于肉在锅内不断地摔打、摩擦,肉块温度极易升高。温度超过 8℃ 的产品的结合力、出品率和切片性均会明显下降、容易造成微生物繁殖,从而影响产品的货架期。为提高产品的食用安全性、品质和出品率,生产中常选择 8℃ 以下的滚揉温度。

5.5.8　工艺设定举例

按照以上滚揉技术参数拟设定西式香肠的滚揉工艺如下:

采用外径为 1.8 m 滚揉锅滚揉,总滚揉时间为 240 min(间歇时间不计入滚揉时间),转速为 14 r/min,真空度不得低于 90%。滚揉锅每转 30 min 休息 5 min。先将绞制好的原料肉和配制好的盐水入锅滚揉 180 min 后加入淀粉等干加物,先倒转 5 min,然后正转 25 min,按此程序循环继续滚揉 60 min 出锅,出锅温度控制在 6~8℃。

5.6　乳化

5.6.1　肉制品乳化机理

乳化指两种不易混溶的液体,其中一种液体以小滴状或小球状均匀分散于另一种液体中的过程。脂肪颗粒在肉糜制品稳定的机制中得到普遍认可的是乳化理论和物理包埋理论。

乳化理论认为,肌原纤维蛋白通过疏水作用在脂肪球表面形成界面膜,脂肪颗粒之间不能聚合,从而降低了油水之间的界面张力,并通过蛋白质的亲水性基团将脂肪和水结合在一起。

物理包埋理论认为,蛋白质与水、脂肪之间的相互作用使乳化体系最终形成稳定的三维网状结构,脂肪包埋于蛋白质网络结构中,阻止了汁液的流失。在肉制品的加工过程中,会形成大量的分散脂肪颗粒,这些颗粒与蛋白质发生乳化作用形成乳化滴,作为填充物分散在蛋白质凝胶骨架结构中,降低了凝胶网状结构中的空隙率(图 5-3)。

5.6.2　乳化型肉制品的构成

肉类产品是含有水、蛋白质、脂肪,以及糖等组分的多相体系,含有悬浊液、乳浊液、胶体、真溶液体系。肉类产品在加工中需采用必要的乳化技术保证相对

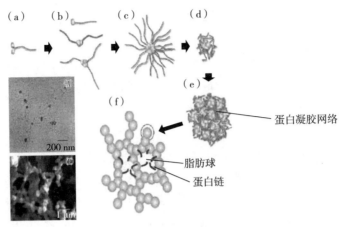

图 5-3　物理包埋理论图

状态的稳定。所谓肉类乳化技术,是指在肉类生产加工过程中,运用添加某种物质如植物性功能蛋白、动物性功能蛋白、乳化剂或制备某种乳化体等,经过冷处理和热处理后可使肉类产品多相体系(含水、油、蛋白质等)处于相对稳定、平衡状态的技术。

乳化型肉制品通常先将原料加工成乳化性肉糜。乳化型肉糜由①蛋白质与盐类的溶液;②蛋白质的胶体溶液;③被水溶性和盐溶性蛋白包围住的脂肪细胞和游离脂肪组成。该体系中分散相是固体或液体的脂肪球,连续相是内部溶解(或悬浮)有盐和蛋白质的水溶液。

5.6.3　肉制品乳化体系的稳定性

在肉糜中,部分蛋白通过降低水和脂肪间的界面张力来维持乳浊液的稳定。乳化的油滴被一层盐溶性蛋白质组成的蛋白膜所包裹,从而保持肉糜乳化物的稳定性。提取出的盐溶性蛋白质越多,肉糜乳化物的稳定性越好。如果乳化的油滴分布不均匀,盐溶性蛋白则不能充分地起到乳化作用;如果乳化的油滴均匀分布,但脂肪球过小,产生巨大的表面积,会导致没有足够的盐溶性蛋白质将油滴覆盖;如果乳化的油滴均匀分布,而且脂肪球大小合适,盐溶性蛋白包在油滴表面并形成稳定的凝胶基质,该乳化体系稳定性较好。

乳化油滴在肉馅中的分布状况能够极大地影响产品品质。蛋白分子在加热熟制的过程形成复杂的空间网络结构,脂肪颗粒随蛋白基质分布其中。在加热过程中,凝胶网络可防止脂肪颗粒的聚集,提高产品的保水保油性。

5.6.4　常见乳化设备参数设定

肉制品生产中常用的乳化设备是以机械剪切力为主的胶磨乳化机。

德国伊诺泰克(INPTEC)乳化机 1225CD-110D 型乳化机参数要求如下：

①三级孔板依次为：4.0 mm、2.0 mm、1.2 mm；

②孔板厚度≥8 mm；

③刀与孔板距离自动推进的时间间隔≤600 s；

④刀的磨损程度≤3.5 mm(以设备显示为准)；

⑤出料速度控制在 15 t/h 以下。

5.6.5　乳化工艺注意事项

(1)肉制品进行乳化前需对原料进行预处理，先对原料肉进行绞制，原料肉绞制前温度应控制在 4℃以下。

(2)为保证达到最佳乳化效果，乳化前原料肉绞制孔板一般为 $\phi6$ mm ~ $\phi8$ mm。在乳化过程中肉颗粒过大会使肉馅温度快速上升，影响产品质量。

(3)生产过程中，物料进行乳化前需先进行搅拌预混，以物料混合均匀为搅拌终点，搅拌出锅温度宜控制在 5℃以下。

(4)肉馅乳化后可根据需要在灌装前抽 60%以上的真空，防止气泡产生。

5.7　杀菌

杀菌是指将病原菌、产毒菌及造成食品腐败的微生物杀死，增强产品保存性。因罐头内允许残留有微生物或芽孢，所以对罐头杀菌的目的是保质期内不引起食品的腐败变质。

5.7.1　肉制品杀菌的分类及简介

肉制品工业中采用的杀菌方法主要有热杀菌和非热杀菌两大类。

5.7.1.1　热杀菌技术

热杀菌技术就是对产品进行热加工的过程，是食品加工与保藏中用于改善食品品质、延长食品贮藏期的最重要的处理方法之一，有着很高的可靠性、简便性、投资小等优点。

肉制品行业热杀菌常用的加热介质有两种：高压饱和蒸汽和热水。

（1）高温杀菌：高温杀菌主要是指用高压杀菌锅通过高温使微生物蛋白质变性、新陈代谢停止而杀死微生物。杀菌温度为104～121℃，主要用于高温结扎类产品杀菌。

高温杀菌优点是杀菌效果好；缺点是易使蛋白质过度变性，产品的质构特性、风味受到较大的破坏，失去固有的风味与营养价值。

（2）中温杀菌：中温杀菌是结合低温巴氏杀菌和高温杀菌的优势，采用100℃左右的杀菌温度，同时采用靶向抑菌技术等，杀灭和抑制产品中细菌营养体和芽孢的生长，从而达到常温保藏的目的。

中温杀菌既可解决低温肉制品保质期短的问题，又解决了高温肉制品品质破坏的问题，具有重要的意义和良好的应用前景。目前低温肉制品特别是方腿类压模产品主要用该种杀菌方法。

（3）微波杀菌：微波杀菌是指食品中的微生物同时受到微波热效应和非热效应的共同作用，使其体内蛋白质和生理活动物质发生变异，而导致微生物生长发育延缓和死亡，达到杀菌目的。

与传统的加热方法相比，微波加热的时间短，可以减少在加热过程中食品营养成分、风味物质损失和质地的劣变。同时微波加热的速度是传统加热方式的3～5倍，因此可以在保证杀菌效果的同时降低产品质量损耗。

5.7.1.2　非热杀菌技术

（1）辐照杀菌：辐照杀菌一般是利用放射性元素发出γ射线或利用电子加速器产生的电子束或X射线，通过空间或媒介发射或传播能量，在一定剂量范围内，杀灭肉制品中的腐败菌、可能存在的病原菌和寄生虫，或抑制肉制品中酶的生物活性，达到杀菌目的。

它的优点是可以在常温下进行，基本不引起肉制品内部温度的升高，能很好地保持肉制品的色、香、味、形等新鲜状态和食用品质；射线的穿透力强，可以杀灭深藏肉中的寄生虫和微生物；无污染、无残留，安全卫生。辐射杀菌适用于不能高温处理或者经高温处理易改变产品外观和品质的肉制品，如休闲食品酱鸡爪等。

（2）超高压杀菌：超高压杀菌是指将食品整个放入液体介质中，施以100～1000 MPa的压力处理的过程。该过程中超高压力的施加，严重破坏微生物的形态学结构和易受攻击的几种成分，如细胞膜、核糖体和酶，达到杀菌的目的。高压杀菌对微生物的作用效果受到多种因素的影响，如压力强度、处理时间和温度、细菌种类和生长阶段等。

它的缺点是细菌附着在食品的某些成分(如蛋白质、脂肪和碳水化合物等)上,这些成分会对细菌形成一定的压力保护。因此,该种杀菌技术只是对细菌细胞产生暂时的抑制,微生物在一定环境条件下会恢复活力。

(3)超声波杀菌:超声波是由一系列疏密相间的纵波构成,并通过液体介质向四周传播。当声能足够高时,在疏松的半周期内,液相分子间的吸引力被打破,形成空化核,它在迅速爆炸的瞬间可产生局部的高温和高压环境,使某些细菌致死、病毒失活,甚至破坏体积较小的一些微生物细胞壁致其死亡。

超声波的出现部分替代了传统食品的热杀菌,但是单独使用超声波不足以使存在于食品中的各种腐败菌和有害酶灭活,超声波结合温和的热处理或压力可以使酶和致病菌失活。

5.7.2 杀菌 F 值的概念

5.7.2.1 实际杀菌 F 值($F_{实}$)

该值表示在某一杀菌条件下的总的杀菌效果。通常是把不同温度下的杀菌时间折算成 121℃的杀菌时间,即相当于 121℃的杀菌时间,用 $F_{实}$ 表示。应特别注意的是,它不是指工人实际操作所花的时间,它是一个理论上折算过的时间。

5.7.2.2 安全杀菌 F 值($F_{安}$)

该值表示在某一恒定温度(通常 121℃为标准温度)下杀灭一定数量的微生物或者芽孢菌所需的加热时间。它是判断某一杀菌条件合理性的标准值,也称标准 F 值,用 $F_{安}$ 表示。

5.7.2.3 二者的关系

$F_{安}$ 可用来作为参照判断杀菌是否满足要求,也是确定杀菌公式中恒温时间的主要依据。$F_{实} \geq F_{安}$,杀菌合理,可有效杀死微生物;$F_{实} < F_{安}$,杀菌不足,易会造成食品腐败,必须延长杀菌时间;$F_{实}$ 远大于 $F_{安}$,杀菌过度,影响食品的色香味形和营养价值,要求缩短杀菌时间。通过比较和调整,就可找到合适的恒温时间。

5.7.3 安全杀菌 F 值的计算

5.7.3.1 $F_{安}$ 的计算公式

微生物热力致死速率曲线的公式如下:

$$F_{安} = D(\lg a - \lg b)$$

式中:D——对象菌的耐热性参数,min;

a——每罐对象菌数/单位体积原始活菌数;

    b——残存活菌数/罐头的允许腐败率。

5.7.3.2　杀菌温度 t

  高温肉制品主要用卧式杀菌锅杀菌,一般采用 $100 \sim 121℃$ 杀菌。低温肉制品主要采用烟熏炉、杀菌方锅、二次杀菌机杀菌,一般采用 $80 \sim 100℃$。罐头类肉制品,一般采用 $121℃$ 杀菌。

5.7.3.3　选择对象菌

  对象菌是腐败的主要微生物,是杀菌的重点对象,其耐热性强,不易杀灭,危害最大。只要杀灭对象菌,其他腐败菌、致病菌、酶也可被杀灭或失活。选定食品中所污染的对象菌的菌数,以及对象菌的耐热性参数 D 值,就可按上面微生物热力致死速率曲线的公式计算安全杀菌 F 值。

  D 值通常指 t 温度($121℃$)下杀灭 90% 的微生物所需杀菌时间,是微生物耐热的特征参数。 D 值越大,微生物的耐热性越强,通常在 D 的右下角标明具体试验温度。常见的 D 值可查阅附表或其他相关文册得知。

5.7.3.4　$F_{安}$ 的计算举例

  某蘑菇罐头,净含量 500 g/罐,通过微生物的检测,选择以嗜热脂肪芽孢杆菌为对象菌,预设罐头在杀菌前含嗜热脂肪芽孢杆菌菌数不超过 3 个/g。经 $121℃$ 杀菌后,在贮运中允许变败率为 0.05% 以下,计算该罐头的安全杀菌 F 值。

  查表得知嗜热脂肪芽孢杆菌的耐热性参数 $D_{121} = 4.00$ min。

  该罐产品中对象菌的个数: $a = 500 \times 3 = 1500$

  允许变败率: $b = 0.05\% = 5 \times 10^{-4}$

$$F_{安} = D_{121}(\lg a - \lg b) = 4.00 \times (\lg 1500 - \lg 5 \times 10^{-4})$$
$$= 4.00 \times (3.176 - 0.699 + 4) = 25.91$$

  由此得到了蘑菇罐头在 $121℃$ 需要杀菌的标准时间为 25.91 min。

5.7.4　实际杀菌 F 值的计算方法及应用

5.7.4.1　$F_{实}$ 值计算公式

  一般用中心温度测定仪先测出杀菌过程中罐头中心温度的变化数据,根据肉制品的中心温度计算 $F_{实}$,把不同温度下的杀菌时间折算成 $121℃$ 的杀菌时间,然后相加起来。

$$F_{实} = t_1 \times L_1 + t_2 \times L_2 + t_3 \times L_3 + t_4 \times L_4 + \cdots$$

  式中: L ——致死率值,某温度下的实际杀菌时间折算为 $121℃$ 杀菌时间的折算系数;

　　t——罐头杀菌过程中某一时间的中心温度(不是指杀菌锅内温度,℃)。

5.7.4.2　Z 值的确定

　　通常 121℃ 下的热力致死时间用 F 表示,右下角注明温度。凡不是注明 $F_实$、$F_安$,均指热力致死时间。

　　Z 值是对象菌的另一耐热性特征参数,嗜热脂肪芽胞杆菌 $Z = 10$℃。在一定温度下杀灭罐头中全部对象菌所需时间为热力致死时间,热力致死时间变化 10 倍所需要的温度变化即为 Z 值。

5.7.4.3　L 值的确定

　　L 值可由热力致死时间公式 $L = 10^{(t-121)/Z}$ 计算得到。该值可在相关资料中查阅。

5.7.4.4　$F_实$ 值的计算举例

　　例 5-1:对象菌的耐热性特征参数 $Z = 10$℃,$F_{121} = 12$ min,求 131℃,111℃,101℃ 的热力致死时间?

　　对 Z 值反过来理解,温度变化 1 个 Z 值,热力致死时间将变化 10 倍。从上面温度看,它们分别是上升了 1 个 Z 值、下降了 1 个 Z 值、2 个 Z 值。因此,上面 F 值应该分别在 121℃ 的基础上下降 10 倍、上升 10 倍、上升 100 倍。即热力致死时间依次为 1.2 min,120 min,1200 min。

　　例 5-2:蘑菇罐头 110℃ 杀菌 10 min,115℃ 杀菌 20 min,121℃ 杀菌 30 min。工人实际杀菌操作时间等于 60 min,求实际杀菌 $F_实$ 值。

　　$L_1 = 10^{(110-121)/10} = 0.079$;$L_2 = 10^{(115-121)/10} = 0.251$;$L_3 = 10^{(121-121)/10} = 1$

　　$F_实 = 10×0.079+20×0.251+30×1 = 35.81$。

5.7.5　设定杀菌温度及时间的考虑因素

　　(1)产品中肉含量的高低:高档产品杀菌温度相对低些,主要为了减少温度对产品色香味的影响。

　　(2)特殊添加物及低价值原辅料的添加情况:考虑其带入微生物的种类及性质,适当提升杀菌保险系数。

　　(3)产品直径:受肠衣口径及规格大小影响,保证产品中心杀菌彻底。

　　(4)包装物的阻隔性:包装物阻隔性低的杀菌温度相对高些。

　　(5)产品贮运流通环境:常温存放的产品杀菌温度及时间相对严格一些,保证产品保质期内不变质。

5.7.6 常见肉制品杀菌温度举例

5.7.6.1 低温产品杀菌参数(表5-6)

表5-6 低温产品杀菌参数

序号	产品类型	包装物类型	净含量	包装形式	杀菌参数经验值	
					蒸煮杀菌温度/℃	杀菌时间/min
1	熏煮香肠类	筒状膜(80 mm 以下)	200~300 g	彩印、贴标	92~95	85~100
		筒状膜(90~110 mm)	301~400 g		92~95	100~140
		筒状膜(120~130 mm)	401~500 g		92~95	120~150
		筒状膜(120~160 mmm)	501 g 以上		92~95	140~200
2	熏煮火腿类	玻璃纸、纤维素肠衣(40 mm 以下)	50~100 g	拉伸膜	88~92	30~40
		玻璃纸、纤维素肠衣(40~50 mm)	101~200 g		85~88	40~80
		玻璃纸、纤维素肠衣(50~70 mm)	201 g 以上		86~88	60~90

5.7.6.2 高温产品杀菌参数(表5-7)

表5-7 高温产品杀菌参数

序号	肉制品类别	肠衣	净含量	杀菌参数经验设置	
				蒸煮杀菌温度/℃	杀菌时间/min
1	火腿肠类	单层 PVDC 肠衣	35 g 以下	120	17~20
			40~50 g		20~22
			100 g 以上		35~38
2	熏煮香肠类	夹层 PVDC 肠衣	30~40 g	105~112	25~32
			41~50 g		30~34
			50~100 g		36~45
			100 g 以上		46~52
3	熏煮淀粉肉肠	单层 PVDC 肠衣	25~30 g	115	17~20
			40~50 g		20~24
			51~100 g		24~30
			100 g 以上		30~35

5.7.7　部分病原细菌的热力致死温度(表 5-8)

表 5-8　部分病原细菌的热力致死温度

病原细菌	致死温度/℃	病原细菌	致死温度/℃
赤痢菌	60	绿浓菌	50
伤寒菌	60	变形菌	55
霍乱弧菌	56	链球菌	60
布鲁氏菌	60	蜡状芽孢杆菌	104~129
结核菌	60	脂肪嗜热芽孢杆菌	115~130
溶血链球菌	60	枯草芽孢杆菌	77~121
葡萄球菌	60	肉毒芽孢杆菌	104~113
耶尔斯氏菌	62.8	产气荚膜杆菌	80~116
致肠炎菌	55	生芽孢梭状杆菌	104~132

5.8　烟熏工艺

5.8.1　烟熏的目的

5.8.1.1　呈味作用

烟气中的许多有机化合物附着在制品上,赋予制品特有的烟熏香味。烟熏风味是以酚类物质为主,由呋喃类、酮类和吡嗪类物质协同产生的,特别是酚类中的苯酚和愈创木酚,呋喃类的糠醛是重要的风味物质。

5.8.1.2　呈色作用

熏烟成分中的羰基化合物可以和肉蛋白质或其他含氮物中的游离氨基酸发生美拉德反应。熏烟加热促进硝酸盐还原菌增殖从而促进一氧化氮血色原形成稳定的颜色。另外,肉制品通过熏烟受热而导致脂肪外渗,起到润色作用。

5.8.1.3　杀菌作用

熏烟的杀菌作用主要是加热、干燥和熏烟中的化学成分的综合效应。熏烟中的有机酸、醛和酚类具有抑菌和防腐作用。熏烟的杀菌作用较为明显的是在表层,经熏制后的产品表面微生物可减少10%。大肠杆菌、变形杆菌、葡萄球菌对熏烟最敏感,而霉菌及细菌芽孢对熏烟抵抗力强。

5.8.1.4 抗氧化作用

烟中许多成分具有抗氧化作用,有人曾用煮制的油试验,通过烟熏与未经烟熏的产品在夏季高温下放置 12 d 测定过氧化值,结果为经烟熏的为 2.5 mg/kg,而非经烟熏的为 5 mg/kg。烟中抗氧化作用最强的是酚类,其中以邻苯二酚、邻苯三酚及其衍生物作用尤为显著。

5.8.2 熏烟的成分及其作用(表5-9)

表 5-9 烟熏的成分及其作用

熏烟成分	作用
酚类	①抗氧化 ②作用于产品的呈色和呈味 ③抑菌防腐
醇类	作为挥发性物质的载体
有机酸类	①酸有促使烟熏肉表面蛋白质凝固的作用,有助于肠衣剥离 ②酸类物质聚集在制品表面,呈现一定的防腐作用
羰基化合物	促使形成烟熏风味和色泽
烃类	—
气体物质	—

5.8.3 烟熏方法分类(表5-10)

表 5-10 烟熏方法分类

烟熏方法	使用方法描述	优点	缺点	适用对象
冷熏法	在低温(15~30℃)下,进行较长时间(4~7 d)的熏制的方法	贮藏期较长	烟熏风味不如温熏法	主要用于干制香肠,如色拉米香肠、风干香肠等;也可用于带骨火腿及培根的熏制
温熏法	温度为 30~50℃,熏制时间通常为 1~2 d	重量损失少,产品风味好	耐贮性差	脱骨火腿、通脊火腿及培根等
热熏法	温度为 50~80℃,熏制5~30 min	效率高	颜色较深不易标准化	一般的灌肠制品
焙熏法(熏烤法)	烟熏温度 90~120℃,熏制过程完成熟制,不需要重新加工就可食用	熏制时间短	耐贮性差	烤肉等

续表

烟熏方法	使用方法描述	优点	缺点	适用对象
液熏法	用烟熏液替代熏烟材料,用加热方法使其挥发,包附在制品上	①过程有较好的重复性,因为成分比较稳定	需要发烟装置	用液态烟熏制剂替代烟熏的方法,又称无烟熏法,目前在国内外广泛使用,代表未来烟熏技术的发展
	通过浸渍或喷洒法,使烟熏液直接加入制品中,	②液态烟熏制剂中固相已去净,无致癌风险	—	

5.8.4　烟熏设备(表5-11)

表5-11　不同烟熏设备对比

常用的烟熏设备	优点	缺点
简易熏烟室 (自然空气循环式)	操作简便,投资少	操作人员需要一定技术
强制通风式烟熏装置	①温度均一,可防止出现色泽不均匀 ②温、湿度可自动调节,便于大量发烟 ③产品中心温度上升快,减少损耗	—
液态烟熏装置	操作简单	—

5.8.5　烟熏参数

5.8.5.1　烟熏参数的影响因素

影响烟熏参数设定的因素包括产品的配方、肠衣种类、产品大小、烟熏方式等。常用的烟熏肠衣见表5-12。

表5-12　常用的烟熏肠衣

肠衣类型	定义	优点	缺点
天然肠衣	用猪、牛、羊的肠子加工而成的	具有良好弹性、保水性、通透性、热收缩性和对肉馅的黏着性,可食用,营养价值高	不规则,不适合规模化、机械化生产,产品质量不易控制,来源受限
胶原蛋白肠衣	主要以牛、猪等动物的真皮层为原料,经加工而成的可食用人造肠衣	透烟、透气、美观性、机械强度都比较好,规格统一,品种多样,可食用,上色均匀,适合机械化生产	加工时注意加热温度,否则出现肠衣断裂,造成落炉

肠衣类型	定义	优点	缺点
纤维素肠衣	用天然纤维如棉绒、木屑、亚麻和其他植物纤维制成	透气、透水,机械强度高,适合于高速自动化生产	不可食用、不能随肉馅收缩
纤维肠衣	纤维素黏胶再加一层纸张加工而成的产物	机械强度高,可以打卡,对烟具有通透性,对脂肪无渗透,可印刷	不可食用
玻璃纸肠衣	是一种纤维素薄膜,质地柔软而具有伸缩性。其纤维素微晶体呈纵向平行排列,故纵向强度大,横向强度小	成本比天然肠衣低	使用不当易破裂

5.8.5.2　烟熏炉工艺参数的设定

例5-3:规格为10 g的胶原蛋白肠衣灌装的脆皮肠烟熏炉工艺。

干燥　　55℃　　10 min;

干燥　　65℃　　15 min;

蒸煮　　75℃　　15 min;

蒸煮　　80℃　　15 min;

干燥　　65℃　　20~25 min;

土炉烟熏 110~145℃　　6~10 min。

例5-4:规格为100 g的猪肠衣灌装的烤肠烟熏炉工艺。

干燥　　70℃　　50 min;

蒸煮　　86℃　　50 min;

干燥　　75℃　　40 min;

土炉烟熏 110~145℃　　10~30 min。

综上,通常烟熏炉工艺是有干燥—蒸煮—干燥—烟熏等过程组成。

(1) 第一步干燥:

①第一步干燥的作用:

A. 使肉馅和肠衣紧密结合在一起,增加牢固度,防止蒸煮时落炉。

B. 表面蛋白质变性,形成一层壳,防止内部水分和脂肪等物质流出以及香料的散发。

C. 便于着色,且上色均匀。

②第一步干燥需注意事项:

A. 如果配方中含有谷氨酰胺转氨酶,则干燥温度不可太高,因为谷氨酰胺转氨酶最佳反应温度是 50~55℃。

B. 如果使用的是胶原蛋白肠衣,要注意温度过高可导致产品落炉,可进行分步干燥。

③第一步干燥温度、时间设定参考表 5-13。

表 5-13　不同直径产品工艺设定

直径/cm	所需时间/min	干燥温度/℃	产品中心温度/℃
1.7	20~25	55~60	43±2
4~6	40~50	70~80	43±2
7~9	60~90	70~85	43±2

(2)蒸煮:

①蒸煮的目的:

A. 促进发色和稳定肉色。

B. 使肉中酶失活:肉组织中有许多种酶,例如,蛋白质分解酶,57~63℃之间时,短时间就能失活。

C. 杀灭微生物。

D. 蛋白质热凝固(肉的成熟)。

E. 降低水分活度。

F. 提高风味。肉熟制过程中发生美拉德反应等多种变化促使其风味提高。

②蒸煮温度、时间设定参考表 5-14。

表 5-14　蒸煮温度、时间设定参考

口径/cm	恒定稳定/℃	时间/min
1.7	80±1	15~20
4~6	80±1	45~55
7~9	80±1	80~90

③检验产品是否熟制的方法:

A. 检测产品中心温度:若产品温度达到 72℃以上,只要保持 15 min,即可成熟(注意:添加玉米淀粉的产品不适用)。

B. 手捏:用手轻轻捏一捏,感到硬实有弹性为熟制状态,若产品软而不弹,则产品不熟。

C. 分切:产品从中心切开后,里外色泽应该一致,若内部发黏、松散,为不熟。

注意:对于胶原蛋白肠衣灌装的产品可以使用梯度温度进行蒸煮或者在蒸煮过程中适当增加干燥步骤以防止产品落炉。

(3)第三步干燥:该步干燥作用是使产品保持干爽状态以便于下一步烟熏上色。

(4)第四步烟熏:主要作用赋予产品应有的色泽和风味。

往往,为使产品色泽稳定,通常在最后增加一步干燥或烘烤。当然,不排除有特殊的烟熏炉工艺,如有些产品使用木屑先进行烟熏后进行蒸煮。

参考文献

[1]周光宏. 肉品加工学[M]. 北京:中国农业出版社,2009.

[2]高坂和久. 肉制品加工工艺及配方[M]. 张向生,译. 北京:中国轻工业出版社,1990.

[3]高晓平. 斩拌在低温肉制品加工过程中的作用[J]. 肉类研究,2009(1):22-24.

[4]邵珠刚. 西式低温肉制品加工要点(二)[J]. 肉类工业,2015(9):21-25.

[5]高彦祥. 食品添加剂[M]. 北京:中国轻工业出版社,2014.

[6]郭锡铎. 肉类产品概念设计[M]. 北京:中国轻工业出版社,2008.

[7]刘达玉,刘清斌. 罐藏食品杀菌 F 值的探讨[J]. 农产品加工(学刊),2006.

[8]郭世良. 肌原纤维蛋白和猪肉的热诱导凝胶影响因素及特性研究[D]. 河南农业大学,2008.

[9]崔艳飞. 斩拌对肉糜制品乳化特性的影响[D]. 郑州:河南农业大学,2010.

[10]闫海鹏. 不同种类肉肌原纤维蛋白功能特性的研究[D]. 南京:南京农业大学,2013.

第6章　肉制品研发相关流程

6.1　新产品开发参考流程

新产品开发流程包括设计策划、设计输入、设计输出、设计评审、设计验证、设计确认、批量生产等几个方面。

6.1.1　设计策划

6.1.1.1　信息收集

技术部门对本部门及其他部门传递的新产品概念,定期汇总整理。

6.1.1.2　信息评审

(1)每年初技术部门综合各方面的信息,编制年度《新产品开发计划》,确定新产品开发方向和新产品的基本概念。

(2)对收集的新产品概念,由技术部门组织相关部门共同论证,筛选可行性新产品概念,形成《新产品开发申请表》。对重点新产品需编制《新产品开发设计任务书》,经主管领导批准后组织实施。

(3)《新产品开发设计任务书》的内容一般应包括:

A.产品名称、规格、包装形式、主要技术参数、市场定位;

B.适用的相关法规、标准、要求等;

C.明确设计开发过程的阶段,规定每一阶段的工作内容和要求;

D.使用的主要原辅材料,对照《常见食品配伍禁忌》进行配伍性分析;

E.明确设计负责人及相关协作部门、人员及在设计开发中的职责和权限;

F.小试、中试、正式生产进度等。

6.1.2　设计输入

设计输入包括《新产品开发申请表》《新产品开发设计任务书》,是新产品开发工作的依据。

6.1.3 设计输出

(1)设计输出是指根据《新产品开发申请表》《新产品开发设计任务书》实行的试制样品过程。标准起草部门根据需要及时编制产品标准。

(2)在产品试制过程中,研发人员应对试制产品不断进行分析、评价、改进,并认真填写《试验记录》,确保产品试验的可追溯性。

6.1.4 设计评审

(1)样品试制后应组织相关部门进行品评,并填写《新产品品评表》。根据品评结果,确认是否满足设计要求,并填写《新产品确认表》。新产品不能满足设计要求时应重新试制、品评、确认。

(2)对于达到试验预期要求的产品,销售部门形成《产品需求函》,产品开发人员应填写《包装设计信息传递表》,传包装设计部门设计并印刷相关包装物。

(3)评审不合格的产品应重新试制。

6.1.5 设计验证

(1)通过评审的产品,由产品开发人员编写《中试工艺通知单》,经主管领导批准后,下发相关单位进行试产,并跟踪指导。

(2)对于通过中试的新产品需进行型式检验,验证产品符合性。

6.1.6 设计确认

由销售部门组织新产品的试销,并及时向技术部门反馈试销情况,开发人员对反馈内容进行分析改进。对于没有反馈的产品视为认可。

6.1.7 批量生产

(1)根据产品试销数量、频次,产品开发人员应在产品中试6个月内负责编写《加工工艺规程》,报主管领导批准后下发生产单位执行,并对产品生产过程进行工艺控制和质量管理。

(2)开发人员根据产品类别编写《关键工序分析及制定依据》,通过试验数据及理论分析详细阐明关键工序制定的依据,并分析影响产品质量及产品安全性等方面的因素,以提供措施和保障。

设计开发流程见图6-1。

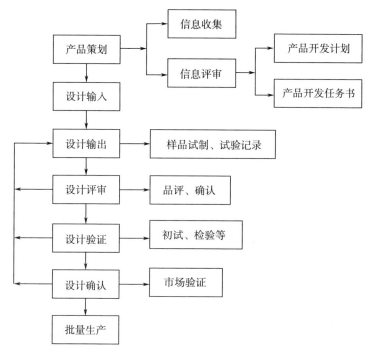

图 6-1　设计开发流程

6.2　肉制品保质期确定程序

6.2.1　保质期定义

保质期指预包装食品在标签指明的贮存条件下,保持品质的期限。在此期限内,产品完全适于销售,并保持标签中不必说明或已经说明的特有品质。

6.2.2　保质期的确定方法

6.2.2.1　试验法

(1)通过稳定性试验确定食品的保质期。其中,对温度条件的加速破坏性试验可通过计算,得到保质期时间或保质期时间范围。

(2)通过长期稳定性试验的数据观察食品发生不可接受的品质改变的时间点。

(3)通过对食品质量影响较大的湿度和光照等条件加速破坏性试验来确定

食品的保质期。

(4)辅助观察某些食品或食品中的某些成分在保质期的变化。

(5)该方法一般的适用范围是食品生产企业生产的预包装食品、散装食品等,尤其是新研发上市的产品。

6.2.2.2 文献法

(1)文献法即在现有研究成果和文献的基础上,结合食品生产、流通过程中可能遇到的情况确定保质期。

(2)通常该法用于餐饮业的即食食品等。

6.2.2.3 参照法

(1)参照法即参照或采用已有的相同或类似食品的保质期,规定某食品的保质期和贮存环境参数。

(2)通常很多小作坊生产的食品,此法较为常用。

6.2.2.4 备注

(1)各种方法的使用范围不是固定的,而是要求企业结合自身产品情况来综合运用。一般新研发的产品采用综合法,即各种方法同时使用,以确保不出问题。

(2)文献法对于规模小的企业可暂时使用,但要在通过运输、储存、销售等过程中通过产品感官、水分等参数变化修正保质期。

6.2.3 保质期测试要求

(1)肉制品改进型新产品做恒温试验后,参照同类别产品确定保质期,一般情况下,不再进行保质期测试。

(2)对于肉制品全新产品开发初期,可根据恒温试验结果预估保质期,产品试销后送检测部门进行保质期测试。

(3)标识的流通条件为卫生、阴凉、干燥处和0~4℃的全新肉制品,可采用加速试验测试方法或恒温试验方法进行保质期测试。

(4)-18℃以下流通的速冻产品及无微生物要求的产品,不再进行保质期测试。

(5)研发部门需保存完整的电子版保质期试验记录。

6.2.4 测试方法

6.2.4.1 正常试验测试方法

正常试验测试方法是在设计产品的相似贮存条件下进行测试,长期跟踪产品品质变化,为制定产品的有效保质期提供依据。

(1)预估保质期在 15 d 以内的产品,到保质期限对产品至少进行 3 次感官综合评分和菌落总数检测,根据感官综合评分和菌落总数检测结果确定产品的保质期。

(2)预估保质期在 15 d~3 个月(含 3 个月)的产品,每 15 d 对产品进行一次感官综合评分和菌落总数检测,根据感官综合评分和菌落总数检测结果确定产品的保质期,发现有不合格的项目时停止测试。

(3)预估保质期 3~6 个月(含 6 个月)的产品,每月对产品进行一次感官综合评分和菌落总数检测,根据感官综合评分和菌落总数检测结果确定产品的保质期,发现有不合格的项目时停止测试。

(4)预估保质期 6 个月以上的产品,每 2 个月对产品进行一次感官综合评分和菌落总数检测,根据感官综合评分和菌落总数检测结果确定产品的保质期,发现有不合格的项目时停止测试。

6.2.4.2 加速试验测试方法

加速试验测试方法是通过改变产品的贮存条件(如提高贮存温度),在恶劣的条件下加快产品变质速率,探讨产品的稳定性,为产品配方设计、包装、运输、贮存提供必要资料,并可根据化学动力学原理在短时间内预估产品保质期。

温差为 10℃的两个任意温度下的保质期的比率 Q_{10}[Q_{10}=温度为 T 时的保质期/温度为(T+10℃)时的保质期],对保质期有极大的影响。卫生、阴凉、通风、干燥处肉制品的 Q_{10} 定为 4,0~4℃肉制品的 Q_{10} 定为 3.5。

温度为 T 时的保质期=Q_{10}×温度为(T+10℃)时的保质期。

Q_{10} 也可以利用经验数据或利用 Q_{10}=(T+10℃)时的保质期/(T+20℃)时的保质期计算获得,温度为(T+10℃)和(T+20℃)时的保质期采用正常试验测试方法确定。

加速试验测试方法不再进行感官综合评分,至少每 15 d 对产品进行菌落总数检测。

6.2.5　判定方法

6.2.5.1　判定依据

判定标准以感官和菌落总数为判定依据。感官判定用标准品和试验品品尝对比,标准品为对比当天或最近一天在相同条件下生产出来的,用作评分依据的同一种产品。感官测试人数不少于 10 人,以产品的颜色、口感和外观等为指标进行综合打分,总分为 100 分,测试分值的平均值为最终分值。感官判定 80 分以上为合格。菌落总数在标准要求范围内为合格,有一项达不到要求视为不合格,停止继续试验。

分值判定:

95~100 分:产品的所有特征完全与标准品一致;

90~95 分:产品的所有特征与标准品基本一致;

80~90 分:产品可以接受,但与标准品比较有轻微差别;

80 分以下:产品不可以接受,与标准品比较有较大差别。

6.2.5.2　保质期的判定

对每种产品重复 3 个批次测试,保质期的确定根据最短试验天数和感官、菌落总数检测结果等因素综合分析。产品测试保质期应等于或长于标示保质期。

6.3　产品恒温试验操作规范

6.3.1　恒温试验的定义

恒温试验指在恒定温度(40℃±1℃)、恒定湿度[(70±5)%]环境中存放一定时间,根据试验产品是否胀袋、出水、漏气、发霉、变质等情况,快速验证判断产品是否符合流通安全性的一种快速测试方法。

6.3.2　恒温试验的意义

(1)验证产品开发阶段配方设计的合理性。

(2)指导新产品中试生产,进一步提高保险系数。

(3)产品稳定生产后验证车间是否认真执行工艺。

(4)验证产品流通,特别是度夏过程中的安全性。

6.3.3　恒温产品范围

贮存条件为"卫生、阴凉、通风、干燥处"的PVDC产品;

贮存条件为"卫生、阴凉、干燥处"的天然或人造(胶原蛋白、纤维素、玻璃纸、筒状膜等)肠衣灌装的低温产品;

腌腊肉制品、0~4℃纯低温产品、不二次杀菌产品及速冻类产品不作为恒温试验对象。

6.3.4　恒温试验参数

恒温试验要求温度:(40±1)℃ ;

湿度:(70±5)% ;

有效入库时间:入恒温库开始计时;

PVDC产品:12 d;

低温产品:8 d。

6.3.5　恒温产品参考数量

6.3.5.1　低温产品

产品规格≤100 g,每批次入库数量不得少于200支;

100 g<产品规格≤300 g,每批次入库数量不得少于100支;

产品规格在300 g以上,每批次入库数量不得少于50 kg。

6.3.5.2　PVDC产品

产品规格≤80 g,每批次入库数量不得少于500支;

80 g<产品规格≤120 g,每批次入库数量不得少于400支;

产品规格在120 g以上,每批次入库数量不得少于60 kg。

6.3.6　恒温试验产品范围

6.3.6.1　现有产品

对于上一年度产量大于300 t的产品,选择该产品的主要规格;其他产品,选择一个主导规格。夏季工艺期间每季度至少进行一次恒温试验,冬季工艺期间至少进行一次恒温试验。

6.3.6.2　新产品

对于上市不足一年的新产品,选择主导规格,夏季工艺期间每月至少进行一次恒温试验,冬季工艺期间每季度至少进行 1 次恒温试验;未上市新产品或试验品,根据技术部门要求批次及数量进行恒温试验。

6.3.6.3　工艺有变更及其他需做恒温试验产品

加热参数:杀菌时间缩短,杀菌温度降低等;

防腐体系:变更防腐剂品种,降低防腐剂添加比例等;

包装材质:包装材质厚度降低等;

外单位移植、长期停产(3 个月以上)再次生产;

其他综合判定需做恒温试验产品。

6.3.7　产品要求

恒温试验产品要求入恒温库之前,挑拣出破损、严重变形、包装异常等不合格品,外观质量达到出厂质量要求。试验产品可用清洁的周转筐或该产品的纸箱盛放。

6.3.8　恒温试验要求

(1)恒温入库:做好原始记录,由生产单位保存恒温试验记录。

(2)恒温过程:必须保持空气温度、湿度稳定,至少每 4 h 对库内温度、湿度巡查、记录 1 次。恒温试验库房加装自动控温、控湿设备,运行中温度、湿度偏离标准要求范围的时间每次不得超过 30 min。

(3)恒温试验记录:及时做好恒温相关记录,试验结果异常要及时反馈技术部门;由专人负责保管,不得借出、不得随意修改。

(4)恒温样品的挑拣及判定:达到有效恒温时间时,生产单位及时对产品进行挑拣,挑出质量缺陷产品由库管人员确认,产品质量感观判断依据如下:

胀袋:拉伸膜(或肠衣)脱离产品,不贴体或有明显较大气泡;

余气大:产品未发生变质,包装膜与肠体间有空隙;

漏气:拉伸膜(肠衣)表面有小孔或热合不良;

出水:产品与膜之间有可流动水状液体且浑浊,则可判定产品有质量缺陷。

发霉:PVDC 产品或打卡类产品,两端有肉眼可见的霉菌菌丝。

6.3.9　恒温结果及样品处理

(1)对于胀袋率、出水率连续 2 次高于表 6-1 规定的,生产单位保留胀袋、出水产品,检测菌落总数并送检测部门做进一步分析;对该批未胀袋、未出水产品抽样检测防腐剂含量;排查生产工艺执行情况,查清造成胀袋、出水的原因。刻花及分切产品出水率不作要求。

表 6-1　恒温试验要求

产品类别	胀袋率/%	出水率/%	漏气率/%	发霉率/%
PVDC	0	0	0	0.1
中低温	0	2	2	2(指打卡产品)

(2)对于漏气率(或余气大)高于上表规定的,生产单位应根据产品批号查验对应拉伸膜包装机热合效果,分析造成漏气的原因。

(3)对于发霉率高于上表规定的,生产单位应根据产品批号查验对应结扎机(打卡机)挤空效果,分析造成发霉的原因。

6.4　产品品评操作规范

6.4.1　品评原则

6.4.1.1　品评分类

品评分为技术部门内部品评和外部品评,品评可根据产品品质需要选择合适的品评形式。

6.4.1.2　品评方法

根据品评目的选择采用优势对比选择法或得分法进行品评;如采用优势对比选择法,原则上得票数最多的方案视为通过品评;如采用得分法,综合得分在90分以上(百分制)或品评过程中未提出改进意见的视为通过品评。

6.4.2　品评要求

6.4.2.1　产品品评要求

(1)按照高温产品、低温产品、中式产品类品评,各类产品按照销价从低到高顺序,工艺(如均为颗粒型、乳化型等)、销价相近产品同时进行;

(2)对于竞争型(同类型)产品,应提前准备新鲜度相近的同类样品进行对比;

(3)若品评产品中含特殊渠道产品(如水煮、油炸等),应放在即食产品之后,按价位从低到高进行品评。

6.4.2.2 品评人员要求

品评不能少于 15 人填写《产品品评表》,组织品评的部门负责对品评产品进行品评结论汇总,形成产品品评意见汇总及《产品确认表》,由部门负责人签字确认。

6.5 新产品配方设计基本原则

产品配方设计是肉制品生产中一个非常重要的环节。在进行肉制品配方设计之前要考虑以下 4 个基本原则:理化标准原则、感官标准(色泽、风味、组织状态或质构特性)原则、安全标准原则和成本原则。

6.5.1 必须以肉制品的产品质量为依据

一般情况下,在进行产品配方设计时,要明确产品质量标准中的理化标准,包括水分、蛋白质、脂肪等指标,以及各种非肉成分含量指标。不同种类的肉制品,其质量指标是不一样的,同一种肉制品不同级别其质量指标也是有区别的,这些都是在进行肉制品配方设计之前必须明确的目标。

加工过程中的损失和损耗在配方设计时也要必须考虑,如蒸煮损失、加工损失等。凡是设计合理的肉制品配方,无论其使用的原料有多少种,都是以产品的质量标准为依据的,这样才能生产出符合质量要求的产品。当然在进行肉制品配方时也要考虑色、香、味、形等这些定性指标。

6.5.2 掌握原辅料的化学组成和加工特性

在明确产品的质量指标后,就要开始进行原辅料的选择。原辅料中水分、蛋白质、脂肪的含量将最终决定肉制品中水分、蛋白质、脂肪的含量。所以,在进行配方之前,要通过检测确定所有原辅料的主要化学成分含量。掌握了这些指标再进行适当的配比调整就能够得到符合质量要求的产品。

在考虑理化指标符合产品质量的同时,还要考虑各种原辅料的加工特性和使用限额。因为不同原料肉的颜色、保水性、凝胶特性、乳化特性和黏着力等都不一样,它们将最终影响产品的色、香、味、形等感官品质指标。只有综合考虑了这些因素,设计出的肉制品配方才是科学合理的。

6.5.3 合理使用各种添加剂

在肉制品配方中,除了含肉成分,还含有大量的非肉成分,即为加工辅料和添加剂。这些非肉成分在肉制品中起着重要作用,虽然它们的含量很低,但是在肉制品配方中不可缺少。

常见的非肉成分有食盐、硝酸盐、亚硝酸盐、磷酸盐、大豆蛋白、胶体等。这些添加剂对改善肉制品起着重要作用,但它们的使用量受到限制和约束,必须符合我国 GB 2760 食品添加剂使用原则。如果使用不当,不仅不会改善肉制品的品质,还会影响产品的质量和安全。所以,在肉制品配方设计中,添加剂的使用和加工特性必须充分掌握和考虑。

6.5.4 保证产品色、香、味、形完美统一

根据不同肉制品的特点,进行必要的风味调配,最终保证产品色、香、味、形完美统一。色、香、味、形都是描述肉制品的重要感官指标,所以,在肉制品配方中,要考虑加入色素、香精香料等调味剂,来改善产品的感官品质。

肉制品种类主要分为中式肉制品和西式肉制品两大类。通常在西式肉制品中使用香精香料和色素及品质改良剂来改善产品的色、香、味、形。中式肉制品更注意色、香、味、形的完善,一般情况下,通过酱油、色素、味精、盐和香辛料来改善感官品质。所以,特别是对中式肉制品来说,调味料显得尤为重要。很多不同种类肉制品的重要区别就在于调味,调味是在进行配方设计中又一重要的因素。

需要强调的是,以上只是在肉制品配方中需要考虑的重要原则,在此原则的指导下,才能实现达到要求的肉制品配方。要想真正得到符合要求的肉制品,还需要相应的加工技术和设备的支持。配方设计知识实现产品的第一步,同时是非常重要的一步;没有相应的生产工艺技术和设备的支持,同样得不到符合产品理化要求的,安全卫生、营养方便的肉制品。

6.6 香肠类产品配方设计及调配

熏煮香肠类产品的主要指标是水分、蛋白质、脂肪、淀粉、亚硝酸盐。水分、蛋白质、脂肪、淀粉是其重要的组成部分,其组成比例因产品档次不同而不同。严格把握好水分、蛋白质、脂肪等的组成比例,在法规政策范围内科学合理的设计熏煮香肠类产品配方是配方设计重要原则之一。

6.6.1 水分来源及调配

水分是熏煮香肠产品鲜嫩可口的重要条件,同时也是产品防腐重点控制的主要因素。一般熏煮香肠产品中的水分含量在 50%~70%,由于肉制品在加工过程中干燥、烟熏等工艺环节中有一定量的水分损失,配方设计时也要充分考虑。

因产品需要,加工时需要添加必需的物料和冰水。设计配方时,要计算出添加物的水分含量,对水分含量较大的原料肉、蛋液、蔬菜等进行水分测定。肉制品中水分主要来源于以下几个方面。

6.6.1.1 原料肉自身含有的水分

一般原料的水分占原料肉的 60%~75%,是配方设计中重点考虑的部分。

6.6.1.2 添加物料中物料本身含有的水分

一般比例较小,占设计产品量的 0.5%~1.5%。但有时也有例外,如添加蛋液、蔬菜等。

6.6.1.3 配方需添加的水分计算

一般是根据产品的质量档次要求和干燥、烟熏工艺要求决定其加入量。设计目标一般控制在设计产品的 65%~75%。需添加的水分量是原料肉、添加物中水分含量与设计产品的水分含量之差所需的水分量,同时还要充分考虑原料肉的品种质量和肥瘦肉搭配的比例。

6.6.2 蛋白质的主要来源及调配

肉制品中蛋白质的含量是其质量优劣的决定性指标。配方设计中,由于出品率的不同,其含量也有所不同。有时要添加一些含有丰富蛋白质的添加物,以提高产品的蛋白质含量,但其主要还是原料肉提供。所以,蛋白质的主要来源有以下几个方面。

6.6.2.1 原料肉自身含有的蛋白质

其含量因其品种、部位、初加工程度的不同而不同。这些因素是影响产品质量的关键因素,对产品的口感、色泽、结构、出品率、货架期的影响起着决定作用。

6.6.2.2 添加物中含有的蛋白质

含有丰富蛋白质的添加物也是不可缺的蛋白质来源,如大豆蛋白、蛋清蛋白、乳蛋白、胶原蛋白、肉蛋白提取物等。这些添加物蛋白质含量高,有较好的吸水性,添加的品种和加入量要针对具体产品具体分析。

6.6.3　脂肪的来源及调配

脂肪的来源主要是原料肉和因肉制品质量和风味要求不同而添加的脂肪。其含量因原料肉的品种、部位和加工程度不同而异。它的含量对蛋白质和水分的含量影响较大,其含量高时,蛋白质和水分的含量就相应较低。在肉制品加工过程中,一般都要对原料肉进行修割分级加工,制定出严格的分级标准,严格控制其含量,保持稳定的比例。对加入脂肪进行单独的处理,保持其热稳定性。

6.6.4　产品的结构、口感调配

肉制品主要指标是水分、蛋白质、脂肪等,但产品的结构、口感也是产品质量的重要指标。同时,产品的结构、口感也是影响产品货架期的重要因素之一。

肉制品结构和口感的好坏主要体现在产品的保水、保油上。品质的改良要有科学合理的配方,优质的磷酸盐是解决产品的保水、保油的关键因素,蛋白、淀粉、胶体、乳化剂的合理配比也非常重要。优质的复合磷酸盐可以达到较理想的保水、保油的目的,使产品的组织结构致密,良好的切片能力,富有弹性、口感爽脆,柔嫩细腻,且无不良的苦涩感。劣质的复合磷酸盐不但不能达到较理想的保水、保油的目的,而且使产品的组织结构松软,结合力较差,无弹性,口感黏腻,不良的苦涩味浓重。

熏煮香肠类产品的磷酸盐使用量一般为成品的 0.3%～0.4%,使用时应选择较好的复合磷酸盐,添加量较小,且能达到较理想的效果。蛋白、淀粉、卡拉胶的保水、保油各有自己的特点,使用时应根据产品特点的需要而设计。

6.6.5　色、香、味、形调配

为了产品的色、香、味、形及防腐需要而进行的合理调配,也是肉制品配方设计重点的关键。

6.6.5.1　色泽

食品的颜色是人们评价食品感官品质的一项重要指标。影响肉制品的颜色主要因素有肉的腌制、烟熏、添加剂等。腌制、烟熏属于工艺控制的范畴,添加剂则是配方设计的重点。亚硝酸盐、磷酸盐、D-抗血酸钠、食用色素等都是影响产品色泽的添加剂。

红曲红色素、红曲米粉、高粱红、辣椒红、辣椒橙、诱惑红和胭脂虫红都是 GB 2760 允许在肉制品中使用的天然或合成色素。色素的使用因产品的不同而不

同,褪色时间的长短也有区别。辣椒红,辣椒橙,诱惑红,胭脂虫红褪色较慢,使用量也因色价不同而不同。

6.6.5.2 香味

食品的香味是人们对食品的嗜好性评价的一项重要指标。影响熏煮香肠类产品香味的主要因素有原料肉、香精、天然香辛料等。好的香味配比可以使产品的品质更好。

6.6.5.3 风味

根据不同产品的特点,风味的调配选择增香料和调味品,合理选择原料肉,设定好工艺使其风味独具、鲜香味美。

6.6.5.4 形状

食品的形状也是人们评价食品感官品质的一项重要指标。选择合理的肠衣,不同的扭结造型,美观大方的外包装都是赋予形象的重要手段。

6.7 常用原辅料配方设计及使用原则

6.7.1 原料设计原则

不同质量的肉制品对原料肉的要求是不一样的,所以在进行肉制品配方设计之前,必须明确产品的质量及质量标准。如果是中低档产品,可以选用一般的原料肉;如果是生产高档的肉制品,相应地选用优质的原料肉。

根据前面原料所列举的原料肉种类,肉制品加工常用原料为猪肉(肥膘、猪皮)、鸡肉(鸡皮)、鸭肉(鸭皮)、牛肉、肉蛋白等,个别产品还使用到皮粒、皮泥和鸡肉泥等。

(1)充分考虑成品的营养、安全性,原料资源的丰富性。

(2)一个产品配方最多使用3~4种原料,价格相当、功能相近的原料只使用一种。

(3)原则上一个产品配方只使用一种肉蛋白,低档产品可用两种。

(4)最终产品的理化指标企标要求如表6-2所示。

表6-2 常用的原料肉理化指标(g/100g)

品种	部位	水分	蛋白质	脂肪
猪	猪肉	73.3	21.5	3.5
	猪皮	46.3	26.4	22.7

续表

品种	部位	水分	蛋白质	脂肪
牛	肩肉	66.8	19.3	12.5
	腿肉	71.0	22.3	4.9
鸡	去皮胸肉	74.0	22.0	3.0
	去皮腿肉	73.2	15.5	11.0
鸭	去皮鸭胸	76.5	20.7	1.2
	鸭皮	40.0	4.0	55.3

6.7.2　食品添加剂设计及使用原则

6.7.2.1　水分保持剂

（1）现用种类：肉制品加工中常用到的主要水分保持剂为磷酸盐，有三聚磷酸钠、焦磷酸钠、六偏磷酸钠及复合磷酸盐，主要作用萃取肉蛋白，达到保水目的，提高产品口感嫩度。性能优良的磷酸盐还有螯合、护色、防腐、抗氧化、乳化等作用，聚合度越高，综合功能越强。磷酸盐是肉制品加工中重要的食品添加剂。

（2）设计原则：

①加工温度112℃以上产品通常使用三聚磷酸钠，使用量应符合不超过5 g/kg的国标规定；

②低温及其他产品按照需要使用不同功能的复合磷酸盐时，建议选择以三聚磷酸钠、焦磷酸钠为主要配料的品种。

③三聚磷酸钠适合搅拌型产品；焦磷酸钠因不易溶解，适合斩拌型产品；六偏磷酸钠护色保鲜效果较好。

（3）使用原则：各种磷酸盐可单独或混合使用，最大使用量以磷酸根（PO_4^{3-}）计，熟肉制品不超过5 g/kg。不同磷酸盐折算系数不同，常用磷酸盐折算系数为：三聚磷酸钠0.774751、焦磷酸钠0.714554、六偏磷酸0.931722。

例：当混合使用磷酸盐时，[（三聚磷酸钠的添加量×0.774751+焦磷酸钠的添加量×0.714554+六偏磷酸钠的添加量×0.931722）]/熟制出品率，所得数据不超过0.5%。

6.7.2.2　防腐剂及具有防腐功能的食品配料

（1）现用种类：肉制品中常用的防腐剂有山梨酸钾、乳酸链球菌素、双乙酸钠、脱氢乙酸钠及具有防腐助剂功能的饴糖、乳酸钠、葡萄糖酸-δ-内酯（GDL）、亚硝酸钠等(表6-3)。

①山梨酸钾:对光、热稳定,有很强的抑制霉菌、酵母菌和腐败菌的作用,但对厌氧菌和嗜酸乳杆菌几乎无效;其抑菌效果随pH降低而增强,pH为3时达到顶峰。

②双乙酸钠:属于广谱防腐剂,与山梨酸钾抗菌谱类似,在所有肉制品中均可使用,国标限量0.3%,添加量较大,实际使用量超过0.07%就有微酸味出现。

③脱氢乙酸钠:属于广谱防腐剂,在酸性、中性及碱性环境下均有理想的抑菌作用,抑菌谱与山梨酸钾类似。GB 2760中可用于熟肉制品,限量0.05%。

④乳酸链球菌素:属于天然生物防腐剂,对细菌细胞膜达到破壁作用,能有效抑制肉毒梭菌、葡萄球菌、李斯特菌等革兰氏阳性菌,对酵母菌、霉菌和革兰氏阴性菌无作用,其抗菌谱范围较窄。

⑤麦芽糖浆:通过降低产品水分活度抑制微生物生长,多用于低温产品,经过108℃以上杀菌后会有明显的褐化反应。

表6-3 常用防腐剂及助剂性质比较

名称	抑菌谱	最大使用量/(g/kg)	作用机理
山梨酸钾	霉菌、酵母	1.5(肉灌肠类)	干扰微生物脱氢酶系统
双乙酸钠	霉菌	3	透入霉菌细胞壁干扰酶作用
脱氢乙酸钠	霉菌、酵母菌、腐败菌	0.5	作为还原剂代替食物和氧气反应
乳酸链球菌素	革兰氏阳性菌、芽孢	0.5	破坏细胞膜,导致细胞破裂
麦芽糖浆	所有微生物	不限量	降低水分活度
乳酸钠	所有微生物	不限量	改变电势平衡
GDL	协同效应	不限量	降低pH,协同增效

(2)设计原则:

①几种防腐剂复配使用:扩宽抑菌谱,起到协同增效作用;复配时要选择同类型防腐剂配合使用,避免拮抗作用。

②不超标使用:国家标准限量限范围使用的,避免超标使用;复配防腐剂要符合所有品种限量比例之和不大于1。

③根据产品工艺参数灵活选择、调整使用:重在控制初始菌数,防腐剂主要起到抑菌作用。

④原则上同类产品选择相同的防腐剂:

A.PVDC类产品首选山梨酸钾。在杀菌参数低于108℃时,再考虑添加乳酸钠或者乳酸链球菌素。

B.火腿或中式类选乳酸链球菌素、脱氢乙酸钠混合使用。

C.低温香肠类选山梨酸钾、乳酸链球菌素复配使用。在乳化香肠类产品中可以添加适量GDL。麦芽糖浆、乳酸钠可以根据需要添加(以不影响最终口味确定添加量)。常温流通产品中必须添加,推荐添加比例为麦芽糖浆3.2%,乳酸钠1.8%。

(3)使用原则:常用防腐剂折算系数:山梨酸钾(以山梨酸计)0.7464、脱氢乙酸钠(以脱氢乙酸计)0.8078;以肉灌肠类使用防腐剂进行叠加计算为例:

[(山梨酸钾添加量‰×0.7464/1.5)+(乳酸链球菌素添加量‰/0.5)+(脱氢乙酸钠添加量‰×0.8078/0.5)+(双乙酸钠添加量‰/3.0)]/熟制出品率,所得数据≤1。

6.7.2.3　增稠剂

(1)现用种类:常用的增稠剂有卡拉胶、海藻酸钠、瓜尔胶、黄原胶、变性淀粉等,还有具有增稠功能的复配增稠剂。

①卡拉胶:从红藻里面萃取,主要特点是凝胶性强,增强产品切片性,与原料肉中一价阳离子协同作用强;适合在烤肉、切片类高档产品中使用。

②海藻酸钠:从褐藻里面萃取,主要特点是保水稳定,不易返生,与原料肉中二价阳离子协同作用强,特别是与钙离子结合后具有不可逆性,同时具有很强保油效果。

③瓜尔胶:是黏度最大的胶体,制作肉糜时可迅速结合游离水分,达到快速增稠目的,改善肠衣的充填性,但与原料肉协同作用差。

④黄原胶:由微生物代谢生成的食品胶,黏度仅次于瓜尔胶,具有良好的配伍性,与其他胶体复配后能起到协同增效作用。

⑤变性淀粉:在原淀粉的基础上通过化学方法处理,使淀粉黏度和凝胶性能明显提高。

(2)设计使用原则:

①卡拉胶、海藻酸钠、瓜尔胶等增稠剂在高档产品使用时原则上首选卡拉胶。

②为确保产品质量稳定,中温流通的休闲产品建议使用复合保水剂或者几种单体(卡拉胶、海藻酸钠、瓜尔胶等)混合后使用,添加量根据具体试验情况而定。

③同一配方中变性淀粉原则上只选择1种。

6.7.2.4 着色剂

（1）现用种类：常用在肉制品中的着色剂有红曲红、胭脂虫红、诱惑红、β-胡萝卜素，个别产品还会用到胭脂树橙、高粱红、辣椒红、赤藓红等（表6-4）。

①红曲红对蛋白质着色性能极好，色调与肉色接近，可根据需要添加，常用添加量为0.01%~0.015%，但其对光稳定性差，肉制品见光易褪色。

②诱惑红属于合成色素，色泽偏红亮，其最大使用量（以诱惑红计）为0.015 g/kg（肉灌肠类）和0.025 g/kg（西式火腿类），溶于水呈微带黄色的红色溶液，与肉制品结合后色泽较亮，对光和热具有较好稳定性，不易褪色。

③胭脂虫红主要成分为胭脂虫红酸，色泽偏紫红，其在熟肉制品中最大使用量为0.5 g/kg（以胭脂红酸计）。胭脂虫红较易溶于水，在肉制品中易分散，适合用于注射型产品，其与肉制品结合后色泽偏紫，对光、热等具有极好稳定性，最不易褪色。

表6-4　常用色素性质比较

色素名称	稳定性						溶解性		
	光	热	氧	微生物	酸	碱	水	油脂	乙醇
红曲红	较差	极好	好	极好	好	好	微溶	溶	溶
诱惑红	好	好	差	好	—	差	溶		
胭脂虫红	好	好	好	好	好（呈橙色）	沉淀	溶	不溶	溶

目前常用到的粉体胭脂虫红（21%）、粉体胭脂虫红（50%）、诱惑红（85%）等，使用时最大使用量均需以有效成分（胭脂虫红酸、诱惑红）含量进行折算。

（2）设计原则：

①根据色素特点选择添加，也可将色素与其他配料混合成复合配料。

②粉体色素原则上需配进混合料中。

③结合包装形式选择。以透明包装展示的产品（蒸煮方腿），添加诱惑红和胭脂虫红组合；而在烟熏类产品中，如圆火腿、烤肠类产品中，可以添加红曲红和诱惑红组合或者红曲红与胭脂虫红组合。

④结合产品市场要求及流通环境选择。在渠道产品中，根据产品展示效果可以添加相应组合色素，如要求色泽红亮的台湾烤香肠，以诱惑红为主；要求产品肉色强，以红曲红为主；常温流通时间长的PVDC产品，以红曲红为主，肠衣色泽浅时也可添加诱惑红或者胭脂虫红搭配使用。

⑤使用色素种类越少越好，且尽量只在现用色素中选择。

⑥不允许超标准使用色素。多种色素混合使用时,每种色素使用量占最大允许使用量的比例之和不大于1。

⑦低温产品原则上只能从红曲红、胭脂虫红、诱惑红3种色素中选择使用。

(3)使用原则:以诱惑红88.5%为例,西式火腿类实际的最大用量(g/kg)不应超过(规定最大使用量0.025×熟制出品率)/0.885;肉灌肠类实际的最大用量(g/kg)不应超过(规定最大使用量0.015×熟制出品率)/0.885。

6.7.2.5　护色剂

(1)现用种类:肉制品中常用的护色剂有亚硝酸钠、D-异抗坏血酸钠、抗坏血酸钠等。

①亚硝酸钠发色迅速,但呈色效果不稳定,在肉馅pH为5.6时发色效果最好,适用于生产过程短但不需要长期保存的产品。相对来说,硝酸盐呈色效果较为稳定。

②常用的护色剂有D-异抗坏血酸钠,其通过自身的抗氧化性使脂肪、色素等避免氧化,确保产品风味、色泽等质量稳定。D-异抗坏血酸钠与亚硝酸钠有高度亲和力,在肉馅中能抑制亚硝基化合物的生成。

(2)设计原则:

A.亚硝酸钠使用原则:根据其在肉制品中的残留量计算,因为亚硝酸钠在腌制和蒸煮过程中都会有损失,亚硝混合盐配料(亚硝酸钠含量占10%)最大使用量推荐如表6-5所示。

表6-5　不同产品亚硝酸钠使用情况

名称	最大使用量/(g·kg^{-1})	以亚硝酸钠计(残留量)/(mg·kg^{-1})	原则上配方使用添加量/%
熏、烧、烤肉类	0.15	≤30	0.06
肉灌肠类	0.15	≤30	0.03
酱卤肉制品类	0.15	≤30	0.03
腌腊肉制品类	0.15	≤30	0.03
肉罐头类	0.15	≤50	0.05
西式火腿类	0.15	≤70	0.06

B.D-异抗坏血酸钠使用原则:其使用量一般为亚硝酸钠的7~10倍,一般设计添加量为0.05%。

6.7.3 主要辅料配方设计

6.7.3.1 淀粉

（1）现用种类：肉制品加工中，常用到的淀粉有玉米淀粉、土豆淀粉、木薯变性淀粉（增稠剂）、玉米变性淀粉（增稠剂）等。

淀粉通常分为薯类和谷类淀粉，常用的薯类淀粉有木薯、土豆和红薯淀粉，其特点是胶性好，透明度强，在肉制品中没有异味；常用的谷类淀粉有玉米和小麦淀粉，其特点是价格便宜，但在肉制品中存在原有谷类味道。

由于原淀粉存在易返生现象，配方中常用木薯变性淀粉和玉米变性淀粉等替代。肉制品中常用的变性淀粉为乙酰化二淀粉磷酸酯，使用后黏度值稳定且凝胶性能好。

（2）设计原则：

①PVDC（聚偏二氯乙烯）产品原则上使用玉米淀粉，高档产品出于口感要求或抗返生需要时可选用土豆淀粉、变性淀粉等。

②淀粉或变性淀粉只能用一种型号，避免同时使用两种及以上淀粉或变性淀粉。

③添加量参考各类肉制品产品标准要求。无淀粉级产品不人为添加淀粉，成品检测淀粉含量值≤1%。

6.7.3.2 蛋白类

（1）现用种类：肉制品加工中常用到的蛋白有浓缩蛋白、分离蛋白、脱脂大豆粉、花生蛋白、鸡蛋白粉及其他动物蛋白等。

分离蛋白的蛋白点高，一般在88%以上，易溶解，适合搅拌或者注射添加；浓缩蛋白的蛋白点多在68%以上，不易溶解，保油性强，适合乳化体斩拌；豆粉的蛋白点多在55%左右，价格低，适合填充物使用；动物蛋白具有较好的保水保油性，推荐在高档产品中使用。

（2）设计原则：大豆分离蛋白、浓缩蛋白、脱脂大豆粉等粉体蛋白尽量不同时应用于一个产品；浓缩蛋白多用于乳化脂的斩拌；分离蛋白适合用于盐水配制或直接添加。

考虑到成本因素可选用非功能性大豆蛋白、花生蛋白、脱脂大豆粉、组织蛋白、丝状组织蛋白等，但一个配方的蛋白尽量不超过两种。

6.7.3.3 糖类

（1）现有种类：肉制品中常用的糖类有白砂糖、葡萄糖、果葡糖浆、木糖醇、麦芽糖等。

（2）设计原则：

①从白糖、葡萄糖、果葡糖浆、木糖醇、麦芽糖等品种中选用 1 种，首选白砂糖。

②因成本优化或产品风味特殊需要时可添加葡萄糖、果葡糖浆，不超过两种。

不同甜味物质甜度对比见表6-6。

表6-6　不同甜味物质甜度对比

名称	甜度	主要来源
果糖	1.5	蜂蜜、水果、瓜类、蔗糖分解
果葡糖浆	1.0~1.05	植物淀粉水解和异构化制成的淀粉糖晶
蔗糖	1.0	甘蔗、甜菜
木糖醇	1.0	甘蔗皮、玉米芯
葡萄糖	0.7	淀粉
麦芽糖	0.5	玉米

6.7.4　香精及香辛料使用原则

6.7.4.1　香精

香精的使用主要考虑产品的头香和体香。配方设计时尽可能减少香精使用品种，根据需要可加入适量单一品种香精，确保产品配方中香精不超过 3 种（多品种少量添加尽可能合并为单品种多量添加）。考虑到车间配制方便的原则，尽可能用粉体香精，配入混合料中使用。

6.7.4.2　香精使用原则

（1）PVDC 类等杀菌温度在112℃以上的产品原则上只添加采用美拉德反应制作的香精、骨素，尽量少使用油状香精，总数不超过两种；杀菌温度在 112℃以下（含112℃）的产品原则上可使用油状香精、膏状香精、骨素等进行协同调香，总数不超过 3 种。

（2）低温产品由于杀菌温度低，美拉德反应产生的风味物质较少，原则上可使用两种香精，特殊风味产品（如香辣、孜然等）可使用 3 种香精。

6.7.4.3　香辛料

根据产品风味需要，选用白胡椒粉、蒜粉、姜粉、花椒粉、辣椒粉、八角粉、桂皮粉等粉状香辛料或采用萃取、浓缩等工艺制作的香料汁。特殊风味产品选用香辛料原则上不超过 3 种。

6.7.5　整体原则

（1）配方设计务必符合食品添加剂使用标准要求，不超量、超范围使用食品添加剂。

（2）确保配方的理化指标符合标准要求，并留足安全系数，从而确保配方设计安全可靠。

（3）简化生产车间操作，功能相似的食品配料原则上只使用 1 种，特殊需求时才考虑使用两种。

（4）添加玉米、花生、蔬菜、香菇等特殊添加物的产品，要考虑适当提高防腐系数。

第7章 肉制品配方技术及应用

7.1 热加工熟肉制品

热加工指肉制品加工工艺中加热的过程,是加工过程中的重要环节。其目的:一是抑制和杀灭制品中的微生物,以提高保存性和安全性;二是促进蛋白质变性,易于消化吸收;三是使肉的黏着性、硬度、弹性、口感发生物理变化,赋予产品一定的形状和切片性;四是稳定肉色;五是使制品产生特有的风味。

热加工熟肉制品按生产许可分为酱卤肉制品、熏烧烤肉制品、肉灌制品、油炸肉制品、熟肉干制品和其他肉制品。

7.1.1 酱卤肉制品

7.1.1.1 酱卤肉制品概述

酱卤肉制品是我国传统的肉制品,也是我国最有特色的肉制品之一,是世界饮食文化的珍贵遗产,如月盛斋牛肉早在清朝末年就已远销日本、东南亚及欧美等地,1915 年获得巴拿马国际博览会金奖。其主要特点是成品可直接食用,色泽美观,香气浓郁,口感适中。根据 GB/T 23586—2009 的定义,酱卤肉制品是以鲜(冻)畜禽肉和可食副产品放在加有食盐、酱油(或不加)、香辛料的水中,经预煮、浸泡、烧煮、酱制(卤制)等工艺加工而成的酱卤系列肉制品。

酱卤肉制品历史悠久,风味独特,品类多样,距今已有 3000 多年的历史。其历史从发明陶器可以蒸煮加工食物开始,春秋时期进一步发展了烧烤、酱卤、去腥、调味等方法,《吕氏春秋·本位》中有详细记载;北魏贾思勰所著《齐民要术》对古代酱卤肉制品的加工配料、工艺、储藏技术做了详细记载,盛行于湖南的坛子肉的做法,就是根据书中记载的方法整理而成;唐代的《食经》、宋代的《东京梦华录》中记载的酱卤肉制品就有 200 多种,著名诗人苏轼的《猪肉颂》使得"东坡肉""东坡肘子"大为流传;明清时期的肉制品在色、香、味、形及食品著作的质量上更加进步;民国时期,国外肉制品加工技术开始引进中国;中华人民共和国成立后,在机械、人才、著作方面取得了飞速发展;改革开放以来,酱卤肉制品的传统工艺不断改进,特别是全自动包装技术、防腐保鲜技术、冷链建设的形成,使酱卤肉制品广泛进入市场,走进千家万户。

据统计,2018年我国肉类总产量8517万吨,其中猪肉5404万吨,鸡肉1170万吨,牛肉644万吨,羊肉475万吨。酱卤肉制品在我国消费量较高,我国目前年产酱卤肉制品高达500万吨,占我国传统风味肉制品消费40%以上。2018年休闲卤制品市场规模达到911亿元,同比增长18.8%。目前行业仍处于快速成长期,预计2022年休闲卤制品市场规模将突破1235亿元。目前,仅卤鸭行业就诞生了绝味食品、周黑鸭、煌上煌三家上市公司。由此可见,酱卤肉制品市场空间大,发展前景广阔。

7.1.1.2 酱卤肉制品分类及特点

国标中将酱卤肉制品分为两大类:酱制品类、卤制品类。根据最新食品生产许可目录,将酱卤肉制品分为酱卤肉类、糟肉类和白煮肉类、其他类,具体特点见表7-1。酱卤肉制品的主要特点是可直接食用,色泽美观,产品酥润,随着地区不同,在风味上有咸、甜之分。北方的禽肉酱卤肉制品咸味重,如符离集烧鸡、德州扒鸡、天福号酱肘子等;南方制品则味甜、咸味轻,如南京板鸭、镇江肴肉、东坡肘子等。由于季节不同,制品风味也不同,夏天口味重(盐味稍重);冬天口味轻(盐味稍轻)。

表7-1 各类酱卤肉制品特点、工艺及代表产品

序号	类别	特点	制作方法	代表作品
1	酱卤肉类	色艳、味美、肉嫩,色泽和风味取决于香辛料和调味料的种类与搭配	肉在水中加食盐或者酱油等调味料和香辛料一起煮制而成	天福号酱肘子、月盛斋酱牛肉、德州扒鸡
2	糟肉类	保持原料固有的色泽,同时具有酒香气	原料肉经白煮后,再用"香糟"糟制的熟肉制品。香糟是谷物发酵制作黄酒或米酒后剩余的残渣(即酒糟)经过加工而成	糟肉、糟鹅
3	白煮肉类	最大限度地保留原料肉的固有色泽和风味,食用时才调味	原料肉经(或不经)腌制后,在水(或盐水)中煮制而成	白切鸡、盐水鸭
4	糖醋肉制品	色泽红亮油润、酸甜可口、肉质鲜嫩	用猪肋排作原料,修整后分切成小块腌制,油炸成金黄色,然后加入调好味的糖醋汁(白砂糖、醋、料酒、番茄酱)中卤制成熟,大火收汁	糖醋里脊、糖醋排骨
5	蜜汁肉制品	表面发亮,多为红色或红褐色,制品鲜香可口,蜜汁甜蜜浓稠	用红曲米水和糖熬成浓汁,与油炸后的原料肉混匀	蜜汁肉、蜜汁叉烧肉、蜜汁烧鹅

酱肉制品和卤肉制品在煮制方法、调味材料上有所不同,产品色泽、味道等特点也不相同。其主要区别见表7-2。

表7-2 卤制品与酱制品对比表

主要特征	卤肉制品	酱肉制品
煮制工艺	将各种辅料煮成卤汤,再加入肉,旺火煮制	肉与辅料同时下锅,大火煮沸,文火收汤,最终使汤形成肉汁
辅料	使用香辛料、酱油少,不加面酱	使用较多的香辛料,并添加较多的酱油或面酱
色泽	色泽较浅,一般为酱黄色和本色	颜色重,一般为酱红色或酱黑色
香气	突出肉原料的本味	突出香辛料香气与酱香

7.1.1.3 卤水

(1)什么是卤水:卤水是制作卤菜熟食所使用的汤汁,主要以多种香料、调料熬煮而成。卤水所用材料有花椒、八角、陈皮、桂皮、甘草、草果、沙姜、姜、葱、生抽、老抽及冰糖等多种香料调料,然后经数小时炒制、熬煮制成。

(2)卤水保存及养护:

①卤水保存方法:一年当中,卤水的保存与四季温度的变换有着密切的联系。

A.春季:一年的开始,温度逐渐上升,气候多变,乍暖还寒,因此在每天卤制完食材后,需要用漏勺将卤水中的残渣打除干净,大火煮沸 3 min 1 次,关火静置,放在固定地方不动。第二天,使用前需要先煮沸,再使用卤水卤制。

B.夏季:天气炎热,是卤水极易变质的多发期,发泡、变酸现象频繁出现。因此,每天除卤制食材煮沸外,必须用漏勺将卤水中的残渣打除干净,再单独将卤水煮沸两次,早上 1 次,下午 1 次,大火煮沸 3 min,关火静止,放在固定地方不动。

C.秋季:温度逐渐下降。但是暑热未完,俗话说:七霉,八烂,九生蛆,因此,秋季卤水应该煮沸 2~3 次甚至更多,关火静置,放在固定的地方不动。

D.冬季:气温逐步下降,生物在寒冷来袭的时候会减少生命活动,所以卤水也不容易变质。此时卤水在卤制完食材,将卤水中的残渣捞除干净后,可以保持每天煮沸 1 次,关火静置,放在固定地方不动。

卤水如果长时间不用,最好不要每次干烧,不加食材卤制,因为卤水会氧化过度导致味道尽失。所以最好的办法就是煮沸后晾凉,将卤水冷藏。具体做法是,把卤水煮沸,用纱布滤去杂质,然后再煮沸,倒入适量熟油(油封),静置冷却,用保鲜膜封口后即可放入冰箱冷藏或冷冻保管。保存时间可达1~2个月甚至更长。

②卤水在保存过程中的注意事项：

A. 热卤水不加盖：热卤水不能加盖焖，因为热卤水加盖后，水蒸气会在盖子上形成水滴，掉入卤水中，还不容易散热，容易使卤水起泡，发酸、发臭。正确方法是在卤水桶上加盖一层纱布，既可以防止形成水滴，也容易散热，还能防止卤水中落入其他异物和灰尘。

B. 香料包要取出：卤水保存过程中，不取出香料包，会导致香料中的黑色素、苦味浸入卤水中，使卤水发黑、发苦。正确方法是取出香料包单独放入冰箱冷藏。

C. 保存环境要透风阴凉：干燥阴凉的环境有利于卤水的保存。正确方法是制作铁架子，卤水桶放在架子上，加热的时候将猛火灶头放在下面，不用了可以关火，或者撤走猛火灶头，方便省事。

③卤水日常养护及使用：

A. 卤水卤制时的火候：卤水煮沸后，卤制食材时的火候，一定要小火煨制。原因主要有：a. 使食材更容易入味和酥烂；b. 减少食材中水分的流失，就是通常说的"卤肉失水"；c. 保护卤水，防止卤水发黑，因为卤水中含有糖分、生抽及酱油，大火卤煮会加速氧化，导致卤水发黑。

B. 卤水去除血沫：食材去除血沫的过程一般是在卤制之前焯水时进行的处理。遇到生产量比较大的情况，有的工厂会省去焯水的过程，直接将食材放入卤水中进行卤制，只需要大火将卤水煮沸，尽可能地撇去卤水中的血沫。

卤制的前期处理会涉及冲去血水、腌制、焯水等程序。"舌尖上的卤味"姚师傅建议焯水过程要因食材而异，其中，鸡鸭肉身尽量不要焯水，以免失去鲜味，但也有其他情况，不能一概而论。牛羊肉、猪肉血水太多，需要焯水。动物内脏更需要焯水。因为焯水不仅可以去除血沫，还可以去除大部分的腥膻味。

C. 卤水调色上色：卤水上色一般分为三种颜色——白卤原色、红卤红色、黄卤黄色。根据食材的质地及特色使用不同的颜色，这样可以让卤制出来的食材更加诱人可口。卤水调色用到的天然上色一般有糖色、红曲、黄曲、红栀子、黄栀子、酱色等。

D. 卤水调香调味：卤制食材之前，卤水煮沸后，香料包放入卤水中煮30 min左右调香。香料包根据实际情况一般可以使用2~4次。在这个过程中要对卤水进行尝口，品品咸淡，可利用调味配方进行调味。

E.卤水卤制食材的分与合:卤水在卤制食材过程中,一般遵循以下原则: a.串味食材单独卤制;b.豆制品、蔬菜类食材单独卤制,也就是常说的"专卤专用"。鸡肉和猪肉可以用同一锅卤水,牛羊肉则不行,膻味太重,会影响别的食材。专用卤水的还有动物内脏(如肠子、肚子等)、鱼、兔子、鸭子和一些素菜。

F.卤水的清理养护:经过多次长时间的卤制食材后,卤水中会残留大量的残渣和浮沫,如果不及时清理干净,则会直接影响卤水的颜色、香味和口感。

先将卤水静置,让卤水形成浮油、浮沫、卤水、残渣四层的状态。第一步,舀出浮油单独放置;第二步,打除浮沫,扔掉;第三步,用纱布过滤剩余的卤水,去除残渣;第四步,将适量的浮油倒入过滤好的卤水中,加热煮沸,静置保存即可。

如果卤水越来越浓稠,就必须用鸡血与水(一只鸡的血加 1 kg 水)搅散倒进卤水内搅转起旋涡,待静止后再加热沸腾后用纱布滤去杂质。如果卤水变黑,可以买一块或多块老豆腐放入卤水中慢火卤 20 min 左右,捞出豆腐,过滤杂质即可。

(3)卤水的香料:

①选用香料原则:卤肉中,香料应按照宜少不宜多、宜精不宜滥的原则来使用。至于使用方法,应因材用料、因地用料。下面就来详细讲解一下。

A.宜多不宜少的原则:所有的香料中,可用于卤肉的种类有几十种,其除了有自身的香味,同时也具备了一定的异味。如白芷,本身香气浓郁,但同时自身又略带苦味,所以在卤肉中用量相对较小,如果用量过重,卤水中就会产生苦味,其他香料也是同样的道理。基于此,在拿捏不准香料使用量的情况下,卤水中香料的使用应遵循宜少不宜多的原则,避免造成卤肉香料味过重的现象。

B.宜精不宜滥的原则:如果不知道香料如何使用,宁愿只精选几种常用芳香型香料(如八角、桂皮、小茴香、陈皮、白芷、香叶、草果、香砂、良姜等),也不要滥用太多其他香料。

香料除了有自身的香味,也有自身特有的异味,如果使用不当,其效果可能适得其反。

在卤肉中,香料的作用是屏蔽、掩盖食材的异味,以此来突出食材本身的香味,所以,香料的使用量就以恰好盖住食材异味又吃不出香料味,并且能保留食材原味为标准。香料在卤水中的使用需要遵循精准用量,精准选料的原则。

C.因材用料:卤肉中各种食材的特性和自身异味各不相同,所需要的香料也有所不同。如猪肉本身异味较小,兔肉则腥味较重,那么在卤制猪肉时,我们可以多用八角、桂皮、小茴香等芳香型香料,不需要过多考虑添加太多去腥除异的香料;而兔肉因其自身草腥味较重,我们在配料时就需要考虑如何去除它的草腥味,这时可以在香料中增加陈皮的用量,利用陈皮的果香味来屏蔽兔肉的草腥味。同理,在卤制鸡肉时可以增加白芷、良姜的用量;卤制鸭肉时增加白芷、白蔻的用量。

D. 因地用料:因地用料是根据地域口味的差异来使用不同的香料。比如不喜欢辣椒的地方,则不用或者少用辛辣比较强的香料,如辣椒、胡椒、荜茇等;不喜欢吃麻味的地方就少用花椒;口味清淡的地方就少放盐等。

②香料处理:在制作卤水时,一般都要用香料增加香味,以掩盖某些原料的不良气味,如腥气、膻气、臭气等。不过,很多时候由于没有注意到各种辛香料的用法和用量,反而使卤水多了异味和苦涩味。

A. 香料去异味的方法:在日常操作中,往往将香料直接下锅炒制,或是放入卤水中煮制,但这种做法显然不妥。因为香料中也有一些能产生异味和苦涩味的杂质,这会使卤水出现异味和苦涩味,而原因就在于所有香料都没有经过前期处理。所以,香料在使用前必须先除去异味和苦涩味,以保证火锅锅底和卤水香味的纯正。卤水所用的香料一般可分为芳香类和苦香类两种。

芳香类香料有八角、桂皮、丁香、小茴、香叶、香茅草等;苦香类香料有豆蔻、山奈、草果、砂仁、白芷、高良姜等。这些香料均含有会产生异味和苦涩味的杂质,因各自的含量不同,故去异的方法也有所不同。

a. 芳香类香料的去异处理:因芳香类香料中含有的异味和苦涩味杂质较少,故可以采用清水浸泡去异。用清水浸泡香料既是一个涨发吸水的过程,也是一个除去异味和苦涩味的过程。但在处理不同的香料时,浸泡的水温和时间却不尽相同,严格意义上说,每种香料都应单独浸泡。下面为大家介绍几种常用的芳香类香料的处理方法(表7-3):

表7-3 芳香类香料的去异处理方法

序号	种类	处理方法
1	八角	八角的香味较浓,异味和苦涩味也比较小,但因为其肉质较厚实,故浸泡的水温最好在50℃左右,浸泡的时间需要3 h
2	桂皮	桂皮虽然异味和苦涩味较小,但因其皮层厚、油性大,不易去异出香,故浸泡时的水温较高,为70℃左右,浸泡的时间也比较长,约为4 h。另外,浸泡时最好将桂皮掰碎
3	丁香	因其异味和苦涩味较小,油性较大,所以浸泡的水温宜控制在40℃左右,浸泡时间最好为3 h

序号	种类	处理方法
4	小茴	这三种香料在浸泡时,水温宜在 30℃左右,时间为 2 h
5	香叶	
6	香茅草	

b. 苦香类香料的去异处理:因苦香类香料中所含异味和苦涩味杂质比较多,故一般都是用白酒浸泡以去异。因为酒精的挥发作用和渗透作用,使香料中的异味和苦涩味更容易被除去。但在处理不同的香料时,浸泡时间的长短也需要灵活掌握。下面以几种常用的苦香类香料为例进行说明(表 7-4):

表 7-4　苦香类香料的去异处理方法

序号	种类	处理方法
1	豆蔻	豆蔻的香味较浓,但异味和苦涩味也较大,而且其果实个大饱满坚实,故应拍破后再用白酒浸泡,浸泡的时间通常为 2 h
2	草果	处理时应先用清水漂去表面的烟熏味,然后再拍碎,放白酒中浸泡 2 h
3	山奈	这 4 种香料用白酒浸泡的时间约为 1 h
4	砂仁	
5	白芷	
6	高良姜	

B. 香料出香味的方法:香料经过去异味处理后,如果直接用来调制火锅或卤水,那么呈香物质还是不能充分溢出,故使用前可以先用适量的油脂炒制,让香味充分释放出来以后,再用于调制火锅或卤水。值得一提的是,在用油脂炒香料时,要小火低油温(甚至冷油),切忌把香料炒焦炒煳(出现焦苦味)。另外,不同的香料不仅下锅炒制的时间不同,而且还需要把握以下原则:

a. 两类香料分开炒制:芳香类香料的炒制时间比较长,苦香类香料的炒制时间比较短,分开炒制是为了避免因加热时间过长温度升高,而造成苦香料未除净的苦涩味渗出。

b. 出香慢的香料先下锅:由于香料出香的快慢有所不同,故出香慢的香料应先下锅炒制,出香快的香料后下锅炒制,这样才能使香料出香趋于大同,从而保证火锅或卤水的风味不变。

具体来说,在炒制芳香类香料时,出香慢的八角、桂皮等应当先放,而出香快的小茴、香叶、香茅草等则应后放;在炒制苦香类香料时,出香慢的豆蔻、草果、砂仁等应当先放,而出香快的山柰、白芷、高良姜等则应后放。

③常用香料用量(表7-5):

表7-5 常用香料用量

序号	名称	添加量
1	丁香	每50 kg卤水中添加15~20 g
2	草豆蔻	每50 kg卤水中约添加50 g
3	肉豆蔻	每50 kg卤汤中添加25~30 g
4	草果	每1 kg食材需加2~3 g
5	罗汉果	一般每50 kg汤水加罗汉果2~3个
6	木香	每1 kg食材添加3 g
7	荜茇	每1 kg原料约添加5 g
8	黄栀子	一般50 kg卤水中用量为40~50 g
9	玉竹	一般在卤水中少量添加即可
10	陈皮	每50 kg卤水中添加约30 g
11	川芎	制作卤水时放10~15 g即可
12	良姜	每50 kg汤中加30~50 g
13	姜黄	每50 kg汤水中添加姜黄块30 g

④不同香料在卤水中的作用(表7-6):

表7-6 不同香辛料在卤水中的作用

序号	名称	在卤水中的作用
1	姜黄	色泽金黄,味道辛辣,有特殊香味,可增香、上色、添味
2	白扣(白豆蔻、白蔻仁)	卤水必备,可去异味、增香辛
3	白芷	气味苦香,可去异味、增香辛
4	黄芪	味道甘甜,可去腥
5	草豆蔻(草蔻、草蔻仁、老蔻)	可去腥、去膻、去异味,为卤汤增香
6	草果(草果仁)	有较强的祛腥除异的作用,可增辛香味、增进食欲
7	沉香	可增辛香味
8	陈皮	可增香添味、去腥解腻
9	大红袍花椒	可增加香味和麻辣口感
10	丹皮	有浓烈而特殊的香味,增加辛辣香味
11	当归	药用卤料必备,有药材香味,口感先甜后麻,可作花椒用
12	党参	味苦,可去腥、增加口感

续表

序号	名称	在卤水中的作用
13	丁香	香味浓,有麻舌感,可去腥、除臭解异、增香增味
14	甘草	可赋甜增味、去异压腥,调节卤水的复合味
15	广木香	味辛香、苦,可增加香味
16	桂丁	有强烈芳香味,味辛甘,可增香增味
17	桂皮	味辛甘,可增香
18	白胡椒	温中散寒,可增辛辣味
19	红豆蔻	味辛,可去腥
20	黄栀子	微苦,只能增色,增香去异作用微小
21	枳壳	味辛甘酸,可去腥增香
22	决明子	味苦、甘、咸,能使卤菜上色
23	罗汉果	味甜,可增色,使卤汤更润口
24	五加皮	味辛,可去腥
25	柠檬干	可去腥、提味、增清香
26	排草	卤水必备,可增香
27	千里香	味微辛,口感苦而麻辣,可增味
28	青花椒	增加麻味和香味
29	肉蔻(玉果、肉豆蔻、香果仁)	卤水必备,香气浓烈,可增香
30	山黄皮	可提香增甜
31	山柰(三奈、沙姜)	味辛甘,可开胃消食
32	四川中江白芍	味苦酸,可去腥
33	香菜籽	可去腥、去膻、增香
34	香果	香辛料,可增味增香
35	香茅草	味香微甘,有一股独特的香气,研粉用之,可增香增味
36	香砂	气味辛凉,可增香
37	香叶	味香浓,可增香
38	八角	卤水必备,味甘、麻,有强烈而特殊的香气,可增香增味
39	小茴香	味香,可增香去腥
40	紫苏	味辛香,有一股特殊的香味,可增香
41	甘松	香味浓厚,有麻味,可除异解膻、提味增香
42	辛夷	芳香四溢,可增香
43	阳春砂	可增香

序号	名称	在卤水中的作用
44	罗勒(九层塔、金不换)	味似茴香,芳香四溢,可增香
45	莳萝	味辛辣,有特异香气,可增味增香
46	荆芥	味辛微苦,清香气浓,可增味增香
47	薄荷	气味清香,可增香
48	辣椒	可去腥、增加辣味
49	良姜(小良姜、高良姜)	味辛,有芳香气味,可调味增香
50	紫草	根部呈红润色,多用于调色,增香去异作用微小

(4)卤水的应用:卤水用途广泛,无论是各种肉类、鸡蛋或者豆腐,均可以卤水煮成。卤水按照口味分为五香卤水、麻辣卤水、香甜卤水、鲜咸卤水、酱香卤水等;按照颜色则一般分为白卤水、红卤水、黄卤水三种卤水。经过卤水卤煮过的食材,称之为酱货、卤货或熟食,卤出来的东西也各有各的独特风味。南派北派卤水调制方法大全如下。

①北派酱汤:

A. 配方一

a. 汤料:猪棒骨 3500 g、老母鸡 1500 g、猪皮 1 kg。

b. 香料:八角 80 g、白豆蔻 50 g,小茴香、桂皮各 40 g,草豆蔻、白芷、山奈各 35 g,香叶 25 g,干香茅草、草果、良姜各 20 g,肉豆蔻 15 g,丁香 12 g,花椒、甘草各 10 g,罗汉果 5 个。

c. 调料:大葱 600 g、姜 400 g、盐 400 g、白酒 100 g、花雕酒 500 g、鸡精 40 g、味精 50 g、鸡粉 50 g、炒冰糖色 80 g、红曲米水 350 g。

d. 熬制方法:

第一步,猪棒骨锤成段,焯水 3~5 min,老母鸡和猪皮改成大块,分别放入清水中浸泡 1 h(泡出血水),捞出放入冷水锅中煮开,去掉血沫,捞出放入不锈钢桶中,加入 35 kg 清水,下入拍松的大葱、姜块,大火煮沸,改小火慢慢熬至成汤(约剩汤汁 25 kg),离火过滤。

第二步,香料拍破,用开水泡 30 min,捞出包成香料包,放入沸水中,大火煮沸,改小火煮 5 min,取出控水。

第三步,在汤里面放入剩余的香料包、调料,大火煮沸,调小火熬 30 min,离火滤渣即成。

备注:炒冰糖色制作:锅中放入色拉油 10 g,下入冰糖粉 200 g,用中火慢炒,待糖由白色变成黄色时,改小火慢炒,呈黄色、起大泡时端离火口,快速炒至深褐色,加入少许开水,用小火熬 10 min 即可。

红曲米水制作:锅中放入清水 1500 g、红曲米 150 g,大火煮沸,改小火熬 2 min,捞出红曲米。

e. 注意事项:

a)肉豆蔻、草果这样的块状香料一定要用刀拍破,这样才能更好地散发香味。

b)酱汤中不可以加入酱油和老抽,以免酱汤越熬越黑。

酱汤酱制过一些原料后,香味会逐渐变淡,因此每隔三天,就要更换一次香料包。

c)酱汤每次使用过程中,因酱汤沸腾而产生的蒸汽会使酱汤逐渐减少,这时就需要及时添加汤料。

f. 使用贴士:

a)在酱制荤类原料前,原料一定要焯水,且焯水时一定要加入足量的白酒,这样可以祛掉原料的异味,防止污染酱汤的风味。

b)很多内脏类原料都带有浓郁的异味,是焯水无法祛除的,所以我们一般会将酱汤分成两份,一份用来单独酱制内脏,一份用来酱制其他的荤类原料。

B. 配方二:

a. 汤料:鸡骨架 2 kg、猪棒骨 5 kg、姜块 300 g。

b. 香料:小茴香 150 g,桂皮、八角、陈皮各 100 g,丁香 75 g、香叶 15 片、白芷 10 片、槟榔 13 片、良姜 8 块、罗汉果 2 个、草果 15 个、沙姜片 8 片。

c. 调料:A 料(排骨酱 240 g、酱油 1500 g、生抽 1 kg、蚝油 500 g、甜面酱 100 g、炒冰糖色 150 g、老抽 50 g、红曲米粉 75 g)、味精 80 g、鸡粉 100 g。

d. 蔬菜料:芹菜 500 g,圆葱块 800 g,大葱段、拍松的姜块各 200 g,拍松的胡萝卜块、拍松的青尖椒各 150 g。

e. 熬制方法:

a)取鸡骨架、猪棒骨分别斩成大块,大火焯水后清洗干净,放入不锈钢桶内,倒入清水 35 kg、姜块,用旺火煮沸后撇出浮沫,改用小火熬制 4 h,此时汤呈乳白色,过滤料渣。

b)香料拍破,用开水泡 30 min,捞出包成香料包,放入沸水中,大火煮沸,改小火煮 5 min,取出控水。

c)取熬好的高汤 20 kg 放入不锈钢桶内,倒入 A 料、蔬菜料和香料大火煮沸,改小火熬制 1 h,放入味精、鸡粉调味,离火滤渣即可。

f. 制作关键:

a)蔬菜料不需要炒制,直接使用即可,这样更能体现它们的清香味。

b)此酱汤如果用来卤牛肉,需要重新替换香料包。牛肉香料包的组成:八角100 g,山奈、丁香、桂皮、香叶、甘草、红豆蔻各 20 g,砂仁、草果、陈皮、花椒各 5 g,罗汉果 1 个、白芷 6 g。

c)卤牛肉需要一定的技术含量,加工方法:取牛肉切成大块,不焯水也不滑油,直接放入酱汤内,小火酱 4 h,关火焖制 8 h,捞出即可。

②北派红卤(图 7-1):

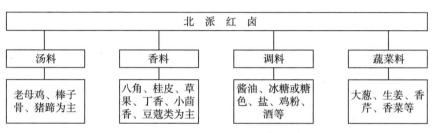

图 7-1 北派红卤卤水的组成

A. 配方一:

a. 汤料:猪蹄 10 个、老母鸡 3 只、大棒骨 5 kg。

b. 香料(可重复 4 次):透骨草、肉豆蔻、良姜各 62.5 g,草豆蔻 38 g,甘草、当归各 25 g,荜茇 18 g,小茴香 52 g,山楂干 100 g,干香菇、白豆蔻、白芷、陈皮各 20 g,白果、玉竹各 50 g,益智仁 35 g,五味子、木香各 30 g,香叶、桂皮、灵草各 10 g。

c. 调料:麦芽酚(纯香型)40 g、冰糖 750 g、味精 200 g、盐 1500 g、炒好的糖色1 kg、鲜味汁 1 瓶、鸡粉 300 g。

d. 蔬菜料:大葱、姜各 2500 g、毛葱 5 kg,香芹、八角、青尖椒各 1 kg,花椒、香菜各 500 g,子弹头干辣椒 250 g。

e. 熬制方法:

a)汤料剁成大块,放入冷水锅内,大火加热至水沸,改小火撇净浮沫,捞出原料冲洗干净。

b)香料用 30℃的水浸泡 2 h,捞出控水,用香料包包好;蔬菜料洗净,用料包包好。

c)取一个大的不锈钢汤桶,放入清水 50 kg 大火煮沸,下入焯水后的汤料,大火煮沸,改小火煮 5 h,过滤料渣,放入香料包、蔬菜料包以及调料,大火煮沸,改小火炖 2 h,捞出香料包、蔬菜包,卤水熬制完成。

B. 配方二:

a. 汤料:猪排骨、鸡架子、猪五花肉、牛骨各 1 kg。

b. 香料:桂皮、花椒、甘草各 100 g,香叶 75 g,八角、陈皮、良姜各 50 g,草果 6 个、罗汉果 2 个、草豆蔻、肉豆蔻、沙姜、砂仁、丁香各 25 g。

c. 调料:盐、冰糖各 250 g,味精 200 g,生抽 2 瓶、酱油 1 瓶、花雕酒 2 瓶、红曲米 1 kg。

d. 蔬菜料:姜片 250 g,小葱、蒜片、香菜、干葱头各 500 g。

e. 熬制方法:

a)汤料洗净,剁成大块,放入冷水锅内,大火煮沸,改小火撇净浮沫,捞出清洗干净,放入不锈钢桶内,倒入清水 35 kg 煮沸,改小火加热至汤汁浓稠时,将汤料滤出即成高汤(用来制作高档菜肴)。

b)往装有汤料的桶内再注入清水 35 kg,大火煮沸,改小火熬制 4 h,过滤料渣即成二汤。

c)香料用纱布包好,用清水略微浸泡,捞出控水。

d)锅内放色拉油 500 g,烧至三四成热时,放入蔬菜料,中火煸炒至蔬菜料变成金黄色,将油和料分离,用纱布将炒香的蔬菜料包好。

e)取提前熬好的二汤 15 kg 煮沸,先下入蔬菜料包,小火煮出蔬菜香味后,捞出蔬菜包,放入香料包,继续小火煮约 40 min。

f)捞出香料包,最后放入调料,大火煮沸,改小火熬制约 40 min,捞出红曲米。

③香辣卤水(图 7-2):

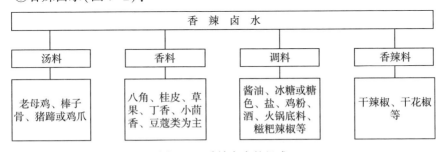

图 7-2　香辣卤水的组成

A. 配方一:

a. 汤料:提前熬好的二汤 10 kg,老卤水 5 kg。

b. 香料:干香茅草 200 g、八角 50 g、山柰 25 g、桂皮 15 g,草果、小茴香、荜茇各 10 g,丁香、白豆蔻、香叶、灵草各 5 g。

c. 调料:糍粑辣椒 2.5 kg、干的青花椒 200 g、火锅底料 200 g,葱段、拍松的姜块各 500 g。

d. 油料:色拉油 5 kg、藤椒油 1 kg、芝麻油 250 g。

e. 熬制方法:锅内放入色拉油,烧至五成热时,下入葱段、姜块,中火炸出香味,下入糍粑辣椒,改小火炒出香辣味,下入青花椒、火锅底料,继续用小火煸炒至辣椒变成淡淡的焦黄色,再倒入二汤、老卤水,一起小火熬制 2 h,过滤料渣,放入香料、藤椒油、芝麻油即可。

备注:

老卤水制作:

a. 汤料:二汤 50 kg。

b. 香料:山柰 25 g,八角 20 g,草果、荜茇各 15 g,香南姜 500 g,丁香、小茴香、香叶、桂枝各 30 g,肉桂 50 g、香菜籽 150 g、肉豆蔻 10 g。

c. 调料:里脊肉、五花肉各 2500 g,鸡爪 1500 g、糖色 250 g、红烧酱油 200 g、姜 750 g。

d. 油料:熟菜籽油 500 g、熟猪油 250 g。

e. 蔬菜料:圆葱 1 kg,小香葱、大葱段、香菜各 750 g。

f. 熬制方法:

a)锅内放入二汤、香料、调料和油料、蔬菜料,大火煮沸,改小火熬制 8 h,离火过滤即可。

b)香料放入沸水中快速焯水,去掉多余的杂质,控干水分,锅内放入油料,烧至三四成热时,放入香料,中火炒香,取出香料用纱布包好。

c)里脊肉、五花肉均切成大块,分别用油炸至色泽金黄,鸡爪同样炸至色泽金黄。

d)锅内放入色拉油 3 kg,下入蔬菜料,小火炸干水分,捞出蔬菜料,用纱布包好。

B. 配方二:

a. 汤料:猪蹄 10 个、老母鸡 3 只、大棒骨 5 kg。

b. 香料:透骨草、肉豆蔻、良姜各 62.5 g,草豆蔻 38 g,甘草、当归各 25 g,荜茇 18 g、小茴香 52 g、山楂 100 g,干香菇、白豆蔻、白芷、陈皮各 20 g,白果、玉竹各 50 g,益智仁 35 g,五味子、木香各 30 g,香叶、桂皮、灵草各 10 g。

c. 调料:麦芽酚(纯香型)40 g、冰糖 750 g、味精 200 g、盐 1500 g、炒好的糖色 1 kg、鲜味汁 1 瓶、鸡粉 300 g。

d. 油料:豆油 2.5 kg、色拉油 5 kg、A 料(毛葱 2.5 kg、姜、八角各 1 kg、花椒 250 g、大葱段 1.5 kg)。

e. 香辣料:子弹头辣椒 2.5 kg、干的青花椒 1.5 kg、辣椒王 1 kg。

f. 熬制方法:

a)汤料剁成大块,放入冷水锅内,大火加热至水沸,改小火撇净浮沫,捞出原料冲洗干净。取一个大的不锈钢汤桶,放入清水 50 kg 大火煮沸,下入焯水后的汤料,大火煮沸,改小火煮 5 h,离火滤渣。

b)香料用 30℃的水浸泡 2 h,捞出控水,用香料包包好;蔬菜料洗净,用料包包好。

c)锅内放入豆油、色拉油,烧至三成热时,放入 A 料大火煮沸,改小火熬至 A 料变成金黄色时,过滤料渣,离火存放,子弹头辣椒、干的青花椒、辣椒王用清水略微清洗即可。

d)在汤料中放入香料包、蔬菜料包、调料、步骤③处理油料及香辣料,大火煮沸,改小火熬 2 h,捞出香料包,卤水熬制完成。

说明:这款香辣卤水适合卤鸡爪和兔头,使用时,将原料放入卤水中,小火卤制成熟,关火浸泡。将原料捞出,码放在一个洁净的不锈钢盆内,然后用勺将卤水表面的油舀出,浇在原料上并没过原料,一直浸泡即可。用卤水表面的卤油封存原料,是为了让成品吃起来香味更浓郁。

④潮州卤水:

A. 配方一:

a. 汤料:老鹅 3500 g、老母鸡 3 kg、老鸭 1500 g、棒骨 2 kg,猪蹄、鸡爪各 1 kg,蛤蚧 2 个。

b. 香料:八角 100 g,花椒、干辣椒各 80 g,高良姜、甘草、山奈、桂皮、草果、肉豆蔻、白豆蔻、莳萝籽、栀子各 50 g,香叶、小茴香、砂仁、白芷、白胡椒粒、干香菇、陈皮各 30 g,丁香、香茅草各 10 g,当归 5 g、罗汉果 2 个、豆豉 70 g(洗去表面细盐)、橄榄菜 480 g。

c. 调料:花雕酒 2 瓶、加饭酒 1 瓶、米酒 2 瓶,二锅头、咖喱粉、牛肉粉各 50 g,蚝油 1 kg,鱼露、鲍鱼酱、糖色各 200 g,老冰糖、老抽各 300 g,酱油、鸡粉各 500 g,生抽 1500 g、花生酱 100 g、沙姜粉 80 g、盐 150 g。

d. 蔬菜料:生姜 1 kg、葱 500 g,胡萝卜、干葱头各 300 g、香菜根 30 g。

e. 油料:熟鸡油 1 kg、花生油 800 g、芝麻油 200 g。

f. 熬制方法:

a)取老鹅、老母鸡、老鸭、棒骨、猪蹄分别剁成大块,放入冷水锅内,中火加热至水沸,改小火撇净浮沫,捞出冲洗干净,和焯水后的鸡爪一起放入不锈钢桶内。

b)往汤料中注入清水 40 kg 和蛤蚧,大火煮沸后持续大火滚汤 60 min,改中火熬汤 2 h。

c)香料用纱布包好,用清水略微浸泡,捞出控水。

d)将香料包、调料、蔬菜(用纱布包好),放入汤料中,继续中火熬制 1 h,离火滤渣。

e)待卤水快要熬好时,将三种油料一起倒入锅内,大火加热至八成热,离火倒入熬制 1 h 的汤桶内,熬制完成。

g. 制作关键:

a)所有香料需用温水浸泡 2 h,淘洗一遍,去除多余的杂质,控干水分后放入烤箱(温度为 120℃)内烘烤出香味,取出,用香料包包好。

b)干香菇、莳萝籽、豆豉、橄榄菜主要增加卤水的复合香味。

c)咖喱粉既能调节风味,还能起到提亮卤水色泽的作用。

d)鲍鱼酱、花生酱主要增加卤水的浓稠度。

e)沙姜粉的作用是遮盖卤制原料的异味。

f)熟鸡油增加卤水的香味,花生油和芝麻油增加卤水的鲜味。

B. 配方二:

a. 汤料:提前熬好的二汤 15 kg。

b. 香料:八角 2 g、蛤蚧 1 对、香叶 12 片,甘草、小茴香各 35 g,肉豆蔻、丁香、陈皮、鲜沙姜各 25 g,罗汉果 2 个、香茅草 50 g、草果 4 个、白胡椒粒 15 g,桂皮、砂仁、花椒各 20 g,鲜南姜 75 g、红曲米 200 g。

c. 调料:生抽 1 瓶、鱼露 120 g,冰糖、鲜味汁各 150 g,加饭酒、浓缩鸡汁各200 g。

d. 油料:A 料(葱、姜、蒜各 20 g,八角、桂皮、香叶各 10 g),鸡油 1 kg。

e. 蔬菜料:葱、姜、圆葱、香菜、蒜子各 300 g。

f. 熬制方法:

a)将提前熬好的二汤煮沸,下入香料包、蔬菜料包、熬好的鸡油和调料,大火煮沸,改小火熬制约 40 min,滤渣即可。

b)香料用纱布包好,用清水略微浸泡,捞出控水。

c)锅内放入色拉油 150 g，煮至三四成热时，放入蔬菜料，中火煸炒至蔬菜料变成金黄色，将油和料分离，用纱布将炒香的蔬菜料包好。

d)锅内放入鸡油，煮至三四成热时，放入 A 料，小火熬至鸡油香味浓郁时，离火滤渣。

⑤卤味六大核心问题：

A. 不同食材的前处理方案：不同的原料应该选择不同的初加工方法，有的只需要略微清洗，有的则需要焯水或者略微浸煮，有的还要经过油炸。下面给大家列出一个表格（表 7-7），方便大家查阅。

表 7-7　食材前处理方案一览表

序号	原料	初加工
1	鹅头	去掉鹅头表面的细毛，清洗干净，焯水
2	鹅掌	清洗干净，焯水
3	鹅翼	清洗干净，焯水
4	鹅胗	清洗干净，焯水
5	猪大肠	刮净油脂，加面粉和白醋搓揉去掉黏液。洗净后加入白酒、花椒、葱、姜焯水，再次加入红曲水焯水 10 min
6	猪头（重约 2 kg）	洗净后放入红曲水中，加入少许葱、姜、白酒，焯水 15 min
7	猪耳	洗净后放入红曲水中，加入少许葱、姜、白酒，焯水 5 min
8	猪尾	洗净后放入红曲水中，加入少许葱、姜、白酒，焯水 10 min
9	猪手	洗净后放入红曲水中，加入少许葱、姜、白酒，焯水 15 min
10	猪舌	洗净，入沸水锅中烫一下，刮去舌苔，放入红曲水中焯水
11	猪肚	刮净油脂和杂质，加面粉和白醋搓揉去掉黏液，洗净后放入冷水锅中，加葱、姜、白酒，捞出后再次清洗一下
12	麻鸡（重约 900 g）	洗净血水后，用红曲水焯水，再放入七成热的色拉油中炸至皮微干
13	鸡腿	清洗干净，用红曲水焯水，再放入七成热的色拉油中炸至皮微干
14	鸽子	洗净后用红曲水焯水
15	凤爪	洗净后焯水再放入八成热的色拉油中炸至表皮气泡
16	鸭脖	清洗干净，焯水
17	牛腱肉	牛腱肉改刀成重约 500 g 的块，冲去血水，焯水 10 min

序号	原料	初加工
18	生金钱肚	洗净后加入葱、姜、花椒焯水 5 min
19	羊腿(重约 2 kg)	焯水 15 min,用七成热的色拉油小火炸至皮微干
20	甲鱼(重约 1.5 kg)	宰杀洗净
21	鸡蛋	煮熟后剥壳
22	豆腐	切成需要的块,油炸至色泽金黄
23	豆皮	清洗干净
24	杏鲍菇	风干 4 h,用七成热的色拉油小火炸至皮金黄色

B. 防止卤料之间相互串味的方法:不同原料带有不同的风味,所以熬好一桶卤水后,要将它分成若干份,分别用来卤制不同的食材。一般分为 6 份:

a) 卤鸡、鸭的卤水;

b) 卤牛肉和牛杂的卤水;

c) 卤羊肉、羊腿和羊杂的卤水;

d) 卤肘子和猪下货的卤水;

e) 卤豆制品,如豆腐、豆皮的卤水;

f) 卤菌菇的卤水。

有些卤水,比如卤制了藕片、鱼丸、鸡脆骨后的卤水,就会大量吸收食材的风味,这种卤水一般都是一次性的,不可以重复使用。

C. 卤料的颜色如何更加红亮?这个问题主要是针对北派红卤或者酱汤而言的,卤好的食材如果色泽红亮,肯定更加诱人,用红曲水来焯水就能达到效果。

红曲水的制作方法:清水和红曲米按照 30∶1 的比例混合,倒入锅内,大火煮沸,改小火熬制 30 min 过滤即可。

每个地区对于"色泽红亮"的定义是不同的,所以在使用红曲米时,大家可根据当地食客的喜好来调整其用量。

D. 卤制的时间如何确定?不同地区对于食材的成菜口感和香味有着不同的要求,少卤多泡是卤制食材的原则,但是不同的原料卤制和浸泡的时间是不同的。下面提供一个表格供参考(表 7-8)。

表 7-8　卤制时间表(北方适用)

序号	原料	卤制时间/min	关火浸泡时间/min
1	鹅头	15	30
2	鹅掌	30	20
3	鹅翼	30	20
4	鹅胗	10	40
5	猪大肠	30~40	30
6	猪头(重约 2 kg)	40	60
7	猪耳	30	40
8	猪尾	40	40
9	猪手	50	60
10	猪舌	20	30
11	猪肚	30	40
12	麻鸡(重约 900 g)	15	40
13	鸡腿	10	40
14	鸽子	8	35
15	凤爪	5	35
16	鸭脖	10	30
17	牛腱肉	50~60	60
18	生金钱肚	20	30
19	羊腿(重约 2 kg)	50~60	50
20	甲鱼(重约 1.5 kg)	5	20
21	鸡蛋	8	30
22	豆腐	2~3	30
23	豆皮	1	20
24	杏鲍菇	3	30

E.异味较重食材的处理方案:卤制一些异味重的原料时,会在卤水的基础上再补充一些能够遮盖异味、提升香味的物质(详见表7-9)。除了这种方法外,在卤制金钱肚、猪口条、猪肘子、猪肚、猪大肠或者猪耳朵时,建议先将它们煮至八成熟,再进行卤制(表7-9)。

具体操作:原料洗净,冷水下锅,加入葱、姜、料酒大火焯透,捞出控水,重新置于锅内,倒入清水没过原料两指,再下入葱段、姜片、料酒、八角、桂皮、香叶大火煮沸,改小火煮至八成熟,捞出后再放入卤水中,继续用菊花火卤制约 30 min,关火浸泡 30 min。

这样不仅可以帮助食材祛除异味,还可以缩小它们对卤水风味产生的影响,同时出料率还特别高。

表 7-9　异味重的原料卤制方法(北方适用)

序号	卤制食材	卤料配比
1	牛头、牛肋骨及牛内脏	取卤水 15 kg,需要投入小茴香、干辣椒、白豆蔻各 10 g,草果 2 个,陈皮 20 g,香叶 3 g,胡萝卜 300 g,圆葱 100 g,花雕酒 200 g,香菜、沙姜粉各 30 g
2	猪头及猪内脏	取卤水 15 kg,需要加入二锅头 50 g,八角 30 g,花椒、肉豆蔻各 20 g,桂皮、白豆蔻各 15 g,丁香 3 g,姜 400 g
3	羊肉及羊内脏	取卤水 15 kg,需要加入二锅头、干辣椒各 50 g,白芷 25 g,小茴香 20 g,肉桂 15 g,香叶 3 g,山奈 10 g,胡萝卜 500 g,圆葱 100 g,姜 400 g
4	甲鱼	取卤水 8 kg,需要加入二锅头 30 g,黑椒汁 100 g,蒜片 50 g,葱、姜各 200 g,干辣椒 30 g,小茴香 10 g,白芷 5 g

F.如何解决卤料放置后变色的问题? 要想让卤好的原料持续保持靓丽的色泽,需要将卤好的原料略微控汤,放入不锈钢盘内摆好,取少许油脂在原料表面刷上薄薄一层,然后用保鲜膜将不锈钢盘包好即可。注意两点:a.油脂刷完后,不要急着封保鲜膜,要略微放置卤料降温后再封膜,否则卤料表面就会呈现无数的大块斑迹,影响菜肴的卖相;b.封好保鲜膜之后,一定要用竹签在保鲜膜上插上一些小孔,方便卤料透气。

7.1.1.4　酱卤肉制品的调味及加工工艺

(1)调味:调味是加工酱卤制品的关键,在加工过程中要根据调味料的特性和效果,调制出特有的咸味、鲜味和香气,形成产品特有的色泽和外观。通过调味还可以去除和矫正原料肉中某些不良气味,起调香、助味和增色作用,以改善制品的色、香、味、形。根据加入调味的作用和时间可将调味大致分为基本调味、定性调味和辅助调味三种。调味时必须严格掌握调味的种类、数量及投放时间(表7-10)。

表7-10　酱卤肉制品调味的种类

项目	主要原料	主要作用
基本调味	食盐、味精、酱油、亚硝酸钠(腌制)、香辛料粉(腌制)	奠定基础的咸、鲜味
定性调味	酱油、酒、香辛料(煮制)	决定产品特有的风味
辅助调味	卤油、酱汁、蜜汁	确定最终产品风味

(2)加工工艺:

①加热:原料肉在加热过程中蛋白质变性使肌肉收缩变性,降低肉的硬度,改变色泽,脂肪发生降解及氧化形成特有的熟肉香气,最终达到熟制。加热的方式有水煮、蒸制、油炸、烘烤、盐焗等。酱卤肉制品多采用水加热煮制,煮制方法包括清煮和红烧。

清煮:修整后的原料肉冷水入锅,不加调料缓慢加热至沸,主要去除血水和腥味,一般在红烧前进行。清煮要一次加足量水,不可中途加水,会影响口味口感,还可能会导致肉煮不透。

红烧:将清煮后的肉放入加有调味料、香辛料的调味汁中进行烧煮,是酱卤肉制品加工的关键性工序。红烧可使制品加热至熟,使制品的色、香、味及化学成分有较大的改变。红烧剩余的汤汁称为老汤或红汤。

油炸:是某些酱卤肉制品的制作工序,如烧鸡等。油炸使制品色泽金黄、肉质酥软油润,使原料肉蛋白质凝固,排除多余水分,肉质紧密,在酱制时不易变形。

盐焗:将腌渍入味的原料用锡箔纸包裹,埋入烤红的晶体粗盐中,利用热传导进行加热。盐焗可保持原料的质感和鲜味,并可以使原料中的水分有一定程度的散发,从而起到浓缩原料鲜味的效果。

②煮制火力:根据煮制过程中火焰的大小和锅内汤汁情况,分为大火、中火、小火三种,见表7-11。一般煮制初期用大火,煮制时间短,用于原料初步熟制;中后期用中火和小火,煮制时间长,便于肉品入味、酥润(表7-11)。

表 7-11　煮制火力

项目	定义	使用说明
大火	又称旺火、急火,火焰温度高、强而稳定,锅内汤汁剧烈沸腾	用于快速使锅内物料沸腾
中火	又称文火、温火等,火焰温度较低、弱而摇晃,锅内汤汁沸腾,但不剧烈	用于鸡翅、鸡腿、鸭脖等中小型酱卤肉制品的制作
小火	又称微火,火焰很弱而摇晃不定,锅内汤汁微沸或缓缓冒气	用于酱牛肉、酱肘子、烧鸡等较大物料的煮制,使其内外受热均匀

7.1.1.5　酱卤肉制品的应用实例

(1)酱卤牛肉的加工:以牛肉为原料,利用低温熟制、真空包装、二次杀菌,在卤汤中加入1%的中草药,使制品柔嫩多汁、风味独特、软硬适中、品质优良、出品率高。驴肉、羊肉、兔肉可参照此工艺生产。

参考配方:山楂0.4%,枸杞0.3%,山药0.3%,肉豆蔻0.05%,八角0.2%,花椒0.15%,桂皮0.1%,丁香0.04%,姜2%,草果0.2%,葱0.1%,食盐3%,糖1%,酒1%。

工艺流程:

原料选择整理 → 注射腌制 → 卤煮 → 冷却 → 装袋 → 真空封口 → 蒸煮杀菌 → 冷却 → 成品

①原料选择整理:选择健康新鲜的牛分割肉,剔除表面杂物、脂肪,洗净分切成0.5 kg的肉块。

②注射腌制:将腌料配置成盐水溶液,其中腌制剂0.04%、大豆分离蛋白2%,用盐水注射机注入肉块中,在2~5℃下腌制24~48 h。

③卤煮:在夹层锅中加入香辛料包,于水中加热至沸后恒温1 h,即成卤汤,卤汤熬好后,将肉、食盐、糖等加入,保持沸腾30 min,加入酱油,在85~90℃下保持120 min,出锅前20 min可加入适量的酒和味精,以增加制品的鲜香味。

④冷却、装袋:卤煮完成后将肉块捞起沥水,然后冷却、分切。将肉顺着肌纤维方向切成3~4 cm厚的块状,装入蒸煮袋中,一般每袋净重250 g或400 g为宜。

⑤真空封口:将肉块装入包装袋,约占2/3的体积,用真空包装机封口。

⑥蒸煮杀菌:100℃蒸煮15~20 min。

⑦冷却、成品:杀菌后,将制品在0~4℃下冷却24 h,使其温度降至4℃左右。

（2）卤猪头肉:猪头肉是北京传统风味肉制品。北京猪头肉以"福云楼""太和楼""和成楼"所产最为著名。猪头一直是选用京东八县的优种猪,这种猪个小皮薄、肉嫩、膘厚适中。将鲜猪头洗净,一劈两开,经煮、去骨、酱焖制成。成品呈红褐色,光洁透亮,酱香味浓,肥而不腻,瘦而不柴。

参考配方:猪头肉 50 kg,食盐 2.5 kg,白砂糖 0.1 kg,大料 0.05 kg,小茴香 0.025 kg,花椒 0.025 kg,桂皮 0.1 kg,生姜 0.2 kg,葱 0.5 kg。

工艺流程:

原料选择 → 浸泡修整、劈猪头 → 配料 → 预煮 → 煮制 → 扒猪头骨 →

清汤 → 码锅 → 酱制 → 出锅 → 掸酱汁 → 成品

①原料选择与整理:选择合格的鲜、冻猪头,将生猪头放在清水中浸泡 0.5 d 或 1 d,再用流动的自来水浸泡。修刮后劈猪头,将猪头一劈两半,其重量和规格基本相同。

②配料:将各种调味料放入纱布袋,以备清汤用。准备炒糖色,熬制成功的糖色应是苦中略带一点甜,不可甜中带苦,颜色应是酱紫色。

③预煮:目的是排除血污和异味。将备好的猪头投入沸水锅内加热 20 min,撇净血沫,用清水冲洗干净以待煮制。

④煮制:把准备好的料袋、盐、糖色和清水同时放入酱制锅内,煮沸后熬煮。放足量水,一般控制在淹没锅内所有的猪头原料,沸腾的汤转入微沸,煮 60 min 即可全部出锅,中间翻锅两次,在翻锅过程中要随时撇沫子和汤油。

⑤扒猪头骨:出锅后,扒头骨时,握住猪嘴部的骨头,沿着猪头骨的边沿,拔下牙骨、胪骨,不要把猪眼睛、猪嘴、核桃肉碰掉,去掉鼻腔骨、天梯,猪头扒完骨头后用凉水洗净猪头肉上的油脂和沫子,以待码锅。

⑥清汤:猪头肉捞出后,把煮锅内的汤过筛,去尽汤中肉渣,撇净浮油、杂质、浮沫。把清过的汤倒出放在洁净的容器内。

⑦码锅:用 1 个铁箅子垫在锅底上,再用 20 cm×6 cm 的竹板,整齐地码垫在铁箅四周边缘上,紧靠在铁锅内壁上,沿壁码放一排或两排竹板成圆形,然后再用一个圆铁筒,把猪头肉逐个从锅心竖着贴紧,围码成圆形,然后把清好的汤放入码好猪头肉的锅内,并漫过猪头肉面 10 cm 左右。

⑧酱制:码锅后盖盖用旺火煮 60 min,适量放糖色使汤汁达到栗子色。等汤液逐渐变浓时,改用中火焖煮 30 min,确认猪头肉,尤其猪头皮是否熟软,确认汤是否黏稠,汤面是否在全部猪头肉的 1/3,达到以上标准,即为半成品。

⑨出锅:酱猪头肉达到半成品时改为微火,汤汁呈小泡不间断状态,否则出油,不成酱汁。出锅时把猪头肉紧笼在盘内,不留空隙。用微火不停地搅拌锅内汤汁至黏稠,如果颜色浅,再放一些糖色达到栗子色即为酱汁。

⑩掸酱汁:从锅中取出酱汁至洁净的容器内,搅拌使之散热至 60~70℃,用炊帚尖部蘸酱汁,薄薄地掸刷在猪头肉上,晾凉即可。

(3)道口烧鸡:道口烧鸡是河南传统的地方特产,历史悠久。其特点是造型美观,皮色鲜艳,香味四溢;熟烂适中,用手一掰,骨肉分离,用牙一咬,肉茬整齐;五香酥软,肥而不腻,骨酥可嚼。道口烧鸡制作的要诀为"若要烧鸡香,八料加老汤",八料即为陈皮、肉桂、豆蔻、白芷、丁香、草果、砂仁和良姜八种佐料。

参考配方:鸡 100 kg,砂仁 15 g,豆蔻 15 g,丁香 3 g,草果 30 g,肉桂 90 g,良姜 90 g,陈皮 30 g,白芷 90 g,食盐 2~3 kg,饴糖 1 kg,味精 300 g,葱 500 g,生姜 500 g。

工艺流程:

原料鸡的选择 → 屠宰褪毛 → 去内脏 → 漂洗 → 腌浸 → 整形 → 油炸 → 煮制 → 成品

①原料鸡的选择:选择健康的柴鸡,最好选用半年至两年以内、体重 1~1.5 kg 的母鸡。原料鸡的选择影响成品的色、形、味和出品率。

②宰杀去内脏:原料鸡候宰 20 h 后,采用"切断三管"法宰杀,放血完全后,用 58~65℃的水浸泡 1~2 min,待羽毛可顺利拔掉时即行煺毛。

③漂洗:把鸡放在清水中漂洗 30~40 min,目的是浸出鸡体内残血。

④腌浸:将配好的八味香辛料包好放入锅内,加水煮沸 1 h 后在料液中加食盐,使其浓度达 13°Bé(浓度单位,以波美计)。最后把漂洗好的鸡放入卤水中腌浸 35~40 min,中间翻动一两次。

⑤整形:腌制好的鸡用清水冲洗后,腹部朝上,左手稳住鸡身,将两脚爪从腹部开口处插入鸡的腹腔中,两翅交叉插入口腔,使之成为两头稍尖的独特造型。最后用清水漂洗一次,并晾干水分。

⑥上色油炸:将整形后的鸡用沸水淋烫 2~4 次,晾干后上糖液(饴糖与水比例 1∶3)。将鸡均匀刷三四次糖液,每刷一次要等干后再刷下次。将上好糖液的鸡放入 170~180℃的植物油中翻炸,待其呈橘黄色时即可捞出。

⑦煮制:在腌浸的卤中加适量水煮沸后,加盐调整咸度,再加适量的味精、葱、姜、鸡,用文火煮 2~4 h,温度控制在 75~85℃,等熟后捞鸡出锅。

（4）德州扒鸡：德州扒鸡又称德州五香脱骨扒鸡，是山东德州的传统风味特产。由于制作时扒鸡慢焖至烂熟，出锅一抖即可脱骨，但肌肉仍是块状，故名"扒鸡"。产品色泽金黄，肉质粉白，皮透微红，鲜嫩如丝，油而不腻，熟烂异常。

参考配方：光鸡200只，食盐3.5 kg，酱油4 kg，白糖0.5 kg，小茴香50 g，砂仁10 g，肉豆蔻50 g，丁香25 g，白芷125 g，草果25 g，山奈75 g，桂皮125 g，陈皮50 g，八角100 g，花椒50 g，葱500 g，姜250 g。

工艺流程：

原料选择 → 宰杀、整形 → 上色和油炸 → 焖煮 → 出锅 → 成品

①原料选择：选择健康的母鸡或当年的其他鸡，要求鸡肉质肥嫩，体重1.2~1.5 kg。

②宰杀、整形：颈部放血，切断三管放血后，用65~75℃热水浸烫煺净，冲洗后，腹下开膛取内脏，清水冲净后将鸡腿交叉插入腹腔内，双翅交叉插入宰杀刀口内，从鸡嘴露出翅膀尖，形成卧体口含双翅的形态，沥干水后待加工。

③上色和油炸：蘸取糖液（白糖与水比例1∶4）均匀地刷在鸡体表面。然后放到烧热的油锅中炸制3~5 min，待鸡体呈金黄透红的颜色后捞出沥油。

④焖煮：将香辛料包同其他辅料一起入锅，把炸好的鸡体放入锅内，锅底放一层铁网防止黏锅。然后放汤（老汤占总汤量一半），使鸡体全部浸泡在汤中，上面压上竹排和石块，防止汤沸时鸡身翻滚。先用旺火煮1~2 h，再改用微火焖煮，嫩鸡焖6~8 h，老鸡焖8~10 h即可。

⑤出锅捞鸡：停火后尽快将鸡捞出。出锅时动作要轻，保持鸡身的完整，防止脱皮、掉头、断腿，出锅后即为成品。

（5）沟帮子熏鸡：沟帮子是辽宁省北镇市的一座集镇，以盛产熏鸡而闻名。沟帮子熏鸡具有外观油黄、暗红，肉质娇嫩，口感香滑，味香浓郁，不腻口，清爽紧韧，回味无穷的特点，很受北方人的欢迎。

参考配方：公鸡50 kg，大茴香75 g，花椒50 g，红蔻50 g，砂仁10 g，山奈30 g，官桂25 g，白芷50 g，桂皮150 g，丁香25 g，草豆蔻40 g，陈皮150 g，千里香20 g，鲜姜250 g，大葱250 g，盐适量，香油1 kg，另备白糖2 kg，老汤适量。泡料：味精10 g，胡椒粉10 g，五香粉25 g，香辣粉25 g。

工艺流程：

原料选择与修整 → 腌制 → 整形 → 卤制 → 干燥 → 熏烤 → 成品

①原料选择与修整:选取健康公鸡,体重 0.7 kg 左右。宰杀处理后送预冷间排酸,排酸温度要求在 2~4℃,排酸时间 6~12 h。

②腌制:在鸡体的表面及内部均匀地擦上一层盐和磷酸盐的混合物,干腌 0.5 h 后,放入饱和的盐溶液继续腌制 0.5 h,捞出沥干备用。

③整形:用木棍将鸡腿骨折断,把鸡腿盘入鸡的腹腔,头部拉到左翅下,码放在蒸煮笼内。

④卤制:将水和香辅料一起入蒸煮槽,煮至沸腾后停火,盖盖闷 30 min 备用。将蒸煮笼吊入蒸煮槽内,升温至 85℃保持 45 min,断生即可吊出蒸煮槽。

⑤干燥:采用烟熏炉干燥,干燥时间为 5~10 min,温度 55℃,以产品表面干爽、不黏手为度。

⑥熏烤:烟熏炉熏制,采用果木屑,适量添加白糖,熏制温度 55℃,时间 10~18 min,熏至皮色油黄、暗红色即可。而后在鸡体表面抹上一层芝麻油,使产品表面油亮。

(6)糟鹅:苏州糟鹅是江苏苏州著名的风味制品,以闻名全国的太湖白鹅为原料制作而成。糟肉制品须保持一定冷度,食用时须加冷冻汁并放在冰箱中保存,才能保持其鲜嫩、爽口的特色。

参考配方:光鹅 50 kg(约 25 只),陈年香糟 1.25 kg,大曲酒 125 g,黄酒 1.5 kg,葱 750 g,姜 500 g,精盐 1 kg,白酱油 400 g,花椒 15 g。

工艺流程:

原料选择与宰杀 → 煮制 → 备糟 → 拌糟 → 糟制 → 成品

①原料选择与宰杀:选用每只重 2.0 kg 以上的太湖鹅,宰杀开膛、清洗。

②煮制:锅内加水淹没鹅体,大火煮开,撇去血污后加葱、姜、绍酒,中火煮 40~50 min 后起锅。在每只鹅上撒适量精盐,将鹅斩劈成头、脚、翅膀和两片鹅身,放入容器内冷却 1h。将煮汤盛出,撇净浮油、杂质,加入酱油、花椒、葱花、姜末、精盐,放置冷却待用。

③备糟:香糟 50 kg,加 1.5~2 kg 炒过的花椒,再加盐拌和后,置入缸内,用泥封口,待第二年使用,称为陈年香糟。

④拌糟:放 50 kg 糟鹅和陈年香糟 1.25 kg、盐 250 g 于缸内。放入少许大曲酒,边浇边拌,再徐徐加入黄酒 100 g 至拌匀、无结块,称为糟酒混合物。

⑤糟制:将已冷却的熟鹅平放装入糟缸,每只要洒适量大曲酒。缸内倒入 0.5 kg 冷却汤,盖上纱布将缸口扎紧,将剩余的冷却汤、糟酒混合物倒于纱布上,

糟汤全部滤完后盖盖,鹅块在缸内糟制 4~5 h 即为成品。

(7)盐水鸭:盐水鸭是中国南京著名特产,至今已有 400 多年的历史。南京盐水鸭加工制作不受限制,一年四季皆可生产,产品严格按"炒盐腌、清卤复、烘得干、煮得足"的传统工艺制作而成,其特点是腌制期短,复卤期也短,现做现卖。盐水鸭表皮洁白,鸭肉娇嫩,入口香醇味美、肥而不腻、咸度适中,具有香、酥、嫩的特点。

参考配方:光鸭 100 kg,食盐 6.25 kg,大茴香 150 g,花椒 100 g,香叶 100 g,五香粉 50 g。

工艺流程:

原料鸭选择 → 水浸 → 腌制 → 冲烫或烘烤 → 煮制 → 出锅 → 成品

①原料鸭选择:选用当年成长的、活重 1.5~2.0 kg、较肥者为宜,若偏瘦可进行短期催肥。

②水浸:用清水洗净鸭坯内脏、淤血和残物,然后放在清水池中浸泡约 2 h,中途至少换水一次(气温高时需加冰块),取出沥干水分。

③腌制(先干腌,后湿腌):干腌,先将食盐炒热,放入八角、花椒、香叶、五香粉等香辛料炒出香味后离火冷却。用炒热的盐在鸭体内外进行搓擦,有血水渗出,然后提起鸭子使血卤水排出。

湿腌又称复卤,复卤的盐卤有新卤和老卤之分。新卤是用浸泡鸭体的血水加清水和盐配制而成。每 100 kg 水加食盐 25~30 kg,葱 75 g,生姜 50 g,大茴香 15 g,入锅煮沸后,冷却至室温即成新卤。100 kg 盐卤每次可复卤约 35 只鸭,每复卤 1 次要补加适量食盐,使盐浓度始终保持饱和状态。新卤使用过程中经煮沸 2~3 次即为老卤,老卤越老越好。复卤 2~4 h 即可出缸挂起。

④冲烫或烘烤:用开水冲烫腌后的鸭坯,使皮肤收缩,肌肉丰满。将冲烫后的鸭坯挂在烘房内(温度 40~50℃,通风)的架子上,烘 20~30 min。

⑤煮制:在清水锅中放入生姜、葱、大茴香等煮开。将一根 6~8 cm 竹管或芦苇管插入鸭的肛门,体腔内放少许生姜片、葱及大茴香。将鸭头朝下,放入沸水中,当热水灌满体腔时,提起倒出体腔内汤水,后重复一次。盖锅用大火煮至水温约 90℃ 时,加入曲酒,再次提鸭倒汤,补加少量冷水,焖 15~20 min,用大火煮至锅边出现连珠小泡时停火。焖煮 10~15 min,出锅冷却即为成品。

(8)白斩鸡:白斩鸡是我国传统名肴,成品皮呈金黄,肉似白玉,骨中带红,皮脆肉滑,细嫩鲜美,肥而不腻。特别是在广东、广西,每逢佳节,在喜庆迎宾宴席上,白斩鸡是最受欢迎的、不可缺少的菜肴。

参考配方:鸡10只,原汁酱油400 g,鲜沙姜100 g,葱头150 g,味精20 g,香菜、麻油适量。

工艺流程:

原料选择 → 宰杀、整形 → 煮制 → 成品

①原料选择:选用良种母鸡或公鸡阉割后经育肥的健康鸡,体重以1.3~2.5 kg为宜。

②宰杀、整形:采用切断三管放净血,用65℃热水烫毛,拔去大小羽毛,洗净全身。在腹部距肛门2 cm处,剖开一个5~6 cm长的横切口,取出全部内脏,用水冲洗干净体腔内的淤血和残物,把鸡的两脚爪交叉插入腹腔内,两翅撬起弯曲在背上,鸡头向后搭在背上。

③煮制:将清水煮至60℃,放入整好形的鸡体(水需淹没鸡体),煮沸后,改用微火煮7~12 min。煮制时翻动鸡体数次,将腹内积水倒出,以防不熟。把鸡捞出后浸入冷开水中冷却几分钟,使鸡皮骤然收缩,皮脆肉嫩,最后在鸡皮上涂抹少量香油即为成品。

④食用时,将辅料混合配成佐料,蘸着吃。

7.1.2　熏烧烤肉制品

7.1.2.1　定义及分类

熏烧烤肉制品是以畜禽肉等为主要原料,加入调味料,不加入淀粉,经熏烤或烘烤而成的低温肉制品,分为熏烤肉制品、烧烤肉制品、烘烤肉制品。

7.1.2.2　熏烤肉制品

(1)定义及特点:熏烤肉制品经腌制(熟制工艺)并经决定产品基本风味的烟熏工艺而制成的熟肉制品,包括熏肉、烤肉、熏肚、熏肠、烤鸡腿、熟培根等肉类制品。

烟熏的目的:一是赋予制品特殊的烟熏风味,增进香味;二是使制品外观具有特有的烟熏色,对加硝肉制品有促进发色作用;三是脱水干燥,杀菌消毒,防止腐败变质,使肉制品耐贮藏;四是烟气成分渗入肉内部防止脂肪氧化。

(2)应用实例:

①西式培根(熟制培根):培根除带有适口的咸味之外,还具有浓郁的烟熏

香味。外皮油润呈金黄色,皮质坚硬,瘦肉呈深棕色,质地干硬,切开后肉色鲜艳。"培根"系由英语"Bacon"音译而来,其原意是烟熏肋条肉或烟熏咸背脊肉。

A. 西式培根参考配方设计(表7-12):

表7-12　西式培根配方

类别	名称	单位	添加量
原料	腹肋肉	kg	50
盐水配料	食用盐	kg	1.2
	复合磷酸盐	kg	0.7
	注射性蛋白粉	kg	1
	葡萄糖	kg	0.5
	卡拉胶	g	15
	D-异抗坏血酸钠	g	25
	复合香辛料	g	30
	亚硝酸钠	g	7

B. 工艺流程:

原料选择 → 注射 → 悬挂 → 烟熏 → 冷却 → 切片 → 包装

C. 加工工艺:

a. 选料:选取中等肥度的瘦肉型猪,选用去皮去骨腹肋肉。

b. 注射:注射前先配制盐水,控制盐水温度为0~4℃,注射一遍即可,整体注射率为20%~30%。

c. 悬挂:注射完毕后,采用4个钩子,等距勾住腹肋肉前端,悬挂在烟熏杆上,头部向上,悬挂时间为1 h左右。

d. 烟熏:烟熏室温度控制在60~70℃,时间240 min。

烟熏炉工艺(参数设定)

发色　42℃　30 min 相对湿度80%

干燥　65℃　20 min

蒸煮　85℃　50 min

干燥　65℃　30 min

烟熏 60℃ 30 min 外观呈棕黄色、烟熏味突出,相对湿度 60%

干燥 58℃ 50 min 相对湿度 60%

干燥 65℃ 30 min 相对湿度 72%

e. 冷却:蒸煮好的培根通过架车拉出散热,冷却至常温,然后转入 0~4℃冷却库中,冷却 4 h,接下来进行脱模处理。

f. 切片:将冷却好的培根进行切片。切片前,切片机先进行清洗消毒。切片厚度在 2.5~2.7 mm 之间。

g. 包装:包装过程中应保证环境卫生与人员卫生到位。

②哈尔滨熏鸡:哈尔滨熏鸡是东北的一种特色小吃。熏鸡呈浅褐色。鸡型完整,不破皮,肉质不硬又不过烂,具有较浓的熏鸡香味,鲜美可口,咸淡适度。

A. 哈尔滨熏鸡参考配方设计(表 7-13):

表 7-13　哈尔滨熏鸡配方

类别	名称	单位	添加量
原料	母鸡	只	100
配料	清水	kg	100
	盐	kg	8
	酱油	kg	3
	味精	g	50
	花椒	g	400
	八角	g	400
	桂皮	g	200
	蒜	g	150
	葱段	g	150
	姜丝	g	250

B. 工艺流程:

原料选择 → 宰剖 → 浸泡 → 紧缩 → (煮制老汤) → 煮制 → 熏制 → 成品

C. 加工工艺:

a. 原料选择与处理:选择肥嫩母鸡,鸡宰后,彻底除掉羽毛和鸡内脏后,将鸡爪弯曲装入鸡腹内,将鸡头夹在鸡膀下。

b. 浸泡:把处理好的鸡放在凉水中泡 11~12 h 取出,控尽水分。

c. 紧缩:将鸡投入滚开的老汤内紧缩 10~15 min。取出后,把鸡体的血液全部控出,再把浮在汤上的泡沫捞出弃去。

d. 煮制老汤:清水、盐、酱油、味精、花椒、八角、桂皮装入一个白布口袋,每煮 10 次更换 1 次;将姜丝、葱段、蒜(去皮)装入白布口袋,鲜姜每煮 5 次更换 1 次,葱、蒜每次都要更换。煮沸待用。

e. 煮制:把紧缩后的鸡重新放入老汤内煮,汤温要保持 90℃左右,经 3~4 h,煮熟捞出。

f. 熏制:将煮熟的鸡单行摆入熏屉内,装入熏锅或熏炉。烟源的调制:用白糖 1.5 kg、锯末 0.5 kg,拌匀后放在熏锅内用火烧锅底,使锯末和糖的混合物生烟,熏在煮好的鸡上,使产品外层干燥变色。熏制 20 min 取出,即为成品。

7.1.2.3 烧烤肉制品

(1)定义及特点:烤制是利用高热空气,对制品进行高温火烤加热的加热加工过程。烧烤目的是赋予肉制品的特殊香味和表皮的酥脆性,产品红润鲜艳,外观良好,并具有脱水干燥、杀菌消毒、防止腐败变质、使制品有耐藏性的作用,包括盐焗鸡、烤乳猪、叉烧肉、烤鸭等肉类制品。

(2)风味形成过程:肉类经烧烤产生的香味,是由肉类中的蛋白质、脂肪等物质在加热过程中,经过降解、氧化、脱水、脱氨等一系列变化,生成酮类、醚类、醛类、内酯、硫化物、低级脂肪酸等化合物,尤其是糖和氨基酸之间发生的美拉德反应,不仅生成棕色物质,同时伴随着生成多种香味物质;脂肪在高温下分解生成的二烯类化合物赋予肉制品以特殊香味;蛋白质分解生成谷氨酸使肉制品带有鲜味。

(3)应用实例:

①叉烧肉加工:叉烧肉属于粤菜系,是广东省著名的烧烤肉制品之一,具有色泽鲜明、光润香滑等特点。广东叉烧肉由于所用猪肉的不同部位,其品种有枚叉、上叉、花叉和斗叉。

A. 叉烧肉参考配方(表7-14):

表7-14 叉烧肉配方

类别	名称	单位	添加量
原料	猪肉	kg	100

类别	名称	单位	添加量
辅料	食用盐	kg	2
	酱油	kg	5
	白砂糖	kg	6.5
	绍兴酒	kg	2
	桂皮粉	kg	0.5
	砂仁粉	kg	0.2
	五香粉	kg	0.25
	姜	kg	1
	麦芽糖	kg	5
	硝酸钠	kg	0.03

B. 工艺流程:

猪肉修整 → 配料 → 腌制 → 烤制 → 包装 → 成品

C. 加工工艺:

a. 猪肉修整:叉烧肉一般选用猪后腿肉,分切成长 30~40 cm、宽 3 cm、厚度 1.5 cm 的长条备用。

b. 配料:将上述配方中食用盐、酱油、白砂糖、香辛料在容器内搅拌均匀备用。

c. 腌制:将配好的腌制料与修整好的肉条搅拌均匀,低温条件下腌制 5 h,加入绍兴酒与肉条搅拌均匀。将肉条穿在挂杆上,进行适度晾制。

d. 烤制:先将烤炉烧热,把穿好的肉条挂入炉内进行烤制,保持炉温 220℃ 左右,烘烤 30 min。待肉条冷却后,在麦芽糖中浸泡片刻,取出再继续烘烤 3~5 min 即可。

e. 包装:将烤制好的叉烧肉加入适量麦芽糖进行包装。

②北京烤鸭:北京烤鸭,出于明朝晚期。北京烤鸭是我国传统美食,在国外久负盛名,其制作工艺精细,烤制好的北京烤鸭具有皮脂酥脆、肉质鲜嫩细致、肥而不腻、香味纯正等特点。

A. 北京烤鸭参考配方(表 7-15):

表 7-15　北京烤鸭配方

类别	名称	单位	添加量
原料	北京填鸭	只	重 2.5~3
辅料	食用盐	g	25
	白砂糖	g	100
	五香粉	g	50
	芝麻酱	g	75
	酱油	g	100
	葱	g	0.2
	姜	g	适量
	味精	kg	适量
	麦芽糖	kg	适量

B. 工艺流程：

原料选择→宰杀→挂钩→烫皮→浇挂、糖色→晾坯→打色→烤制→出炉刷油→成品

C. 加工工艺：

a. 原料选择：选用 50~60 日龄、活重 2.5~3 kg 的北京填鸭。

b. 宰杀：选好的北京填鸭经宰杀、烫毛、煺毛、打气、掏膛、洗膛等工序处理备用。

c. 挂钩：即将鸭挂起，便于烫皮、打糖、晾皮和烤制。

d. 烫皮：将挂好的鸭子用 100℃的开水在鸭皮上浇烫，以使毛孔紧缩，表皮层蛋白质凝固，皮下气体最大限度地膨胀，皮肤致密绷起，油亮光滑，便于烤制。

e. 打糖：向鸭身上浇洒糖水，使烤鸭具有枣红色，并可增加烤鸭的酥脆性。糖水的兑制比例为麦芽糖∶水 = 1∶6。

f. 晾坯：晾坯是为了把鸭皮内外的水分晾干，并使皮与皮下结缔组织紧密连起来，使皮层加厚，烤出的鸭皮才酥脆，同时能保持原形，在烤制时胸脯不致跑气下陷。

g. 烤制：鸭坯进炉后使右侧向火，烤制橘黄色时转动鸭坯使其左侧向火，烤制与右侧相同颜色。然后在旋转鸭坯烘烤胸部、下肢等部位，反复烘烤直至鸭体全身呈枣红色并熟透为止，整个烘烤时间为 30~40 min，炉温控制在 230~250℃。

h. 出炉刷油：鸭子烤好出炉后，要趁热刷上一层香油，以增加皮面光亮程度，并可去除烟灰，增添香味。

7.1.2.4　焙烤肉制品

焙烤肉与肉制品在介质燃点之下的温度范围内，通过干热的方式使物料脱

水熟化,形成风味的过程。

牛肉脯:牛肉脯以新鲜或冷冻牛肉为原料加工而成,是我国的传统食品。其营养丰富,入口鲜香,风味独特,食用方便,开袋即食,是居家、休闲、旅游佳品。产品的水分活度很低,故保质期较长。其特点呈金黄色或浅棕红色,有光泽,薄而透明,纤维松软。

①参考配方设计(表7-16):

表7-16　牛肉脯配方设计

类别	名称	单位	添加量
原料	牛肉	kg	100
配料	淀粉	kg	4
	盐	kg	2
	白糖	kg	3.5
	五香粉	kg	0.5
	胡椒粉	kg	0.3
	味精	kg	0.2

②工艺流程:

原料预处理 → 斩拌 → 腌制 → 铺片、定型 → 焙烤 → 压平、裁片 → 包装

③加工工艺:

a. 原料预处理:选择合格鲜牛肉进行修整,去除脂肪、筋膜、淋巴等后,在清水中浸泡,以除去血污。

b. 拌馅:将绞碎牛肉放入真空斩拌机内进行高速斩拌,加入配好的辅料斩成肉糜。在2~4℃条件下腌制15~20 h入味。

c. 铺片、成型:将肉糜在竹片上铺成厚度为1.5~2 mm的薄片,放入不锈钢架上推进蒸汽烘房内进行烘烤,在65~70℃下恒温烘烤2~3 h,当表皮干燥成膜时,剥离肉片并翻转,再在温度为60~65℃条件下烘烤2 h,即为半成品。

d. 焙烤:将半成品放入200~230℃的远红外高温烘烤炉中烘烤3~5 min,出炉后的大片肉脯立即用压平机平整,用切块机切片,放入无菌冷却包装间包装,即为成品。

7.1.3　肉灌制品

肉灌制品种类繁多,加工方法各异,风味也不尽相同,按照食品生产许可分

类,分为灌肠类、西式火腿类和其他类。

7.1.3.1　灌肠类

（1）定义:灌肠是肉经绞制、斩拌或乳化成肉馅（肉丁、肉糜或其他混合物）并添加调味料、香辛料或填充料,充入肠衣,再经烘烤、蒸煮、烟熏、发酵、干燥等工艺制成的肉制品。

（2）分类:灌肠类肉制品,品种繁多、口味不一,没有统一分类方法。目前按各生产厂家加工工艺特点,大致可分为生鲜灌肠制品、烟熏灌肠制品、熟灌肠制品、烟熏熟灌肠制品、发酵灌肠制品、粉肚灌肠制品、特殊制品、混合制品等。

（3）实例应用:

①图林根油煎肠:图林根香肠不仅是图林根当地的特色美食,也是德国最有代表性的香肠之一,由猪肉馅和丰富的调味料混合而成,味道辛香,用炭烤或者油煎的方法烹饪,外焦内嫩,嚼劲十足,身长约 15 cm,通常夹在面包中或者搭配土豆食用。图林根香肠属于鲜香肠类,无须晾晒,现做现吃,制作简单,新鲜美味,因此特别适合家庭自制。

A. 参考配方设计（表 7-17）:

表 7-17　图林根油煎肠配方设计

类别	名称	单位	添加量
原料	猪瘦肉	kg	45
	肥膘肉	kg	15
辅料	淀粉	kg	3
	大豆蛋白	kg	1.5
	食用盐	kg	1.25
	复合磷酸盐	g	0.1
	亚硝酸盐	g	3
	白糖	g	120
辅料	食用香精	g	20
	图林根复合香辛料	g	15
	味精	g	20
水	饮用水	kg	18

B. 工艺流程:

原料肉处理 → 斩拌 → 灌装 → 烘烤 → 冷却 → 包装 → 成品

C. 加工工艺：

a. 原料肉处理：原料肉可以是新鲜肉、冷却肉和冻肉，原料处理包括解冻、分割、修整、绞制等过程。

b. 斩拌：

原料肉、混合料 A、1/2 冰水　　混合料 B、1/2 冰水　　淀粉

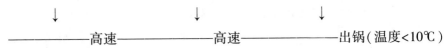

注：a）混合料 A 为食用盐、复合磷酸盐、亚硝酸盐；混合料 B 指白砂糖、味精、大豆蛋白、香辛料、食用香精；

b）高速斩拌转速为 3900 r/min 以上。

c. 灌装：是将斩拌好的肉馅灌入准备好的肠衣中。采用真空灌装机进行连续灌装、打结、穿杆、挂车。

d. 烘烤：灌肠结束后用清水将肠体表面进行喷淋，入蒸煮炉进行熟制，可参考以下工艺：

干燥　60℃　30 min

干燥　75℃　20 min

蒸煮　82℃　45 min

排汽　　　　5 min

烘烤　90℃　10 min

e. 冷却：在15℃条件下，冷却至中心温度10℃以下，进行剪节。

f. 包装：将剪节后的产品，按要求进行摆肠包装。包装好的产品肠体饱满、弹性好、内部结构紧密、无气孔。

②维也纳香肠：维也纳香肠是一种小型的烟熏蒸煮法兰克福香肠，原产于300 多年前的奥地利维也纳。传统的维也纳香肠扭成段，但并不剪断，肠衣选用可食的动物肠衣。香肠具有韧性的口感、饱满的肠体和一点轻微的烟烤味。最流行的经典吃法是将芥末和香肠一起夹在面包中做三明治。

A. 维也纳香肠参考配方设计（表 7-18）：

表 7-18　维也纳香肠配方

类别	名称	单位	添加量
原料	猪肉	kg	50
	牛肉	kg	20

类别	名称	单位	添加量
配料	淀粉	kg	6
	大豆蛋白	kg	1.2
	盐	kg	1.5
	白糖	kg	0.8
	乳化剂	kg	0.5
	D-异抗坏血酸	kg	0.1
	冰水	kg	15
	亚硝酸钠	g	9
	复合香辛料	g	350

B. 工艺流程:

原料肉处理 → 腌制 → 斩拌 → 灌装 → 蒸煮 → 烟熏 → 包装 → 成品

C. 加工工艺:

a. 原料肉处理:将猪肉和牛肉用直径 5 mm 孔板分别绞碎,置于不锈钢容器内,冷却备用;

b. 腌制:将腌制剂(盐、亚硝酸钠)、香辛料、1/3 冰水依次加入原料肉中搅拌均匀,在低温条件下腌制 20 h;

c. 斩拌:先将腌制肉和乳化剂加入斩拌锅中斩拌,加入香辛料、调味料、1/3 冰水,再依次加入蛋白、淀粉、1/3 冰水,直至肉馅乳化完全,斩拌时间控制在 5~7 min,肉馅出锅温度<10℃。

d. 灌装:采用真空灌装机灌装,将香肠肉馅充填入羊肠衣(直径 20 mm 左右),长度取每 10~12 cm 打结;

e. 煮制:将香肠放入蒸煮炉,全程设定时间 90 min,过程如下:

干燥　55℃　20 min

干燥　65℃　15 min

蒸煮　80℃　40 min

干燥　75℃　15 min

f. 烟熏:温度为 60~70℃,时间 20 min,直到香肠呈红褐色。

g. 冷却:在 15℃条件下,晾制产品中心温度至 10℃以下进行包装。

③纽伦堡油煎肠:纽伦堡香肠是纽伦堡当地最有名的小吃之一,属于煎烤类的香肠,早在 1313 年,纽伦堡就有煎香肠的传统。到了 16 世纪末,传统的煎香肠

价格过于高昂,聪明的纽伦堡人因此创造了小版的香肠。

纽伦堡香肠最大的特点是个头短小,一般不超过 9 cm,长短粗细跟手指头差不多,重量不超过 25 g,因此必须用羊肠衣来制作。最常见的做法是煎或烤,最地道的吃法是搭配德国酸菜和煮土豆或者土豆泥,用芥末酱调味,当然还少不了德国啤酒!

A. 纽伦堡油煎肠参考配方设计(表 7-19):

表 7-19　纽伦堡油煎肠配方

类别	名称	单位	添加量
原料	猪肉	kg	42
	瘦五花肉	kg	54
配料	食用盐	kg	1.5
	纽伦堡油煎肠香料	kg	0.5
	肉味香精	kg	0.2
	碎马玉兰	kg	0.3
	复合磷酸盐	kg	0.5
	乳酸链球菌素	kg	0.02

B. 工艺流程:

原料肉处理 → 搅拌 → 灌装 → 蒸煮 → 冷却

C. 加工工艺:

a. 原料肉处理:将修整好的猪肉 21 kg、瘦五花肉 27 kg 过约 ϕ3 mm 的孔板备用;

b. 搅拌:将剩余未绞制的原料肉、香辛料、添加剂和绞制好的原料肉混合均匀;

c. 肉馅绞制:将上述混合好的肉馅再用 ϕ3~5 mm 孔板绞制一遍;

d. 灌装:灌入洗好的羊肠衣,按合适的加工工艺加热;

e. 冷却:冷却后即可冷冻保存。食用时解冻后进行油煎即可。

④土耳其油煎肠:

A. 参考设计配方(表 7-20):

表 7-20　土耳其油煎肠配方设计

品类	名称	单位	添加量
原料	猪 2 号肉	kg	3.6
	肥膘	kg	1.8
	瘦五花肉	kg	4.8

品类	名称	单位	添加量
辅料	食盐	g	21
	混合磷酸盐	g	36
	复合香料	g	120
	防腐剂	g	适量
	食品用香精	g	25
	冰水	kg	1.8

B. 工艺流程：

原料肉处理 → 斩拌 → 灌肠 → 蒸煮 → 冷却

C. 加工工艺：

a. 原料肉处理：将原料肉预冷至微冻状态，肥膘过 φ12 mm 孔板、瘦五花肉过 φ8 mm 孔板备用；

b. 斩拌工艺：将 2 号肉放入斩拌锅内，加入磷酸盐、食盐和 3/4 冰水，斩拌至 4℃左右，加入绞制好的肥膘和冰水，继续斩拌至 10℃左右，加入绞制好的瘦五花肉和剩余辅料，混合均匀，斩拌至 5 mm 大小的颗粒，最终温度不超过 12℃；

c. 灌肠：采用清洗好的肠衣进行灌装，结扎适中的长度；

d. 蒸煮：在 76℃条件下蒸煮 25 min，冷却即可。

⑤古酪司油煎肠：

A. 参考配方设计（表 7-21）：

表 7-21　古酪司油煎肠配方设计

品类	名称	单位	添加量
原料	猪 2 号肉	kg	3.5
	肥膘	kg	1.5
	瘦五花肉	kg	3.5
辅料	食盐	g	150
	混合磷酸盐	g	24
	稳定剂	g	10
	油煎香料	g	80
	黑胡椒粉	g	0.5
	防腐剂	g	1.8
	食用肉味香精	g	24
	冰水	kg	1.5

B. 工艺流程：

原料肉处理 → 斩拌 → 灌肠 → 蒸煮 → 冷却

C. 加工工艺：

a. 原料肉处理：将原料肉预冷至微冻状态，猪 2 号肉修去脂肪和筋腱，肥膘过 φ10 mm 孔板、瘦五花肉过 φ8 mm 孔板备用；

b. 斩拌工艺：将猪 2 号肉放入斩拌锅内，加入磷酸盐、食盐和 3/4 冰水，斩拌至 4℃ 左右，加入绞制好的肥膘和剩余冰水，斩拌 2 min，加入绞制好的瘦五花肉和剩余辅料，混合均匀，斩拌至 5 mm 大小的颗粒，最终温度不超过 12℃；

c. 灌肠：采用清洗好的肠衣进行灌装，结扎适中的长度；

d. 蒸煮：在 76℃ 条件下蒸煮 25 min，冷却即可。

⑥巴比球肠：

A. 参考配方设计（表 7-22）：

表 7-22　巴比球肠配方设计

品类	名称	单位	添加量
原料	猪 2 号肉	kg	3. 2
	肥膘	kg	1. 3
	瘦五花肉	kg	3
	猪腮肉	kg	1. 2
辅料	食盐	g	17
	混合磷酸盐	g	24
	乳化剂	g	25
	复合香料	g	90
	黑胡椒粉	g	30
	防腐剂	g	1. 8
	肉味香精	g	24
	冰水	kg	0. 5

B. 工艺流程：

原料肉处理 → 腌制 → 斩拌 → 灌肠 → 蒸煮 → 冷却

C. 加工工艺：

a. 原料肉处理：将五花肉、2 kg 猪 2 号肉修去脂肪和筋腱过 5 mm 孔板；

b. 腌制：将五花肉和 2 kg 猪 2 号肉用 1/3 混合磷酸盐、食盐和 0. 4 kg 的冰

水混合均匀,在冷藏库里腌制 12 h;

c. 斩拌:将 1.2 kg 猪 2 号肉和猪腮肉、剩余磷酸盐、食盐斩拌 2 min,加入肥膘、乳化剂和剩余冰水继续斩拌 1 min,加入香料和腌制肉馅,斩拌 5 圈混合均匀,出锅温度控制在 10℃;

d. 灌肠:采用准备的肠衣灌装,结扎成适量大小;

e. 蒸煮:在 72℃条件下蒸煮 20 min,冷却即可。

7.1.3.2　西式火腿

(1)定义及特点:西式火腿是西式肉制品中的主要制品之一,它是经过大肉块修整(剔去骨、皮、脂肪和结缔组织)、盐水注射腌制、嫩化、滚揉、充填入粗直径的肠衣或模具中,再经熟制、烟熏(或不烟熏)、冷却等工艺制成的熟肉制品,包括盐水火腿、方腿、圆腿、庄园火腿等。

(2)西式火腿配方应用:

①烟熏火腿:烟熏火腿是将优质猪后腿肉经注射、嫩化、滚揉、烟熏等工艺精制而成。产品采用纤维素肠衣包装,外观具有诱人的烟熏色,切面显色性好,肉香味饱满、纯正,果木烟熏风味浓郁。

A. 烟熏火腿参考配方(表 7-23):

表 7-23　烟熏火腿配方

类别	名称	单位	添加量
原料	猪肉	kg	50
辅料	食用盐	kg	1.1
	复合磷酸盐	kg	0.55
	味精	kg	0.1
	混合乳化剂	kg	1
	注射性蛋白粉	kg	1.5
	白胡椒粉	g	30
	肉豆蔻粉	g	15
	D-异抗坏血酸	g	25
	桂皮粉	g	10
	亚硝酸钠	g	5

B. 加工工艺流程:

原料选择 → 腌制(盐水注射) → 滚揉 → 灌装 → 蒸煮 → 烟熏 → 冷却 →

233

成品

C. 加工工艺：

a. 原料选择：选择合适的原料肉是生产优质火腿的决定性因素。一般选用猪的后腿肉，色泽要鲜亮，尽可能剔除肥肉、筋、嫩骨和软组织部分。原料肉应充分冷却，pH 值在 5.7~6.2 之间，中心温度达 3~4℃；

b. 腌制：用清水将所有的辅料溶解后进行过滤，用盐水注射机将辅料溶液注入肉内，然后送入 4℃ 左右冷库中腌制 16~24 h；

c. 滚揉：经腌制后的肉需嫩化和滚揉 2~3 h，滚揉出锅的肉馅温度控制在 8℃ 以下；

d. 灌装：用真空气压灌肠机将肉料灌入纤维素肠衣中，并结扎封口；

e. 蒸煮：75~80℃ 条件下煮制 1~2 h，当中心温度达到 68℃ 时即可；

f. 烟熏：在 50℃ 条件下熏制 30~60 min，使火腿外表面呈现棕褐色，具有烟熏风味；

g. 冷却：冷却工序在水中效果比较好。水温要求在 10~12℃，冷却 4 h 后产品中心温度 27℃，然后送入 2~4℃ 冷藏间冷却 12 h，待产品温度降至 1~2℃ 时，即得成品。最后采用双向拉伸膜包装。

②卡帕酪赛：

A. 参考配方设计（表 7-24）：

表 7-24　卡帕酪赛配方设计

品类	名称	单位	添加量
原料	牛肉	kg	30
	猪肉	kg	65
	五花肉	kg	100
辅料	食盐	kg	4.4
	混合磷酸盐	kg	0.6
	复合香料	kg	4
	增味剂	kg	1
	蒜	kg	0.3
	烟熏香精	kg	0.4
	冰水	kg	5

B. 工艺流程：

原料肉处理 → 斩拌处理 → 绞制 → 灌装 → 蒸煮 → 冷却

C. 加工工艺：

a. 原料肉处理：将修整合格的牛肉、猪肉、五花肉预冷至微冻状态备用；

b. 斩拌处理：将牛肉和食盐、复合磷酸盐加入锅中斩拌 2~3 圈,加入猪肉、五花肉、冰水和香料,斩拌混合均匀即可；

c. 绞制：将斩拌处理过的肉馅过 ϕ3~5 mm 孔板；

d. 灌装：将绞制好的肉馅灌入 ϕ30 mm 的肠衣中,长度为 30 cm；

e. 蒸煮：在 82℃ 的环境中蒸煮 35 min,冷却。

③啤酒火腿：

A. 参考配方设计（表7-25）：

表 7-25　啤酒火腿配方设计

品类	名称	单位	添加量
原料	猪肥肉	kg	7.7
	猪 2 号肉	kg	5
	猪瘦肉	kg	4
辅料	食盐	kg	0.2
	混合磷酸盐	kg	0.3
	啤酒火腿香料	kg	0.4
	冰水	kg	1

B. 工艺流程：

原料肉处理 → 滚揉 → 腌制 → 灌装 → 蒸煮 → 冷却

C. 加工工艺：

a. 原料肉处理：将猪瘦肉修整后,分切成 8~12 cm 大小的肉块备用;猪肥肉、猪 2 号肉过 ϕ18 mm 大小的孔板备用；

b. 滚揉腌制：在锅中加入磷酸盐、食盐和处理好的原料肉,滚揉 30 min 后加入香料,混合均匀后,入腌制库腌制 24 h；

c. 灌装：将制好的肉馅灌入 ϕ40 mm 的肠衣中；

d. 蒸煮：82℃ 的环境中蒸煮 35 min,冷却。

④盐水火腿：

A. 参考配方设计(表7-26)：

表7-26　盐水火腿配方设计

品类	名称	单位	添加量
原料	猪后腿肉	kg	10
辅料	食盐	kg	0.5
	复合磷酸盐	kg	0.3
	亚硝酸钠	g	1.5
	味精	kg	0.3
	复合香辛料	kg	0.3
	香精	kg	0.012
	淀粉	kg	2
	冰水	kg	5

B. 工艺流程：

原料选择 → 盐水注射 → 腌制滚揉 → 充填成型 → 蒸煮、烟熏 → 冷却、包装 → 贮藏

C. 加工工艺：

a. 原料的选择：选择检验合格的猪后腿肉或背最长肌肉作为原料，修除结缔组织、筋腱等，再切成厚度 10 cm、重约 300 g 的肉块备用；

b. 盐水注射：将配制好的腌制液由盐水注射机按肉重的 20% 进行肌肉注射，使盐水均匀的渗入肌肉中；

c. 滚揉腌制：将注射好的肉块过 φ25 mm 孔板，和剩余盐水一起放入真空滚揉机滚揉，每小时滚揉 40 min (正 20 min，反转 20 min)，停机 20 min，腌制 24 ~ 36 h，腌制结束，加入适量淀粉和味精，再滚揉 30 min，肉温控制在 3~5℃；

d. 充填成型：使用纤维肠衣灌装，结扎适当长度、摆箅；

e. 蒸煮、烟熏：入蒸煮炉，参考以下工艺：

干燥　65℃　35 min

干燥　75℃　15 min

蒸煮　85℃　35 min

干燥　70℃　20 min

烟熏　140~150℃ 25~35 min (烟熏至棕红色)

f. 冷却、包装：待产品中心温度降至 15℃ 以下，开始包装。

7.1.4　油炸肉制品

油炸作为食品熟制和干制的一种加工工艺由来已久，是最古老的烹调方法之一。油炸可以杀灭食品中的细菌，延长食品保存期，改善食品风味，增强食品营养成分的可消化性。

7.1.4.1　定义

油炸肉制品是指经过加工调味或挂糊后的肉（包括生原料、半成品、熟制品）或只经过干制的生原料以食用油为加热介质，经过高温炸制或浇淋而制成的熟肉类制品。油炸制品有上海狮子头、炸猪皮、炸鸡腿、炸乳鸽、油淋鸡等，根据油炸方式可分为挂糊上浆和净炸。

7.1.4.2　油炸作用及特点

油炸的主要目的是改善食品色泽和风味。食物表面发生焦糖化反应及美拉德反应，蛋白质和其他物质热解，产生颜色及具有特殊油香味的挥发性物质。同时，由于食物在高温下迅速受热，其表面形成的壳膜层会对食物内部水分蒸发产生阻挡作用并形成一定的蒸气压，使食物在短时间内快速熟化。具有香、嫩、酥、松、脆、色泽金黄、保存期长等特点。

7.1.4.3　油炸对肉制品的影响

（1）不同油温对肉制品的感官影响（表 7-27）：

表 7-27　不同油温对肉制品的感官影响

油炸温度	肉的变化
100℃	表面水分蒸发强烈，蛋白质凝结，食品体积缩小
105～130℃	表面形成硬膜层，脂类、蛋白质降解形成芳香物质并发生美拉德反应，产生油炸香味
135～145℃	表面呈金黄色，并焦糖化，有轻微烟雾形成
150～160℃	有大量烟雾产生，食品质量指标劣化，游离脂肪酸增加，产生丙烯醛，有不良气味
180℃以上	游离脂肪酸超过 1.0%，食品表面开始碳化

（2）油炸对肉制品营养价值的影响：油炸对食品营养价值的影响与油炸工艺条件有关。油炸温度高，食品表面形成干燥层，这层硬壳阻止了热量向食品内部传递和水蒸气外逸，因此，食品内部营养成分保存较好。同时，制品含油量明显提高。油炸前后肉制品的成分分析见表 7-28。

表7-28　油炸前后肉制品的成分分析(以油炸前100 g样品为基准,%)

肉类品种	处理	水分	蛋白质	脂肪
牛肉	油炸前	75.57	21.54	2.04
	油炸后	39.59	20.00	4.48
鳕鱼	油炸前	79.46	18.09	1.03
	油炸后	46.98	18.46	4.08
鲭鱼	油炸前	62.94	18.97	13.75
	油炸后	58.88	22.74	14.42

7.1.4.4　油炸温度

油炸的有效温度一般控制在100~230℃,通常依据经验判定油温,根据油面的不同特征,可分为温油、热油、旺油和沸油(表7-29)。

表7-29　不同温度下炸油状态

油温	种类	油脂变化
70~100℃	温油	油面平静、无青烟、无响声
100~170℃	热油	油面微有青烟、四周向中间翻动
180~220℃	旺油	油面冒青烟、搅动时有爆裂声响
>220℃	沸油	全锅冒青烟、油面翻滚并有剧烈的爆裂声响

7.1.4.5　油炸方法及特点

根据油炸压力不同可分为常温油炸、真空油炸和高压油炸。

(1)常温油炸:常温油炸是在常压、开放式容器中进行,常温油炸可根据油炸介质不同分为纯油油炸和水油混合油炸。

①纯油油炸分类及特点(表7-30):

表7-30　纯油油炸分类及特点

类型	分类	油炸特点
纯油油炸	清炸	腌制、不挂糊,如炸猪肝、清炸黄花鱼,外酥里嫩,清爽利落
	干炸	加工成型、上浆或挂硬糊,190~220℃油炸,如干炸猪排、干炸里脊,干爽、色泽红黄,外脆里嫩,味咸麻香
	软炸	原料细加工处理,蘸粉、挂糊,90~120℃油炸,如软炸大虾、软炸里脊,清淡、表面松软,质地细嫩,味咸麻香,菜肴色白、微黄、美观
	松炸	原料肉加工成型,蘸粉、挂糊,150~160℃油炸,表面金黄,质地蓬松饱满,口感松软质嫩,味咸而不腻

类型	分类	油炸特点
纯油油炸	酥炸	入味处理、蘸粉、挂糊、蘸面包渣,150℃油炸,如酥炸带鱼、香酥仔鸡等,色泽深黄,表面起酥
	卷包炸	原料肉切片、调味、包卷,150℃油炸,色泽金黄,外酥里嫩,滋味鲜咸
	脆炸	原料肉预热加工、挂加有饴糖的稀糊,200~210℃油炸,如脆皮鸡、脆皮乳鸭等,皮脆,肉嫩
	纸包炸	将原料肉切片、丝处理,入味上浆后用糯米纸或玻璃纸等包成一定形状,80~100℃油炸,造型美观,包内含鲜汁,质嫩而不腻,味道香醇,风味独特

②水油混合油炸:同一容器内加入油和水,相对密度小的油占据容器的上半部,而水占据容器的下半部,在油层中部装置加热器,控制炸制过程中上下油层的温度,解决纯油油炸油脂氧化、挥发、发烟和残渣反复油炸生成致癌物等缺点。

水油混合油炸特点:a. 同时油炸多种食物,不串味、一机多用;油炸制品色、香、味俱佳,提高产品品质;b. 有效控制炸油温度,缓解炸油氧化程度、酸价,延长油的使用寿命;c. 油炸制品不会出现焦化、碳化现象,控制致癌物质的产生,健康环保。

(2)真空油炸:真空油炸其实质是在负压条件下,食品在食用油中进行油炸脱水干燥,使原料中的水分充分蒸发掉的过程。真空油炸有以下特点:

a. 温度低、营养损失少:真空深层油炸的油温只有100℃左右,因此,食品中内外层营养成分损失较小,食品中的有效成分得到了较好的保留;

b. 水分蒸发快,干燥时间短:在真空状态下油炸,产品脱水速度快,能较好保持食品原有的色泽;

c. 原料风味保留多:原料中的呈味成分大多为水溶性,在油脂中并不溶出,并且随着脱水,这些呈味成分进一步浓缩;

d. 产品复水性好:在减压状态下,食品组织细胞间隙中的水分急剧汽化膨胀,体积增大,水蒸气从孔隙中冲出,对食品具有良好的膨松效果;

e. 油耗少:真空油炸的油温较低,缺乏氧气,炸油不易氧化,减少油脂变质,降低了油耗;

f. 产品耐藏:常压油炸产品含油率高达40%左右,真空油炸产品含油率在20%以下,故产品保藏性较好。

(3)高压油炸:高压油炸是使油釜内的压力高于常压的油炸方法。由于压力提高,炸油的沸点也提高,从而提高了油炸的温度,缩短油炸时间,解决了常压油炸因时间长而影响食品品质的问题。

该法温度高,水分和油的挥发损失少,产品外酥里嫩,最适合肉制品的油炸,如炸鸡、炸鸡腿、炸羊排等。但该法要求设备的耐高压性能必须好。

7.1.4.6 油炸肉制品实例应用

(1)油炸肉丸子:油炸肉丸子是以猪肉为主要原料,辅以天然香辛料和添加剂,经绞肉、拌馅和油炸制成的传统肉制品。其传统制作方法简单,风味各不相同。随着人们生活节奏加快,这种产品逐步形成规模化和产业化生产,可做汤(如牛肉丸子汤)、炖菜、穿串、火锅料等,食用方便。

①油炸肉丸子配方设计(表7-31):

表7-31 油炸肉丸子配方设计

类别	名称	单位	添加量
原料	猪肉	kg	37
	肥膘	kg	13
配料	淀粉	kg	40
	盐	kg	2
	酱油	kg	0.5
	鲜姜	kg	0.5
	花椒面	kg	0.15
	鲜葱	kg	0.5
	鲜鸡蛋	kg	7
	味精	kg	0.1
	冰水	kg	2

②工艺流程:

原料选择 → 修整 → 绞制 → 拌馅 → 油炸成型 → 速冻 → 包装 → 入库

③加工工艺:

a. 原料的选择与修整:尽量选用新鲜猪肉,或者选择加工过程中碎肉替代猪肉;

b. 绞制:将准备好的原料肉过 $\phi 4$ mm 的孔板待用;

c. 制馅:将绞制好的原料肉和调味料等加入少量水搅拌均匀,再加入其他辅料并搅拌均匀,肉馅稀稠合适,以放在手中馅不散为宜;

d. 油炸成型:一般采用植物油油炸,将植物油加热到180℃左右,炸至颜色

均匀即可;

e. 包装:将油炸好的丸子控油、晾制,再进行包装。

(2)小酥肉:小酥肉是一种常见菜肴,以精选猪后腿肉为主要原料,经腌制、上浆、油炸、蒸制而成,味道浓香,鲜美可口。随着食品工业化的快速发展,小酥肉逐渐地采用工业化、大批量生产,由于热鲜肉的局限性,现在生产企业多采用冷冻肉,但是应用冷冻肉生产的小酥肉出品率低、嫩度和多汁性下降、风味较淡,严重影响小酥肉的质量。

①小酥肉配方设计(表7-32):

表 7-32　小酥肉配方设计

类别	名称	单位	添加量
原料	猪肉丝	kg	35
腌制液	盐	kg	0.4
	料酒	kg	0.6
	鲜姜	kg	0.02
	花椒	kg	0.01
	鲜葱	kg	0.12
	味精	kg	0.1
	水	kg	2
淀粉糊	红薯淀粉	kg	4
	面粉	kg	0.8
	水	kg	3
	盐	kg	0.2
	鲜鸡蛋	kg	2

②加工工艺:

原料肉处理→腌制→裹浆→油炸→包装

③工艺流程:

a. 原料肉处理:将准备好的猪肉切成适量大小的猪肉丝备用;

b. 腌制:按照配方设计中的腌制液进行配制,与猪肉丝混合均匀,腌制4 h;

c. 裹浆:按照配方设计中的淀粉糊进行配制,将腌制好的肉丝与淀粉糊混匀;

d. 油炸:将植物油加热至180℃,把裹好浆的肉条入锅油炸3 min 左右,炸至焦黄色即可捞出。油炸过程中注意小酥肉之间的分散性。

7.1.5 熟肉干制品

7.1.5.1 熟肉干制品定义

熟肉干制品是以新鲜的畜禽瘦肉为主要原料,加以调味,经熟制后再经脱水干制,水分降到一定水平的干肉制品。熟肉干制品又包括肉干、肉脯、肉松和其他干肉制品。

7.1.5.2 熟肉干制品的发展

近年来熟肉干制品发展很快,每年销售额增长率在 10% 以上,特别是在江苏、福建、四川等传统生产基地,肉干肉脯已成为当地特产。

2020 年肉干肉脯十大品牌排行榜,是经 CNPP 品牌数据研究,十大品牌网联合重磅推出,经大数据统计分析研究得出,排名依次如下:百草味、良品铺子、科尔沁、棒棒娃、来伊份、三只松鼠、张飞牛肉、煌上煌、周黑鸭和老四川。

7.1.5.3 常见熟肉干制品

(1)肉干:

①肉干简介:用新鲜的猪、牛、羊等瘦肉经预煮、切小块、加入配料复煮、烘烤等工艺制成的干熟肉制品。肉干是我们最早的加工肉制品之一,由于具有加工简易、滋味鲜美、食用方便、容易携带等特点,在全国各地都有生产。

②肉干制作参考流程:

原料选择 → 清洗 → 分割修整 → 浸泡 → 改刀 → 盐水注射 → 真空腌制 → 焯水 → 切条或切片 → 调味卤煮 → 二次调味 → 烘干 → 冷却 → 无菌包装

③肉干工艺(以五香肉干为例):

A. 常见五香肉干参考配方(表7-33):

表 7-33　五香肉干参考配方

类别	名称	单位	添加量
原料	猪肉	kg	100
腌制液	食用盐	kg	3
	酱油	kg	3.1
	白砂糖	kg	12
	味精	kg	0.5
	高粱酒	kg	2
	五香粉	kg	0.5

B. 操作要点：

a. 原料修整：采用卫生检疫合格的牛肉，修去脂肪肌膜、碎骨等。

b. 浸泡：用循环水浸洗牛肉 24 h，以除去血水，减少腥味。

c. 焯水：在煮制锅内加入生姜、茴香、水（以浸没肉块为准），加热煮沸，然后加入肉块保持微沸状态，煮至肉中心无血水为止。此过程需要 1~1.5 h。

d. 冷却、切片（切条）：将肉凉透后顺着肉纤维的方向切片（切条）。

e. 卤制：将煮肉的汤用纱布过滤后放入煮制锅内，按比例加入盐、酱油、白糖、五香粉、辣椒粉。加热煮开后，将肉片放入锅内，设定煮制锅温度为 100℃，煮制时间为 20 min，然后设定煮制锅温度为 80℃煮制 30 min，出锅前 10 min 加入味精和黄酒。

f. 烘干：将沥卤后的肉片或肉条均匀地摊铺在热风干机推车的不锈钢网盘上，烘烤适宜温度为 80~95℃，时间为 1 h 左右，根据风干量设定好风干机的自动排湿量。

（2）肉脯：

①肉脯简介：肉脯被誉为“闽西八大干”之首，驰名海内外，其中靖江、汕头和上海地区生产的猪肉脯最为出名。其最大特色在于“三老”：一是工艺老；二是配方老；三是口味老。肉脯是猪肉或牛肉经腌制、烘烤制成的片状肉制品。

②肉脯制作参考流程（以五香猪肉脯为例）：

原料肉选择 → 修整 → 冷冻 → 切片 → 拌料、腌制 → 摊筛 → 烘干 →
焙烤 → 切片 → 冷却包装

③五香猪肉脯：

A. 五香猪肉脯参考配方（表 7-34）：

表 7-34　五香猪肉脯参考配方

类别	名称	单位	添加量
原料	猪肉	kg	5
腌制液	精盐	kg	0.3
	八角	kg	0.01
	白砂糖	kg	0.7
	高粱酒	kg	0.1
	五香粉	kg	0.02

B. 操作要点：

a. 原料肉选择与修整：原料肉要选择新鲜猪肉后腿部分，剔除皮、膘、筋骨，以整块纯瘦肉为宜。

b. 急冻、切片：将修整好的原料肉放入冷冻库急冻，当肉中心温度达到-2℃时取出，用切片机切成 2 cm 厚的薄片。

c. 拌料、腌制：将腌制料按比例混合均匀，加入猪肉片中，搅拌均匀，10℃以下腌制 2 h 左右。

d. 烘干：在铁筛网上先涂上一层植物油，放上腌好的肉片，铺平摆匀。先在 55~60℃ 温度下，前期烘烤温度可稍高。肉片厚度在 0.2~0.3 cm 时，烘干时间为 2~3 h，烘干至含水量至 25% 为佳。

e. 焙烤：烤炉温度设为 200℃ 左右，时间 8~10 min，以烤熟为准，不得烤焦。成品的水分含量应小于 20%，一般以 13%~16% 为宜。

f. 切片：用切形机或手工切形，根据需求切成正方形或长方形。

7.2 发酵肉制品

肉类发酵产品加工在世界上已有 2000 多年的历史，如今正在经历一个由传统肉类发酵工艺技术向现代肉类发酵工艺技术转变的阶段。国内 2016 年、2017 年、2018 年、2019 年发酵火腿产量分别为 1431 t、1827 t、2342 t、1316 t。国外以荷兰为例，在 20 世纪 90 年代发酵肉制品的销量为 2000 t/年，现在提高到平均 20000 t/年的水平。在我国，对发酵肉制品的系统化研究及工业化生产起步较晚，但具有广阔的市场发展前景。

7.2.1 概述

发酵肉制品是在自然或人工控制的条件下，借助微生物的发酵作用，产生具有特殊风味、色泽和质地，以及具有较长保存期的肉制品。在特定微生物发酵的作用下，肉制品中的糖被转化为各种酸或醇，pH 值降低，从而抑制病原微生物和腐败微生物的生长，保证产品的安全性，延长保藏期。同时，微生物在发酵过程中产生脂酶、蛋白酶及氧化氢酶，可将肉中的蛋白质分解成易被人体吸收的多肽和氨基酸，提高产品的营养价值；肉中的脂肪酸变为短链的挥发性脂肪酸和酶类物质，使产品具有特有的香味和色泽。

发酵肉制品具有以下优点：①保质期长：发酵过程产生的乳酸使产品 pH 值

降低,可竞争性抑制病原微生物的繁殖和毒素的产生,减少腐败,延长保质期;
②安全性高:发酵过程可改善制品的组织结构,减少亚硝胺和生物胺的形成;
③营养丰富,容易消化吸收:发酵过程中,由于细菌产生的酶分解蛋白质,提高游
离氨基酸的含量和蛋白质的消化率,同时形成酸类、醇类、杂环化合物、氨基酸和
核苷酸等风味物质,使产品的营养价值和风味得以提高;④保健功能:食用有益
微生物发酵的肉制品,会使有益菌在肠道中定植,降低致癌前体物质,可减少致
癌物污染的危害。

7.2.2　发酵过程中的变化及风味形成

发酵肉制品的特征风味来源于微生物和相应酶类作用于蛋白质、脂肪、碳水
化合物后的代谢产物。

7.2.2.1　蛋白质降解

蛋白质降解形成许多小分子物质,如氨、肽、氨基酸等。氨基酸可进一步水
解成游离氨基酸和小肽,对产品的口感有显著影响;小肽和氨基酸可进一步与糖
结合发生美拉德反应,对发酵肉的风味有效果。

7.2.2.2　美拉德反应

美拉德反应是肉制品中产生风味成分的重要途径之一。美拉德反应涉及还
原糖中胺化合物与羰基的缩合,生成糖基胺,然后被脱氧邻酮醛糖脱水和降解。
此外,美拉德反应产生的二羰基化合物可以进一步与硫胺素的降解产物反应,硫
胺素与脂质形成独特的肉质物质。

7.2.2.3　脂质氧化

发酵肉制品中的挥发性化合物主要由不饱和脂肪酸氧化产生,并与蛋白质、
肽和游离氨基酸进一步反应。主要挥发性化合物包括碳氢化合物(烷烃和甲基
支链烷烃)、醛、醇、酮、甘油三酯和磷脂、β-丙交酯、β-内酯、酯和其他化合物水
解形成的游离脂肪酸,以及苯衍生物、胺、氨基化合物等脱水和环化产物。每种
化合物对挥发性风味的影响取决于其特征香气和气味阈值。

7.2.2.4　发酵剂对风味的影响

发酵肉制品所用的发酵剂对挥发性化合物的形成有重要作用,一些挥发性
化合物的形成受发酵剂类型的影响。例如,丁二酮、羟基丁酮和1,3-丁二醇有黄
油味,与金黄色葡萄球菌和金黄色葡萄球菌的添加有关;2-戊酮和2-己酮有酸
洗味,因为乳白色葡萄球菌和葡甘醇葡萄球菌、酒井乳酸杆菌和金黄色葡萄球
菌、黏质葡萄球菌和葡萄球菌的组合具有酸洗味。

7.2.3　发酵剂

发酵剂具有增加肉制品风味和安全性等优势,在发酵肉制品工业化生产方面具有巨大潜力,且对致病菌、生物胺等潜在安全风险的控制具有重要作用,甚至具备功能性作用。

7.2.3.1　发酵剂作用

a. 分解糖类生成乳酸;b. 通过脂类分解改善产品风味和质地;c. 破坏导致变色作用的氧化产物和不良气味的过氧化酶;d. 通过形成亚硝基肌红蛋白改善色泽;e. 降低 pH 值,减少腐败;f. 减少亚硝胺的生成,降低亚硝酸盐残留;g. 抑制病原微生物的生长及产毒。

7.2.3.2　发酵剂的种类和选择

(1)发酵剂的种类:常见的发酵肉制品中的微生物包括细菌、酵母菌和霉菌,见表 7-35。

表 7-35　发酵肉制品常用发酵剂及分类

细菌	乳杆菌属	植物乳杆菌
		干酪乳杆菌
		弯曲乳杆菌
		清酒乳杆菌
	链球菌属	乳酸链球菌
		二乙酸链球菌
	片球菌属	乳酸片球菌
		啤酒片球菌
		戊糖片球菌
	微球菌属	变异微球菌
	葡萄球菌属	肉葡萄球菌
酵母菌	汉逊德巴利酵母	
霉菌	白地青霉	
	娄地青霉	

①细菌:

a. 乳酸菌:乳酸菌是最早从发酵肉制品中分离出来的微生物,在发酵过程中占主导作用,不仅可以缩短发酵时间,改善产品的色泽和风味,延长制品的保质期,而且还能抑制有害菌的生长,防止产生毒素,同时不受季节限制。

b. 链球菌:乳酸链球菌能产生乳酸链菌素(Nisin),是一种广泛应用的高效、无毒的天然防腐剂,对腐败菌有抑制作用。目前有 50 多个国家和地区将 Nisin 广泛用于食品防腐保鲜;

c. 片球菌:片球菌在发酵过程中接种量为 $10^6 \sim 10^7$ 个,可有效抑制杂菌的生长、腐败菌生长,从而使产品无异味、无腐败,提高了产品贮存期和食用安全性,从而提高发酵肠的质量;

d. 微球菌和葡萄球菌:两者在发酵肉制品成熟过程中有一些共同作用,如加快发色产酸速度,缩短工时,降低成本,还能更好地抑制病原菌和腐败菌的生长。

②酵母菌:接种量一般在 10^6 cfu/g,酵母菌生长时可逐渐耗尽肠馅空间中残存的氧,抑制酸败,有利于肉馅发色的稳定性;能够分解脂肪和蛋白质,形成过氧化氢酶,使产品具有酵母香味。同时,酵母菌分解碳水化合物所产生的醇,与乳酸菌作用产生的酸反应生成酯,可改善产品风味,使其具有酯香味并延缓酸败。

③霉菌:霉菌是一种好氧型真菌,在发酵生长过程中消耗氧气,从而抑制好养腐败菌的生长;可形成独特的外观,并通过霉菌蛋白酶、脂酶的作用产生特殊风味。此外,大部分霉菌可通过氧化还原作用使发酵产品形成良好的色泽;霉菌的适量添加还能够提高产品的耐贮藏性。但许多研究表明,霉菌可能产生有毒代谢物,因此,需要对用于发酵肉制品的霉菌进行严格筛选。

7.2.3.3　发酵剂的选择

到目前为止,肉品发酵剂的选择基于从传统发酵制品中分离筛选大量微生物。在发酵过程中有较好的性能及对食品的感官影响是选择菌株的基本条件。

(1)发酵剂本身的安全性:作为发酵剂,其本身应是安全的,a. 必须对人体无害,无致病性,不产生毒素。尤其是在葡萄球菌的筛选中,菌株必须为凝固酶阴性、耐热核酸酶阴性、在血平板上不溶血和非金黄色葡萄球菌;b. 不具有氨基酸脱羧酶活性,具有氨基酸脱羧酶活性的菌株会使氨基酸脱羧产生酪胺、组胺甚至腐胺和尸胺等有害的胺类物质。通过选用优良的菌株可以避免上述问题。

(2)发酵剂生产适应性:a. 较好的耐盐性;b. 耐亚硝酸盐;c. 耐酸性。特别的,在筛选肠道益生型乳酸菌时,要求菌株的耐酸性在 pH 3.0 以下。

(3)发酵剂对发酵肉制品品质及安全性的影响:a. 不产黏液;b. 不产生 H_2S 和 NH_3 等具有不良风味的气体;c. 不产生 H_2O_2;d. 产酸特性;e. 与病原体及有害微生物(包括大肠杆菌、金黄色葡萄球菌、沙门氏菌及李斯特菌等)具有拮抗作用,从而保证微生物的安全性。

7.2.4　发酵肉制品分类及应用

按食品生产许可将发酵肉制品主要分为发酵灌肠制品和发酵火腿制品两大类。其中发酵香肠是发酵肉制品中产量最大的一类产品,也是发酵肉制品的代表。发酵香肠具有稳定的微生物特性和典型的发酵香味。火腿以金华火腿、宣威火腿为代表,主产于中国南方,具有较强的发酵风味,成品具有更低的 A_w 值,可在常温下稳定保藏,基本属于传统式自然发酵。

7.2.4.1　发酵灌肠制品

(1)定义:以鲜(冻)畜禽肉为主要原料,配以其他辅料,经修整、切丁、绞制或斩拌、灌装、发酵、熟制或不熟制、烟熏或不烟熏、晾挂等工艺加工而成的可即食的肉制品,如萨拉米发酵香肠等。

(2)分类:按照水分含量不同可以分为干发酵香肠和湿发酵香肠;按发酵程度又可分为低酸发酵香肠(pH>5.5)和高酸发酵香肠(pH<5.5);按地名分为意大利萨拉米香肠、黎巴嫩大香肠、塞尔维拉香肠、欧洲干香肠等;不同国家有其代表性发酵香肠产品,如意大利的萨拉米香肠、德国的 Dauerwurst 香肠、西班牙的 Charqui 香肠、葡萄牙的 Chouriço de vinho 香肠和美国的夏肠。

(3)发酵灌肠类产品控制标准值(表7-36):

表7-36　发酵灌肠类产品的控制标准值

工序	控制点	标准值
原料	肉	温度 0~30℃　pH 猪肉 6.0,牛肉 5.8
	肥膘	水分活度(A_w)0.98~0.99 温度−30~−10℃
修整	修整车间	温度<12℃
斩拌	肉馅	温度−5~0℃　水分活度(A_w)0.96~0.97
充填	肉馅	温度−3~−1℃
发酵	发酵期	温度 18~22℃,相对湿度 90%~92%,气流速度 0.5~0.8 m/s,时间 3~4 d,pH 5.2~5.6
成熟	成熟干燥期	温度 15~18℃,相对湿度 70%~80%,气流速度 0.5~1.0 m/s,时间 28~56 d,水分活度(A_w)0.85~0.92
贮存	贮存时间	温度 10~15℃,相对湿度 75%~80%,气流速度 0.05~1.0 m/s,避光
包装出售	—	<15℃
食用	—	切片即食

(4)实践应用:萨拉米(Salami)是欧洲尤其是意大利民众喜爱食用的一种腌制肉肠,主要原料一般为猪肉,也可混合使用牛肉等其他动物肉。这种香肠在适

宜的温度和相对湿度下进行长时间缓慢发酵干燥而成,切面肥瘦均匀,红白分明,香味浓郁,酸味适中,气味芳香持久,营养丰富,其香味独特,深受消费者的喜爱。萨拉米用于配餐或是制作比萨饼以及配合面包食用,是欧洲人必不可少的食品之一。

①萨拉米参考配方(表7-37):

表7-37　萨拉米参考配方

类别	名称	单位	添加量
原料	牛肉	kg	30
	猪肉	kg	40
	猪肥膘	kg	25
辅料	食盐	kg	2
	白砂糖	kg	1
	亚硝酸钠	kg	0.01
	辣椒粉	kg	0.4
	大蒜	kg	0.2
	葡萄酒	kg	0.8
	发酵剂	kg	0.05

②工艺流程:

原料选择及预处理 → 斩拌(加入经活化的发酵剂) → 灌装 → 发酵 → 干燥、烘烤 → 冷却、包装 → 成品检验

③加工工艺:

A. 原料肉选择及处理:将选择好的原料肉分割成1 kg的块状备用;

B. 斩拌:将瘦肉斩拌成1.5~2 cm的肉粒时加入猪肥膘、辅料,斩拌至肥膘呈米粒大小。肉温控制在0℃左右;

C. 灌装:采用φ20 mm的胶原肠衣灌装,半成品长度为15 cm;

D. 发酵:先在15℃的室温静置12 h,入22℃、相对湿度(RH)92%的发酵间发酵24 h,直至其pH值达到5.0~5.2;

E. 干燥、烘烤:45℃、30 min,70℃、2 h。此步骤目的是除去肠体内多余的水,促进产品成熟,使发酵剂失活,终止发酵;

F. 冷却、包装:烘烤后的半成品冷却后,用真空包装袋进行包装。

G. 成品检验:要求成品色泽状态为肥瘦相间,颗粒分布均匀;切片性好;质地

细致;有发酵香肠的高雅香气,淡酸微咸,余香持久。

7.2.4.2　发酵火腿制品

(1)定义:以鲜(冻)畜禽肉为主要原料,配以其他辅料,经修整、腌制、发酵、熟制或不熟制、烟熏或不烟熏、晾挂等工艺加工而成的可即食的肉制品,如风干发酵火腿等。

(2)分类:发酵火腿是经大块肉加工而成的肉制品,分为中式发酵火腿(如金华火腿、如皋火腿等)和西式发酵火腿(带骨火腿和去骨火腿)。

(3)实践应用:

①帕尔玛火腿:帕尔玛火腿堪称"火腿中的爱马仕",它表面颜色嫩红,脂肪分布均匀,每一片切下来的生火腿薄片上都有油亮的光泽,火腿的颜色是暗淡的深粉红色,口感则是相当柔软,滋味微咸却带着鲜甜,还有着细微的香气。

②工艺流程:

原料选择、屠宰 → 冷却 → 修剪 → 上盐 → 腌渍 → 清洗和烘干 → 预风干 →

造型美化 → 涂猪油 → 风干 → 检验 → 做标记

③加工工艺:

a. 原料选择、屠宰:生长至少有 9~10 个月、活体体重达 160~170 kg 的意大利重型猪 Large White Landrance(传统大白猪)和 Duroc(杜洛克猪);

b. 冷却:新鲜屠宰的猪后腿温度降到 0℃,猪肉变硬,便于修整;

c. 修剪和选择:修剪成"鸡腿的形状",修剪部分脂肪和猪皮,量大约是总重量的 24%;

d. 上盐和密封:不同的部位上盐的方式不同,猪皮的部位使用潮湿的盐,在瘦肉的部位要撒上干燥的盐。然后将上盐后的猪腿放入温度为 1.5~3.5℃、湿度为 80% 的冷藏室,存放 7 d,即为第一次上盐。再次取出,清理残留盐分,再次上盐,即为第 2 次上盐,保存 15~18 d。重量将减少 4%;

e. 腌渍:除掉多余盐分,在湿度 75%、2.5~4.5℃ 的腌渍间里存放 60~80 d,这个阶段进行"呼吸",盐分向深处慢慢渗透,均匀地分布在肌肉内部,盐渍阶段火腿重量的损失为 8%~10%;

f. 清洗和烘干:经过盐渍阶段,火腿要用温水清洗,去除盐粒和杂质。在自然条件下风干;

g. 预风干—造型美化:传统的悬挂方式,在房间里自然被风干,这一阶段的重量损失为 8%~10%;

　　h. 涂猪油：目的是使表面肌肉层软化，避免表皮相对于内部干燥过快，有利于进一步丢失水分；

　　i. 风干：在第 7 个月，帕尔玛火腿被放入"地窖"，发生酶促反应，这是决定帕尔玛火腿的香味和口感的重要因素。火腿的重量损失大约为 5%；

　　j. 检验—做标记：在风干过程结束时要进行检验，嗅觉检查。经过帕尔玛质量协会专家检验通过之后，用火打上"5 点桂冠"印记。

7.3　预制调理肉制品

7.3.1　预制调理肉制品定义

　　预制调理肉制品是以畜禽肉为主要原料，添加适量的调味料或辅料，经适当加工而成，需在冷藏或冷冻条件下储存，食用前需经二次加工的产品。调理制品实质是一种方便食品，有一定的保质期，其包装内容物预先经过了不同程度和方式的调理，食用非常方便。

7.3.2　在餐饮行业的应用方式

7.3.2.1　餐厅应用

　　（1）火锅连锁餐饮：火锅中的部分锅底，如滋补蹄花锅底、香辣鸡锅底、排骨锅底等均可以以预制调理制品的形式出现，这些产品易于统一存放，可降低人力成本。

　　（2）烧烤连锁餐饮：需要腌制的各种烤肉类，如五花肉、鸡翅、各种口味的牛羊肉等均可以以预制调理制品的形式出现，腌制后定量分装，使用时开袋即烤，使店面中劳动密集、加工条件差的问题迎刃而解。

　　（3）正餐连锁餐饮：预制调理肉制品在传统正餐中应用难度较大，主要集中在新型正餐中，以预制半成品的形式进行产品植入，例如，预制红烧肉、排骨、鸡块，蒸煮半成品类等。

7.3.2.2　快餐应用

　　目前预制调理肉制品在快餐行业应用最为广泛。快餐行业产品结构模块标准程度相对较高，产品分类明确，以常见餐饮应用食品组合模式为例，常见的有米饭＋菜肴料包＋速冻蔬菜＋例汤；米线/粉＋菜肴料包＋调味低汤等。

　　在快餐行业中，预制调理肉制品以小规格定量包装的形式出现，从凉拌汁到成品套餐、例汤调理包,基本可实现全产品链覆盖。

7.3.2.3　团膳应用

团膳行业是规模效益型餐饮行业,每个环节都需要严格控制,才能实现盈利,所以团膳行业要努力降低人工成本,缩小加工场所面积,缩短产品加工流水线,把费人、费时环节以预制调理食品代替,如预制调理肉制品(腌制好的肉丝、肉片等)

7.3.3　预制调理肉制品的优势

(1)调理包产品结构进一步优化,产品更加丰富,品种日益繁多,占 3000 多种冷冻食品的 1/2 以上,其中日本约占 2/3 以上。

(2)产品市场需求扩大,消费量逐年增加,市场进一步细分,产品差异化更加明显,满足多元化消费需求的功能持续提升。

(3)对餐饮应用支持增强,实现餐饮应用产品全线覆盖,提升餐饮产品标准化,拓展降低人工成本空间。

(4)产品创新能力进一步增强,产品使用灵活性增强,存储性更加方便,冷链延伸基本覆盖终端,消费覆盖面持续扩大。

7.3.4　预制调理肉制品的不足

7.3.4.1　行业发展无序

预制调理肉制品发展时间尚短,面临发展无序的问题,较为突出的表现有:各种不正当竞争行为影响行业发展;部分企业对于食品添加剂使用不规范,影响行业声誉;行业标准的缺失在一定程度上制约行业的发展;在我国不同地区、不同规模、不同销售渠道的速冻调理肉制品加工企业在生产过程中没有严格执行统一标准。

7.3.4.2　冷链系统尚需完善

我国冷链物流基础设施整体规模不足,仍处于起步阶段,与发达国家差距较大;现有冷冻冷藏设施普遍陈旧老化;区域分布不平衡,中部农牧业主产区和西部特色农业地区冷库严重短缺,内地的小城市、乡镇尚未形成完整的冷链体系;冷链物流技术推广滞后;冷链物流法律法规体系和标准体系不健全。

7.3.4.3　产品涵盖领域不够宽泛

从餐饮行业应用的角度来看,预制调理菜肴食品还没有全面覆盖该领域。由于个人或利益的趋势致使一部分行业人士不太认可该类产品在餐饮方面的应用。同时也因该行业国内发展起源时间因素、发展速度、产品研发、行业标准等方面影响,没有得到很好的发展与应用。除在快餐、火锅等餐饮应用较广外,大型餐饮及高端餐饮在该类产品的应用还有待进一步拓展。

7.3.4.4 技术有待提升

随着人们生活水平的提高和健康意识的增强,消费者对食品安全与营养提出了更高要求。而速冻食品行业在产品标准、技术装备、管理水平和行业自律等方面还有着较大差距,未来几年亟需加快产业结构调整,淘汰落后产能,通过发展规模化、标准化、现代化的生产方式,提高全行业的质量安全管理水平。

7.3.5 预制调理肉制品的未来发展

(1)从零售终端市场来看,随着城市化进程的加快,城市中配套商业设施不断完善。同时大型连锁商业企业在初步完成一线城市的布局后,逐渐向二、三线城市拓展,区域化连锁超市和社区便利店快速扩容,零售终端销售环节的冷链管理得到不断改善,从而推动速冻调理包等速冻食品行业的进一步发展。

(2)在食品消费健康化的趋势下,消费者对于速冻调理包等速冻食品的健康需求越来越重视。速冻调理包等速冻食品的消费也开始从节日型消费转为日常型消费,逐渐融入消费者生活的各方面。未来具有健康品质的速冻调理包将更加获得消费者的青睐。

(2)市场需求稳步增长,产品分类更加细化,餐厅应用产品品种更加丰富,涵盖范围更加宽泛,快餐应用产品灵活度更高,品种实现全覆盖。团膳产品整合度更高,实现全产品链覆盖。

预制调理肉制品在餐饮行业应用将会引领这个时代,该类产品应用会降低和减少餐饮行业"四高一低"问题(人工费用高、原材料成本高、能源价格高、房租价格高、利润低)带来的经营压力。而我们要想实现在这个空间的发展,必须加强技术、产品、设备、标准等方面的研究,通过量体裁衣的方式为我国预制调理菜肴食品在餐饮行业中的应用提供更加完善的服务。

7.3.6 预制调理肉制品配方及实例应用

7.3.6.1 冷藏预制调理肉类(以猪血肠为例)

猪血肠是将肉类切成肉糜或肉丁状态,加入调味料、香辛料、添加剂等混合后,灌入动物或人造肠衣等容器内,经烘烤、煮制等工艺加工而成的一类肉制品,鲜美醇香,营养丰富。

（1）猪血肠的参考配方（表7-38）：

表7-38　猪血肠配方设计

类别	名称	单位	添加量
原料	猪血	kg	2.2
	猪肥膘	kg	1.95
	猪皮	kg	4.8
配料	盐	kg	0.1
	白糖	kg	0.2
	洋葱	kg	0.9
	白胡椒粉	kg	0.1
	五香粉	kg	0.3
	其他配料	kg	适量

（2）猪血肠的参考加工工艺：

原料预处理（猪皮、肥膘、猪血）→斩拌→灌装→煮制→冷却→成品

（3）工艺流程：

a. 原料处理：猪皮预处理：修去污物、浮毛，用60~70℃的热水煮至半软状态，捞出过直径6~8 mm孔板备用；猪肥膘预处理：将猪肥膘切为2 cm大小的肉丁后用35~40℃的温水漂洗，沥干水备用；猪血用40目的筛网过滤备用；

b. 斩拌：先将洋葱斩碎后，加入猪皮、猪肥膘、猪血斩拌2 min，加入食盐、白糖、调味料，继续斩拌至细小无明显颗粒；

c. 灌装：将斩拌好的肉馅灌入已经清洗好的肠衣中，根据所需规格结扎适宜长度；

d. 煮制：将灌装好的肠在85℃温度下蒸煮30 min；

e. 冷却：冷却至中心温度至40℃以下，包装即为成品。

7.3.6.2　冷冻预制调理肉类（以速冻丸子为例）

速冻丸子是以猪肉、牛肉为主要原料，添加辅料经斩拌或打浆、成型、预煮后包装的产品，其特点为弹性较好、肉感强烈，是涮锅的必备材料。

（1）牛肉丸子参考设计配方（表7-39）：

表 7-39　牛肉丸子的参考配方

类别	名称	单位	添加量
原料	牛肉	kg	68
辅料	牛油	kg	15
	食用盐	kg	1.5
	磷酸盐	kg	0.4
	食品用香精	kg	0.5
	香辛料	kg	1
	白砂糖	kg	0.4
	蒜酥	kg	1
	味精	kg	0.2
	冰水	kg	12
合计		kg	100

（2）加工工艺流程：

原料肉绞制 → 打浆 → 成型 → 预煮 → 冷却 → 包装、冷冻 → 成品

（3）加工工艺：

a. 原辅料绞制：选择新鲜或冷冻的牛肉，过<ϕ6 mm 孔板，将牛肉和牛油分别绞制；

b. 打浆：将绞制好的牛肉放入打浆机中，加入磷酸盐和 1/2 冰水，高速打浆，待肉馅黏稠后加入剩余冰水和辅料，低速搅拌均匀后加入牛油，出锅温度控制在 8℃以下；

c. 成型：用丸子成型机成型，成型的肉丸落入 50℃左右的温水中浸泡 30 min；

d. 预煮：将成型后的丸子置于 90℃左右的热水中预煮 10 min；

e. 冷却：将煮制后的丸子放在 0~4℃环境中，冷却至中心温度 8℃左右；

f. 包装、速冻：经包装后的产品，放入速冻库中速冻至产品中心温度为 −18℃，贮存。

7.4　腌腊肉制品

腌腊肉制品是我国传统肉制品的杰出代表，其中四川腊肉、金华火腿、广式

腊肠、南京板鸭尤为出名。传统腌腊肉制品因其肉质紧密化渣、色泽油亮、香味浓郁而深受人们的喜爱。根据 GB 2730—2015 标准,腌腊肉制品定义为以鲜(冻)畜、禽肉或其可食用副产品为原料,添加或不添加辅料,经腌制、烘干(或晒干、风干)等工艺加工而成的非即食肉制品。根据我国食品生产许可管理要求,腌腊肉制品可分为肉灌制品、腊肉制品、火腿制品、其他肉制品。

7.4.1 腌腊肉制品历史及市场容量

腊味是腌腊肉制品的简称,自上古夏朝便已有之,有着悠久的历史。早在周朝的《周礼》《周易》中已有关于"肉脯"(即今日之腊肉)和"腊味"的记载。《论语》中记载"子曰:自行束脩以上,吾未尝无诲焉。"说的是孔子当年收徒时,让学生以十条腊肉作为学费。唐宋年间,阿拉伯人到中国经商,也一并将灌肠食品带入中国,当时广东人吸收他们的灌肠制作方法,结合当地腌腊肉食工艺,创造了腊肠,被记载于北魏《齐民要术》"灌肠法",其法流传至今,丰富了腌腊肉制品的品类。火腿起源于中国唐代以前,唐代陈藏器《本草拾遗》中就有"火胵(同腿),产金华者佳"的描述。最早出现"火腿"二字是在北宋苏轼在他写的《格物粗谈·饮食》中明确记载了火腿做法:"火腿用猪胰二个同煮,油尽去。藏火腿于谷内,数十年不油,一云谷糠。"金华火腿在明朝被列为贡品,成为金华著名的特产。1905 年雪舫蒋腿代表金华火腿获得德国莱比锡万国博览会金奖,1915 年又获得巴拿马国际商品博览会金奖,1929 年获得杭州西湖国际博览会特等奖。

自 2002 年我国第一次将"腌腊畜禽制品现代工艺技术研究"列入国家"863"计划子课题后,腌腊肉制品生产开始由传统的手工制作向现代工业化转变,各种腌腊肉制品相关新技术被发表公布。但因各地经济投入、宣传推广力度和产品风味参差不齐,目前部分产品已实现工业化的规模生产,但多数产品仍处于较低发展水平。依托全网大数据,受消费者喜爱的腌腊肉制品品牌排名为皇上皇、美好、唐人神。

目前,我国是世界上生产肉类和消费肉类第一大国,我国的肉类制品一般分为两大类:其中一类是中国传统风味中式肉制品,如金华火腿、广式腊肠、南京板鸭、德州扒鸡等是全国各地多种有名产品;另一类是具有中国特色风味的西式肉制品,如培根类、香肠火腿类、肉冻类等。据数据统计,2017 年全国肉制品产量突破 1600 万吨,其中腌腊制品年产量在 200 多万吨。

7.4.2 腌腊肉制品的风味形成机理

腌制是腌腊肉制品必不可少的关键工序,是借助盐或糖扩散渗透到组织内部,降低肉组织内部的水分活度,提高渗透压,有选择地控制有害微生物或腐败菌的活动并伴随着发色、成熟的过程。在腌制过程中,硝酸盐类与肌红蛋白发生一系列作用,而使肉制品呈现诱人的色泽,且在腌制的过程中形成羰基化合物、挥发性脂肪酸、游离氨基酸、含硫化合物等物质,当腌腊肉制品在加热时就会释放出来,形成特有的风味。风味物质在腌制 10~14 d 后出现。

7.4.3 腌腊肉制品腌制方法

腌腊肉制品常用的腌制方法可分以下三种。

(1)干腌法是利用干盐(结晶盐)或混合盐,先在肉品表面擦透,即有汁液外渗现象,而后层堆在容器里,在外加压或不加压的条件下,依靠外渗汁液形成盐液进行腌制的方法。我国传统的金华火腿、咸肉、风干肉等都采用这种方法。

(2)湿腌法即盐水腌制法,就是在容器内将肉品浸没在预先配制好的食盐溶液内,并通过扩散和水分转移,让腌制剂比较均匀渗入肉品内部。此方法常用于分割肉、肋部肉的腌制。

(3)混合腌制法是可先行干腌而后湿腌,是干腌和湿腌互补的一种腌制方法。混合腌制法可防止肉的过分脱水和蛋白质的损失,增加了制品贮藏时的稳定性且营养成分流失少等优点。

7.4.4 腌腊肉制品常用辅料

白砂糖:在腊味生产中,糖可中和调味,软化肉质,起发色及防止亚硝酸盐分解的作用。

酒:酒不但可以排除肉腥味,而且可以增加产品的香味,有杀菌着色、保质的作用,要求透明清澈,无沉淀杂质,气味芳香纯正。酒精度以 54 度为宜,像汾酒、玫瑰露酒,均可使产品产生特殊的醇香。

食盐:食盐既是防腐剂,又是调味料,可以抑制细菌生产,在腌制过程中起渗透作用,使肌肉收缩,肉质紧密,便于保持作用。

酱油:根据制造工艺酱油分为酿造酱油和配制酱油。由于酿造酱油是利用霉菌的作用使大豆及面粉分解而成,有特殊的滋味及豉香味,因此建议在腌腊肉制品中使用酿造酱油。

硝酸钠:硝酸钠在细菌的作用下分解为亚硝酸盐,亚硝酸盐具有良好的呈色和发色作用,能抑制腌腊肉制品中腐败菌的生长,同时能产生特殊的腌制风味,防止脂肪氧化酸败。

7.4.5 腌腊肉制品分类及代表加工工艺

7.4.5.1 腊肠

腊肠也叫香肠,是一种非常古老的食品生产和肉食保存技术,可以追溯到南北朝时期。腊肠是以肉类为原料,将其绞碎配上辅料灌入肠衣中,经发酵、风干制成的肉制食品。各种腊肠的制法大致是相同的,但因各地的饮食习惯不一样,风味也存在差异。目前市场上常见的腊肠可分三类:广式腊肠、川式腊肠、湘西腊肠。

(1)腊肠分类及特点:广式腊肠跟川式腊肠、湘西腊肠相比,更偏向于甜味,色泽亮丽且带有酒香,这是因为广式腊肠在制作过程中添加了大量的糖、酒、盐、酱油、亚硝酸钠等配料。广式腊肠是一个大的分类,其下品种繁多,有生抽肠、老抽肠、蛋黄肠以及具有地方特色的东莞腊肠等几十种。广式腊肠多采用胶原蛋白肠衣灌装,长短粗细外观相对均匀,常见广式腊肠细、长,有 16~18 cm,而东莞腊肠不一样,它短而粗,长 3~5 cm,像一个椭圆的小肉球。

不同于广式腊肠的甜,四川人嗜辣,因此就连腊肠也是辣的。川式腊肠以麻辣味为主,颜色跟广式腊肠相比稍暗淡些,外表呈现油红色,切开后红白相间,辣香扑鼻。川式腊肠多采用天然肠衣灌装,如猪肠衣、羊肠衣等,长短粗细存在差异。

湘西腊肠的制作工艺与川式腊肠基本一致,只是在调料上不需要添加太多花椒粉和辣椒粉。湘西腊肠以咸味或微甜口味为主,同广式腊肠、川式腊肠不同,采用大口径胶原蛋白肠衣或猪天然肠衣灌装,个头较大,肠体较为饱满。

不同腊肠区别对比见表7-40。

表7-40 不同腊肠区别对比

腊肠分类	口味	肠衣	色泽
广式腊肠	糖酒风味	细口径胶原蛋白肠衣	色泽红润、亮丽通透
川式腊肠	麻辣风味	天然肠衣	外表暗淡,呈现油红色
湘西腊肠	咸味或微甜	粗口径胶原蛋白肠衣或猪天然肠衣	油光闪亮

7.4.5.2 实例应用

(1)参考设计配方(表7-41):

表7-41 腊肠配方设计

广味腊肠配方		川味腊肠配方	
猪瘦肉	70 kg	猪瘦肉	70 kg
肥膘肉	30 kg	肥膘肉	30 kg
食用盐	2.5 kg	食用盐	2.5 kg
白砂糖	6.3 kg	白砂糖	0.5 kg
白酱油	5 kg	花椒粉	0.5 kg
大曲酒	1.8 kg	辣椒粉	1 kg
硝酸钠	0.1 kg	白酒	2 kg
小计	115.7 kg	小计	106.5 kg

(2)工艺流程:

原料肉修整 → 切丁 → 拌馅、腌制 → 灌装 → 晾晒 → 烘烤 → 成品

(3)操作要点:

A.原料选择与修整:瘦肉用绞肉机以4~10 mm的筛板绞碎,肥肉切成6~10 mm大小的肉丁。肥肉丁切好后用温水清洗一次。把肥肉切成小四方丁,用50℃温水漂洗后,去浮油、污物,然后滤水,共漂洗两次。

B.腌制:把两者混和,加入调料拌匀,根据个人需要调整腌制时间。

C.灌装:不能过紧或过松。用排气针扎刺湿肠,排出空气。

D.晾晒和烘烤:日光下曝晒2~3 d,晚间送入烘烤房内烘烤,温度保持在42~49℃,一般经过三昼夜的烘晒即完成。

7.4.5.3 腊肉

(1)腊肉分类及特点:腊肉种类纷呈,同一品种,又因产地、加工方法等的不同而各具特色。著名的品种有广式腊肉、湖南腊肉、四川腊肉等。

广式腊肉以腊腩条最闻名,是以猪的肋条肉为原料经腌制、烘烤而成,具有原料严格、制作精细、色泽金黄、条形整齐、芬芳醇厚、甘香爽口等特点。

湖南腊肉,也称三湘腊肉,是选用皮薄肉嫩的宁乡猪为原料,经切条、腌制、晾干和熏制等工序加工而成,其特点是皮色红黄、脂肪似腊、肌肉棕红、咸淡适口、熏香浓郁、食之不腻。

四川腊肉是将肉切成5 cm左右宽的条状,再经腌渍、烘制等工序而成,成品

具有色红似火、香气浓郁、味道鲜美、营养丰富等特点。

不同腊肉区别对比见表7-42。

表7-42　不同腊肉区别对比

腊肉分类	原料	加工方法	口味
广式腊肉	猪五花肉	晾干或风干,无烟熏味	糖酒风味
四川腊肉	猪后腿肉或五花肉	烟熏腊肉	麻辣风味
湖南腊肉	猪后腿肉或五花三层肉	烟熏腊肉	咸味为主

(2)实例应用:

①参考设计配方见表7-43:

表7-43　腊肉配方设计

湖南腊肉配方		广式腊肉配方	
猪肉	100 kg	去骨五花三层肉	100 kg
白酒	1 kg	白砂糖	3.7 kg
食盐	3 kg	硝酸钠	0.125 kg
花椒	0.5 kg	食盐	1.9 kg
白砂糖	1 kg	大曲酒	1.6 kg
小计	105.5 kg	白酱油	6.3 kg
		香油	1.5 kg
		小计	115.125 kg

②工艺流程:

原料修整 → 腌制 → 晾制 → 熏制(广式腊肉不烟熏而采用烘烤) → 成品

③加工工艺:

A.原料修整:湖南腊肉宜选皮落肥瘦相连的后腿肉或五花三层肉。将选好的原料肉切条,长33~35 cm,厚3~3.5 cm,重500 g左右。肉条切好后,在肉条上端3~4 cm处穿孔,便于穿绳悬挂。

B.腌制:可分为干腌法、湿腌法。

a.干腌法:将肉条与混合的辅料在案上擦抹。擦好后按照皮面向下、肉面向上的次序摆放,腌制3 h左右翻一次,再腌制3~4 h。

b.湿腌法:将切好的肉条逐条浸泡在配好的腌渍液中,总时间15~18 h,中间翻2次。

C.晾制:采用湿腌法腌制的肉条在熏制前应晾干,根据晾制情况,时间控制在 1 d 以上。

D.熏制(烘烤):熏制 100 kg 湖南腊肉需要木炭 8~9 kg,锯末 12~14 kg。熏(烘烤)制温度开始为 70℃,3~4 h 后,逐步下降到 50~55℃,持续 30 h 左右。

7.4.5.4　火腿类

火腿是以鲜冻猪后腿为主要原料,配以其他辅料,经修整、腌制、洗刷脱盐、风干发酵等工序加工制成的非即食肉制品。火腿是中国传统特色美食,原产于浙江金华,现在以金华火腿、如皋火腿和宣威火腿最有名。下面以金华火腿为例,介绍火腿类的生产加工。

(1)金华火腿工艺流程(图 7-3):

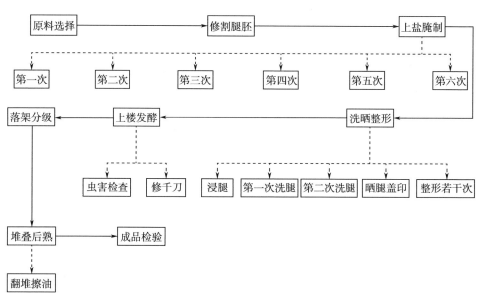

图 7-3　金华火腿加工流程

(2)操作要点:

①原料:选择皮薄脚细,皮厚度在 0.35 cm 以下,只重 6 kg 以上的净腿,要求外表无破损,腿皮无严重红斑,无"欠"皮,不脱臼,不断骨,外形完整。

②修割腿胚:

A.整修:净鲜腿平放在操作台上,用刮毛刀刮去肉面和脚蹄间残毛及血污物;用小铁钩勾去小蹄壳,然后将鲜腿肉面向上、脚爪朝右放平。

B.劈骨:劈去露出腿肉的耻骨(俗称眉毛骨),刀朝腰椎方向削去露出腿肉外的髋骨(俗称龙眼骨),不露股骨头(俗称不露眼);从荐骨下削去尾椎骨,不伤瘦肉;分两刀劈平腰椎骨突出肌肉外部分;根据腿只大小,在腰椎骨1节处用刀斩落。

C. 开面:把胫骨部位上的皮捋平,操皮刀把股骨与胫骨之间(俗称锯子骨)的皮划开,成半月形(俗称月亮门)。

D. 修割:用左手拉起"锯子骨"处的皮张,右手操皮刀从"月亮门"处,刀紧贴肉面,刀锋微微向上,徐徐用力,割去皮张和肉面表层油脂薄膜,要求肉面光洁不伤瘦肉(俗称不见红)。左手捋平股前肥膘(俗称肚膛),随手拉起皮张,右手操刀从腿头向荐椎骨方向修净腿边肉。沿股动、静脉血管挤出残留血污。

E. 腿胚修割后的标准:腿形基本是"竹叶形",达到"两留两净"(修割后股前肥膘、荐椎部要适当多留;臀部、腰椎部位要修净)。

③上盐腌制:金华火腿腌制季节限定在农历立冬至立春之间,腌制最佳温度5~10℃,最佳相对湿度75%~85%之间。金华火腿选用颗粒大小均匀、粗细在14目~20目之间的海盐;每10 kg净腿总用盐量控制在1000 g左右,最多不超过1200 g;分6次敷盐进行腌制。

④洗晒整形:

A. 浸腿洗腿:肉面向下,将腿依次平放浸没于水池中,水要符合卫生要求,浸腿时间一般15 h左右,具体视气候情况、腿只大小、盐分多少、水温高低而定。用刷子蘸水将腿上的油污、杂质等刷洗干净,不伤皮肉。刷洗干净的腿再置于清水中约3 h后2次洗腿。

B. 晾晒和整形:浸泡洗刷后的火腿要进行吊挂晾晒3~4 h即可开始整形。整形是在晾晒过程中将火腿逐渐整成一定形状,要求:成形后的火腿要求做成两小趾向里,爪弯成45°。整形之后继续晾晒,晒腿时间为冬季5~6 d,春季4~5 d,晒至皮张收缩而红亮出油为宜。

⑤上楼发酵:经过腌制、洗晒和整形等工序的火腿,在外形、颜色、气味、坚实度等方面尚没有达到应有的要求,特别是没有产生火腿特有的芳香味,与一般咸肉相似。洗晒完毕后的火腿要及时送入发酵房发酵,发酵就是将火腿贮藏一定时间,使其发生变化,形成火腿特有的颜色和芳香气味。将晾晒好的火腿吊挂发酵2~3个月,到肉面上逐渐长出绿、白、黑、黄色霉菌时(这是火腿的正常发酵)即完成发酵。

⑥修整标准:呈"竹叶形",要求做到一直(脚骨直线与腿头要对直),二等(从"锯子骨"至"龙眼骨"的长度和"眉毛骨"到"肚膛"阔度基本相等),二比(从

"锯子骨"至"龙眼骨"的长度比"龙眼骨"至腿头的长度长 1~2 cm),二不见(平视查看,从皮面看不见膘,从肉面看不见皮)。整修好的火腿继续上架发酵,在自然温湿度条件下,腿上长出小白点、小绿点霉菌,随着气温变化,小点霉菌由白变绿,逐步扩大到整只腿的肉面。

⑦落架分级:火腿在发酵至中伏以后,可以开始下架分级;用刷子刷掉火腿上的霉菌,然后按照 GB/T 19088 地理标志产品　金华火腿标准严格分级,做到只只过签,分等级堆放,明码标卡。

⑧堆叠后熟:分等级后的火腿按照最底层皮面朝下,其他层次皮面朝上形式堆叠在腿床上,每堆高度 10 层为宜;5~7 d 翻堆一次,每次翻堆时,在火腿上涂抹少量火腿油或食用植物油(菜籽油)。

7.4.5.5　咸肉

咸肉是以鲜(冻)畜肉为主要原料,配以其他辅料,经腌制等工序加工而成的非即食肉制品。

(1)咸肉种类:可分为带骨和不带骨两大类。

(2)咸肉的配方及工艺(以浙江咸肉为例):

①参考配方(表 7-44):

表 7-44　咸肉配方设计

类别	名称	单位	工艺值
原料	猪肉	kg	100
腌制料	食盐	kg	14~16
	硝酸钠	kg	0.2

②工艺流程:

原料修整 → 腌制 → 复盐 → 第三次上盐 → 成品

③加工工艺:

a 原料修整:选择新鲜整片猪肉或截去后腿的前、中躯作原料,修去周围的油脂和碎肉,表面应完整和无刀痕。

b. 腌制:先将食盐与硝酸钠充分混匀,用手均匀地涂抹在肉的内外层,然后将肉放在干净的案子上。第一次用盐量在 2~4 kg,目的是使肉中水分与血液被腌渍出来。

c. 复盐:第 2 天用力挤压出肉中剩余的血水。按照上述方法继续用盐 6~8 kg。用盐后必须堆叠整齐,一块紧挨一块,一块紧压一块,中间不得突出和凹入,使每两层肉的中间都存有盐卤。

d. 第3次上盐:第3次复盐是在第2次复盐后的第8天,用盐量4~6 kg,方法同上,再经腌制15 d即成。

参考文献

[1]岳晓禹. 熏腊肉制品配方与工艺[M]. 北京:化学工业出版社,2009.

[2]孔保华. 肉制品深加工技术[M]. 北京:科学出版社,2014.

[3]李良明. 论色拉米肠的制作工艺(下)[J]. 四川畜牧兽医,2002(1):53-54.

[4]张福,孟少华,刘贯勇,等. 乳酸菌发酵香肠制作工艺[J]. 肉类工业,2018(0):5-9,13.

[5]张春晖. 酱卤肉制品新型加工技术[J]. 科学出版社,2017.

[6]张燕婉. 发酵肉制品的质量控制[J]. 肉类工业,1993(12):26-29,31.

[7]王虎虎,刘登勇,徐幸莲. 我国传统腌腊肉制品产业现状及发展趋势[J]. 肉类研究,2013.

[8]翟怀凤. 精选肉制品配方338例[M]. 北京:中国纺织出版社,2015.

[9]岳晓禹,马丽卿. 熏腊肉制品配方与工艺[M]. 北京:化学工业出版社,2009.

[10]刘玉田. 肉类食品新工艺与新配方[M]. 济南:山东科学技术出版社,2002.